国外著名高等院校
信息科学与技术优秀教材

计算思维与Python编程

[美] 玛丽亚·利特文（Maria Litvin）
[美] 加里·利特文（Gary Litvin） 著
王海鹏 译

人民邮电出版社
北京

图书在版编目（C I P）数据

计算思维与Python编程 / (美) 玛丽亚·利特文 (Maria Litvin) , (美) 加里·利特文 (Gary Litvin) 著 ; 王海鹏译. -- 北京 : 人民邮电出版社, 2020.4（2022.10重印）
国外著名高等院校信息科学与技术优秀教材
ISBN 978-7-115-53221-3

Ⅰ. ①计… Ⅱ. ①玛… ②加… ③王… Ⅲ. ①软件工具－程序设计－高等学校－教材 Ⅳ. ①TP311.561

中国版本图书馆CIP数据核字(2020)第005373号

◆ 著　　[美] 玛丽亚·利特文（Maria Litvin）
　　　　[美] 加里·利特文（Gary Litvin）
译　　王海鹏
责任编辑　陈冀康
责任印制　王　郁　焦志炜

◆ 人民邮电出版社出版发行　北京市丰台区成寿寺路 11 号
邮编　100164　电子邮件　315@ptpress.com.cn
网址　http://www.ptpress.com.cn
固安县铭成印刷有限公司印刷

◆ 开本：787×1092　1/16
印张：19.75　　2020 年 4 月第 1 版
字数：369 千字　　2022 年 10 月河北第 2 次印刷

著作权合同登记号　图字：01-2019-4662 号

定价：79.00 元

读者服务热线：(010)81055410　印装质量热线：(010)81055316
反盗版热线：(010)81055315
广告经营许可证：京东市监广登字20170147号

内 容 提 要

本书以教授精确的计算思维为目标。全书共 18 章。首先介绍了 Python 编程的基础知识，包括变量和算术计算、集合与函数、循环、字符串、列表、字典、海龟绘图、序列等知识；然后深入介绍了专门的数学知识，包括奇偶校验、计数、概率、向量和矩阵、递归、图、数论和密码学，并且结合 Python 编程来解决各个领域中的特定问题。附录部分给出了 Python 编程相关参考资料。

本书适合作为计算机相关专业的 Python 程序设计和计算思维的课程教材，也适合想要学习计算思维和 Python 编程的读者包括中学生阅读参考。

作 者 简 介

玛丽亚 · 利特文（**Maria Litvin**）自 1987 年以来一直在马萨诸塞州安多弗（Andover）的菲利普斯学院（Phillips Academy）教授计算机科学和数学。在加入菲利普斯学院之前，Maria 在波士顿大学教授计算机科学。玛丽亚与人合著了几本受欢迎的计算机科学教材—— *C++ for You++：An Introduction to Programming and Computer Science*（1998）、*Java Methods：ObjectOriented Programming and Data Structures*（2001-2015）、*Be Prepared for the AP Computer Science Exam in Java* 和 *250 Multiple-Choice Computer Science Questions*，并参与组织了针对中小学生的大陆数学联盟（Continental Mathematics League，CML）计算机科学竞赛。作为大学委员会（College Board）的顾问，玛丽亚为高中 AP 计算机科学教师提供培训。自 2014 年以来，作为 Code.org 的推动者，玛丽亚已经培训了数百名新英格兰的小学教师，他们为 K-5 级儿童教授计算机科学。玛丽亚获得了 1999 年西门子新英格兰数学、科学和技术先进奖，以及 2003 年 RadioShack 国家教师奖。

加里 · 利特文（**Gary Litvin**）是 *C++ for You++*、*Java Methods*：*Be Prepared for the AP Computer Science Exam in Java*、250 *MC Questions* 的合著者和 CML 计算机科学竞赛的共同参与者。加里曾在软件开发的许多领域工作过，包括人工智能、模式识别、计算机图形学和神经网络。作为 Skylight Software 公司的创始人，他开发的 SKYLIGHTS/GX 是 C 和 C ++ 程序员最早使用的可视化编程工具之一。加里领导开发了多种先进的软件产品，包括交互式触摸屏开发工具、光学字符识别（OCR）和手写字符识别系统、信用卡欺诈检测软件等。

献给 Henry 和 Esther，数字世界的原住民

如何使用本书

本书的配套教学资源包括学生练习文件、Python 入门知识（附录 A）、勘误表、补充论文和教学大纲，以及针对教师的技术支持信息。

PY 指的是本书的学生文件或教师文件。例如，书中的“参见 PY\PythonCode\Fibonacci.py”表示位于 StudentFiles（或 TeacherFiles）的 PythonCode 文件夹中的 Fibonacci.py 文件。

⮯⮭ 像这样的书边缘的箭头括号，标记了一些补充材料，针对那些更好奇的读者。这些材料可以让你对后续章节的内容有所了解，或补充技术细节。

■和◆ 在练习中，黑色正方形表示“中级”难度的题目，可能需要更多的思考或工作，而不是“简单”的问题或练习。黑色菱形表示 “高级”难度的题目，可能是探索式的问题、工作量较大的问题，或者未曾探索过的领域的问题。

✓ 练习中问题末尾的打勾标记表示答案或解答包含在学生文件中。我们已经为大约一半的练习提供了答案和解答。

教师文件包含所有练习和实验的完整解答，可提供给使用本书作为教科书的在校教师。

前　言

本书是我们早期的 *Mathematics for the Digital Age and Programming in Python* 一书的“更早讲 Python”的版本。在本书中，我们更早地介绍了 Python 特性，为读者提供了必要的工具，使读者可以更快地以更加“Python 式（pythonic）”的惯用方式，开始编写 Python 代码。在本书中，我们增加了两章（“第 9 章 海龟绘图”和“第 14 章 向量和矩阵”），以及介绍斐波那契数列的一节（“第 10 章 序列与和”的 10.5 节）；更新了许多示例、练习和解答；更改了标题，从而更好地匹配这一系列主题和快速变化的技术环境与词汇。

但这本书的主要理念仍然没有改变：介绍离散数学概念和思维，我们认为这些概念是所有有基础的编程人员的基本知识。这种数学知识很容易学习，但美国大多数中小学数学课程还没有包括离散数学的内容。本书的数学部分包括许多动手编程练习，这些练习可以强化学生对编程和数学的认识。

“那么，这是一本数学书还是一本计算机编程书？”这可能是心急的读者心中的第一个问题。但为什么必须选择呢？这是图书管理员的困境：“它是属于数学类还是计算机类？”有一个简单的解决方案：在每类书架上各放一本。

本书的目的是教授一种特定的思维方式——精确思维，以及如何解决需要这种思维方式的问题。数学和计算机编程都能培养精确思维的能力，并解决那些需要精确解的问题。

数学教会我们欣赏严谨论证的美。从长远来看，这比解决当前实际问题的课程更有价值。数学并不是存在于真空中的——它的抽象植根于几个世纪以来积累的实践知识。数学教学借鉴了我们周围世界的例子和类比，至少它应该如此。然而，我们周围的世界变化得越来越快。在过去的五六十年间，我们的世界变得数字化了。这种变化如此深刻，以至于人们有时难以完全理解。我们的中小学数学课程在很大程度上忽略了这种变化，这是否就是人们难以理解这种变化的原因？

如果我们能够造出“时间机器”，让欧几里得穿越时空来到现代化的世界，他会觉得很欣慰，因为在现代技术的浪潮中，他熟悉的几何学仍然在学校里教授。“老对手”牛顿和莱布尼茨都会感到非常满意，因为成千上万的美国高二和高三学生正在学习如何求导和使用积分。但是，离现在不远的乔治·布尔（George Boole），尽管他的名字在每一种现代计算机编程语言中都是不朽的，但他仍然需要搜寻几十本教材才能找到他提出的代数。至于约翰·冯·诺依曼（John von Neumann），这位才华横溢的数学家，也是计算机技术的先驱之一……好吧，按照他一贯的乐观态度，他会预测在20年左右的时间里，每个小学生都会学习与门、或门和非门。但是，为什么事实不是如此呢？

在本书中，我们汇集了一些与数字世界相关的更容易理解的数学主题。其中许多主题，通常在大学新生课程中以“离散数学”之名讲授。离散数学已成为所有基础数学的代名词，但在标准的初中和高中代数、微积分初步和微积分课程中，这种数学都被忽略了。在20世纪70年代，唐纳德·克努特（Donald Knuth）和他在斯坦福大学的同事创造了“具体数学”这一名词（融合了连续数学和离散数学，并且也很具体，不是太抽象），来描述克努特在斯坦福大学教授的课程。后来，“具体数学”成为了他们的一本阅读起来很愉快的书的标题[①]。正如他们在序言中解释的那样，克努特“发现他的技能中缺少一些数学工具，他需要一些数学工具，以便对计算机程序有彻底的、充分的理解，这些数学工具与他在大学里作为数学专业学生所学的东西完全不同”。

因此，如果你对计算机编程感兴趣，我们希望本书能让你成为更好的计算机程序员。如果你对数学更感兴趣，你将有充分的机会解决有趣的问题，并在计算机程序中，对其中的一些问题进行建模。你将熟悉通常初中生和高中生不会接触到的有趣的数学；你将学会解决真实问题（即你事先并不知道如何解决的问题）；你将感受到数学推理和证明的力量。作为奖励，你将获得Python（一种流行的经济有效的编程语言）编程的实用技能。

我们选择Python有几个原因。首先，Python让你有机会在交互式环境中，通过即时反馈来体验该语言。其次，Python的语法并不太复杂。再次，Python具有简单但强大的功能，可用于处理列表和“字典”（映射）。最后，Python 易于安装和使用，它是免费的。当然，还有其他编程语言具有类似的属性，可以满足我们的需求。归根结底，重要的不是特定的编程语言，而是能够精确地思考数学知识和计算机程序。

本书得益于计算机科学和数学界的许多朋友和同行的帮助及精到见解。

我们要特别感谢北野山高中（Northfield Mount Hermon High School）的Abby Ross，他仔细阅读了整本书，并提出了许多有价值的更正意见和建议。穆罕默德王子大学（Prince Mohammad Bin Fahd University）的Patricia M. Davies博士是自本书早期版本以来的支持者，他仔细阅读了这个版本（即本书），并提供了许多有用的修订建议。尼达姆高中（Needham High School）的Hans Batra也提供了有用的建议。

本书之前的版本得到了很多朋友的帮助，包括J. Adrian Zimmer博士（俄克拉荷马科学与数学学院）和Kenneth S. Oliver（以前在康涅狄格州伍德布里奇的Amity Regional高中）。时任南卡罗来纳大学哥伦比亚分校计算机科学与工程系主任的Duncan A. Buell教授阅读了全部草稿，提出了许多改进建议，尤其是关于“第18章 数论和密码学”。

① Ronald L. Graham, Donald E. Knuth, Oren Patashnik, *Concrete Mathematics: A Foundation for Computer Science*, Second Edition, Addison-Wesley, 1998.

我们感谢 Henry Garden 对编写教材的方法的建议，感谢 Margaret Litvin 帮助校对。和往常一样，我们最感谢玛丽亚的数学和计算机科学专业的学生，他们测试了本书的编程练习，做了很多很好的修正，并用他们的热情鼓舞了我们。

玛丽亚·利特文（Maria Litvin）
加里·利特文（Gary Litvin）

资源与支持

本书由异步社区出品，社区（https://www.epubit.com/）为您提供相关资源和后续服务。

配套资源

本书提供如下资源：

- 本书源代码；
- 书中彩图文件。

要获得以上配套资源，请在异步社区本书页面中单击 配套资源 ，跳转到下载界面，按提示进行操作即可。注意：为保证购书读者的权益，该操作会给出相关提示，要求输入提取码进行验证。

如果您是教师，希望获得教学配套资源，请在社区本书页面中直接联系本书的责任编辑，或发送邮件至 contact@eputit.com.cn 索取。

提交勘误

作者和编辑尽最大努力来确保书中内容的准确性，但难免会存在疏漏。欢迎您将发现的问题反馈给我们，帮助我们提升图书的质量。

当您发现错误时，请登录异步社区，按书名搜索，进入本书页面，单击“提交勘误”，输入勘误信息，单击“提交”按钮即可。本书的作者和编辑会对您提交的勘误进行审核，确认并接受后，您将获赠异步社区的 100 积分。积分可用于在异步社区兑换优惠券、样书或奖品。

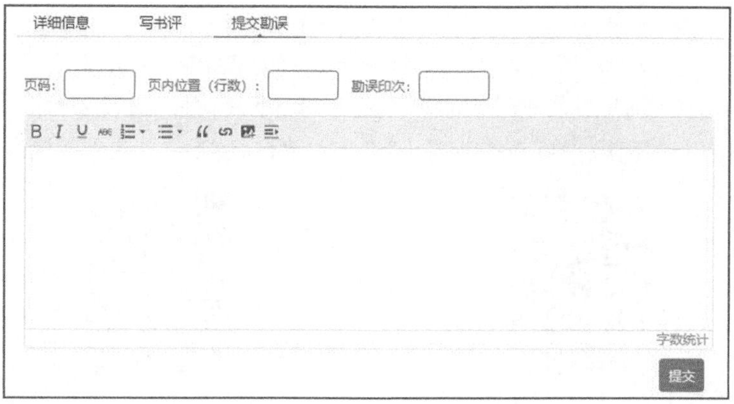

详细信息 写书评 提交勘误

页码： 页内位置（行数）： 勘误印次：

字数统计

提交

扫码关注本书

扫描下方二维码，您将会在异步社区微信服务号中看到本书信息及相关的服务提示。

与我们联系

我们的联系邮箱是 contact@epubit.com.cn。

如果您对本书有任何疑问或建议，请您发邮件给我们，并请在邮件标题中注明本书书名，以便我们更高效地做出反馈。

如果您有兴趣出版图书、录制教学视频，或者参与图书翻译、技术审校等工作，可以发邮件给我们；有意出版图书的作者也可以到异步社区在线提交投稿（直接访问 www.epubit.com/selfpublish/submission 即可）。

如果您是学校、培训机构或企业，想批量购买本书或异步社区出版的其他图书，也可以发邮件给我们。

如果您在网上发现有针对异步社区出品图书的各种形式的盗版行为，包括对图书全部或部分内容的非授权传播，请您将怀疑有侵权行为的链接发邮件给我们。您的这一举动是对作者权益的保护，也是我们持续为您提供有价值的内容的动力之源。

关于异步社区和异步图书

“异步社区”是人民邮电出版社旗下 IT 专业图书社区，致力于出版精品 IT 技术图书和相关学习产品，为作译者提供优质出版服务。异步社区创办于 2015 年 8 月，提供大量精品 IT 技术图书和电子书，以及高品质技术文章和视频课程。更多详情请访问异步社区官网 https://www.epubit.com。

“异步图书”是由异步社区编辑团队策划出版的精品 IT 专业图书的品牌，依托于人民邮电出版社近 30 年的计算机图书出版积累和专业编辑团队，相关图书在封面上印有异步图书的 LOGO。异步图书的出版领域包括软件开发、大数据、AI、测试、前端、网络技术等。

异步社区

微信服务号

目　录

第1章　计算机和Python编程简介

1.1　引言

对于普通计算机用户来说，计算机程序或应用程序来自因特网或光盘（CD），然后在计算机或智能手机上运行。对于计算机程序员来说，程序是计算机执行的一组指令，用来完成精确定义的任务。实际上，计算机编程不仅是用特定的编程语言（如Python）“编写”这些指令。它涉及许多技能，包括设计软件、设计“算法”、设计“用户界面”（窗口、命令、菜单、工具栏等）、编写并测试代码，以及与软件用户交流互动等。

在本章中，我们将介绍计算机硬件的基本特性，解释编译器和解释器之间的区别，并展示如何使用Python的IDLE开发环境。

1.2　CPU和内存

计算机的核心是中央处理器（CPU）。在个人计算机中，CPU是由微小的硅芯片制成的微处理器。该芯片上刻有数百万个晶体管。晶体管是一种微型数字开关：它控制信号的两种状态，“开”或“关”，即“1”或“0”。微处理器由小于1平方英寸的陶瓷外壳保护，安装在印制电路板（也称为主板）上。主板上还有内存芯片，以及用于连接其他设备的端口（见图1-1）。

图1-1　树莓派3 B型单板计算机，放在3.5平方英寸×2.25平方英寸的印制电路板上

计算机存储器是一系列统一的存储单元，这些单元称为“字节”。

> 1 字节保存 8 位信息。

1 位是最小的信息存储单元：“1”或“0”，“真”或“假”，“开”或“关”。

CPU 可以按任意顺序访问内存中的字节。这就是计算机内存被称为“随机存取存储器（RAM）”的原因。同样的内存用于存储不同类型的信息：数字、字母、声音、图像、程序等。这些信息，必须以某种方式编码为 0 和 1 的序列。

2019 年生产的典型个人计算机具有 8GB（千兆字节）的 RAM。

> 1 K 字节（KB）= 1024 字节 = 2^{10} 字节，大约一千字节。
>
> 1 M 字节（MB，“兆”）= 1024 K 字节 = 2^{20} 字节= 1,048,576 字节，大约一百万字节。
>
> 1 G 字节（GB，“吉”）= 1024 M 字节 = 2^{30} 字节 = 1,073,741,824 字节，大约 10 亿字节。
>
> 1 T 字节（TB）= 1024 G 字节 = 2^{40} 字节。
>
> 1 P 字节（PB）= 1024 T 字节 = 2^{50} 字节。

一页有 500～600 个单词的文本，没有图片或特殊格式，大约需要 3KB 的存储空间；一张高分辨率照片可能需要 2～3MB 的存储空间，而 1GB 存储空间可以压缩的 MP4 格式保存数小时的视频。

CPU 解释并执行存储在 RAM 中的指令。CPU 获取下一条指令，解释它的操作代码，并执行适当的操作。有些指令用于算术和逻辑运算，有些用于将字节从一个位置复制到另一个位置，还有一些用于改变指令的执行顺序。除非特定指令告诉 CPU“跳转”到程序中的另一个位置，否则指令将按顺序执行。“条件分支”指令告诉 CPU 继续下一条指令或跳转到另一个位置，具体情况取决于前一操作的结果。

以上这些操作都以惊人的速度发生。现代 CPU 以几 GHz 的速度运行，每条指令需要一个或几个时钟周期。

为了更好地了解 CPU 指令及其执行方式，让我们来看看“汇编语言”，这是一种低级计算机语言。它是你所听过的现代语言的基础，如 C++、Java、JavaScript 和 Python。

图 1-2 展示了一个非常短的汇编语言程序，用于 8088 微处理器（在 20 世纪 80 年代早期用于最初的 IBM PC），其中包含相应指令的十六进制代码（十六进制系统在第 6 章中解释）和我们的注释。汇编语言代码非常接近实际的机器代码，但它允许你使用名称而不是数字，来表示指令和内存位置。

CPU 有几个内置存储器单元，称为寄存器。图 1-2 中的代码使用的两个寄存器，称为 `AX` 和 `BX`。例如，第一条代码（`MOV BX, 0000`）将 0 移入 `BX` 寄存器。

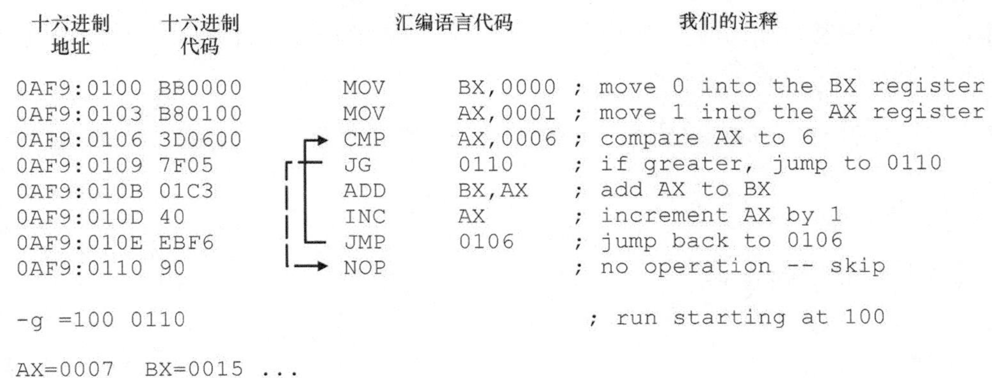

```
十六进制      十六进制              汇编语言代码                我们的注释
  地址          代码

0AF9:0100 BB0000        MOV      BX,0000  ; move 0 into the BX register
0AF9:0103 B80100        MOV      AX,0001  ; move 1 into the AX register
0AF9:0106 3D0600     →  CMP      AX,0006  ; compare AX to 6
0AF9:0109 7F05          JG       0110     ; if greater, jump to 0110
0AF9:010B 01C3          ADD      BX,AX    ; add AX to BX
0AF9:010D 40            INC      AX       ; increment AX by 1
0AF9:010E EBF6          JMP      0106     ; jump back to 0106
0AF9:0110 90         →  NOP               ; no operation -- skip

-g =100 0110                                ; run starting at 100

AX=0007  BX=0015 ...
```

图 1-2 一段 8088 汇编语言代码

我们将它留给你作为练习（练习题 6），请弄清楚这段代码计算的内容。结果存储在 BX 寄存器中。

> 计算机代码中的错误称为“缺陷（bug）”，消除程序错误的过程称为“调试（debug）”。

图 1-2 中的代码是在一个名为 debug 的程序的帮助下生成的，该程序随 MS-DOS 操作系统和早期版本的 Windows 一起提供。调试程序允许程序员以受控方式逐步执行程序，并在每一步检查内存的内容。在程序未按预期工作时，使用调试程序可以帮助发现错误。

第 1.2 节练习

1. 找到一台废弃的台式计算机，确保已拔下电源线，然后取下机箱盖（或在网上查找打开机箱的台式 PC 的高分辨率图片）。识别主板、CPU 和内存芯片，识别计算机的其他组件：电源、硬盘、CD ROM 驱动器。

2. 计算机内存称为 RAM，因为： ✓

（A）它提供对数据的快速访问

（B）它安装在主板上

（C）它以兆字节为单位

（D）它的字节可以按随机顺序寻址

（E）它的芯片安装在矩形阵列中

3. 我的旧 PC 有 512 MB 的 RAM 和 120 GB 的硬盘，硬盘存储空间是 RAM 的多少倍？ ✓

4. 可以用 2 位编码多少个不同的值？3 位呢？1 字节呢？

5. ASCII 码表示在典型的美式键盘上可以找到的英文字母、数字和其他字符的大写和

小写字母。每个字符以相同的位数编码。每个字符 1 字节是否足以表示所有这些字符？每个字符所需的最小位数是多少？ ✓

6. ◆在执行图 1-2 中的程序段后，解释 AX 和 BX 寄存器的内容。这段代码计算了什么？⋛ 提示：十六进制的 15 是十进制的 21。 ⋚ ✓

1.3 Python 解释器

以数字序列的方式来编写程序是非常烦琐的（尽管在计算机时代的早期阶段，程序员就是这么做的）。幸运的是，人们很快意识到，他们可以为编写程序而定义特殊的语言，并使用计算机将程序从高级编程语言转换为机器代码。早期的编程语言有 Fortran、COBOL 和 BASIC。今天流行的语言有 C++、C＃、Java 和 JavaScript 等。Python 是另一种非常流行的编程语言：它是由荷兰数学中心（Stichting Mathematisch Centrum）的 Guido van Rossum 于 20 世纪 90 年代初发明的。[①]

在高级编程语言中，每个语句都转换为多个 CPU 指令。图 1-3 展示了一个用 Python 编写的函数，它由一个文档字符串（Docstring，三引号中的一段注释，帮助使用该函数）和一些语句组成。

```
def add_numbers(n):
    """Return 1 + 2 + ... + n."""
    sum1n = 0
    for k in range(1, n+1):
        sum1n += k    # add k to sum1n
    return sum1n
```

图 1-3 用 Python 编写的函数

用机器语言或汇编语言编写的程序仅适用于具有兼容性 CPU 的计算机。换句话说，命令/语句限定于特定的 CPU。用高级语言编写的程序可以与任何 CPU 一起使用。例如，它可以在 PC 或 Mac 上运行。

❖ ❖ ❖

有两种方法，可以将高级编程语言编写的程序转换为机器代码。第一种方法称为“编译”：一种称为“编译器”的特殊程序，检查高级语言编写的程序文本，生成适当的机器语言指令，并将它们保存在一个可执行文件中，该文件可以在计算机上运行。程序编译后，运行该文件就不需要编译器了。第二种方法称为“解释”：一种称为“解释器”的特殊程序，检查程序的文本，生成适当的指令，并立即执行这些指令。解释器不会创建可执行文件，每

① 与流行的看法不同，Python 并不是以蛇来命名，它是以英国喜剧团体 Monty Python 的名字命名的。他们的流行喜剧节目 *Monty Python's Flying Circus* 于 1969 年至 1974 年在英国广播公司播出。IDLE 是 Python 的集成开发环境，实际上暗示了该团体的成员 Eric Idle。

次运行程序都需要解释器。

编译就像外语教材的书面翻译一样，解释就像在外国人说话的同时进行同声翻译。解释器可以从文件中读取程序，也可以允许你以交互方式逐行输入程序语句。

一些现代语言（如 Java）使用混合的方法。首先，它们将程序编译成一种称为“字节码”的中间低级语言，它仍然独立于特定的 CPU，但更紧凑，更接近机器语言。然后它们在解释字节码时执行程序。Python 也将“模块（函数库）”预编译为字节码。

程序的文本由相当严格的语法规则控制：你不能简单地输入随心所欲的内容，并指望计算机理解它。

> 程序中的每个符号都必须位于正确的位置。

在英语或其他自然语言中，你可以拼错一个单词或省略一些标点符号，但仍然可以生成可读的文本。这是因为自然语言具有“冗余”，信息以低于最佳效率的方式传输，但这导致即使它有某种乱码，读者仍可以正确地解释消息（见图 1-4）。

图 1-4 Lyla Fletcher Groom 的故事，5 岁
（由写作研讨会提供）

编程语言实际上没有冗余，几乎每个字符都是必不可少的。编程中很可能会犯错误，因此编程人员必须学会耐心并注重细节，在修复代码的错误时坚持不懈。

我们现在准备使用 Python。根据开源许可证，Python 可免费获得，即使是商业应用程序也是如此。Python 许可证由 Python Software Foundation 管理。

> 在本书中，我们将使用 `Python 3`，即 `Python` 的较新版本。

早期版本的 Python 称为“Python 2”。Python 2 和 Python 3 之间存在一些差异——它们不是百分之百兼容。在撰写本书时，Python 3 的最新版本是 3.7.3。

关于如何下载适用于你的计算机和操作系统的 Python 安装程序，请参阅其他相关入门教程。

❖ ❖ ❖

在编译语言时，你需要创建程序文本，并将它保存在一个文件中，称为“源代码”，然后让源代码文件通过编译器运行，以得到可执行程序。在 Python 中，你可以从源文件中读取程序，也可以在 Python 解释器 Shell 中输入单个语句，并立即查看结果。

使用 GUI（图形用户界面）前端运行 Python 解释器很方便。标准安装的 Python 附带的 GUI 称为 IDLE（见图 1-5）。

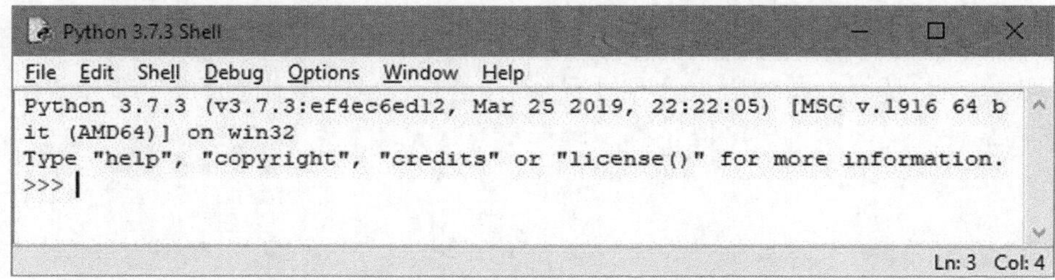

图 1-5 在 Windows 系统中，Python 的 GUI “Shell”，称为 IDLE

>>>是 Python 解释器的“提示符”。提示符是来自程序的信号，表示它正在等待用户输入。用户可以输入语句，当用户按<Enter>键时，解释器会显示结果。

例如，输入：

```
>>> 2+3 <Enter>
```

（用户输入以粗体显示）。Python 会显示：

```
5
>>>
```

看起来很不错！这里发生了很多事情。解释器读取你输入的文本行（语句），然后分析文本并发现该语句有两个用+号分隔的数字。分析文本并提取它的组件的过程称为“解析”。

一些小实验会让你相信空格并不重要（只要语句在提示后立即开始，没有前导空格）。例如，你可以输入 `2 + 3` 或 `2 + 3` 或 `2 + 3`——结果相同。但是如果你输入 `2 + * 3`，你就会得到：

```
>>> 2+*3
      ^
SyntaxError: invalid syntax
>>>
```

现在尝试：

```
>>> 2(3+4)
```

你预期会得到 14，对吗？没有！你得到的是：

```
Traceback (most recent call last):
  File "<pyshell#4>", line 1, in <module>
    2(3+4)
TypeError: 'int' object is not callable
```

显然，Python 解释器“认为”你输入的语句有问题。但是，Python（让我们将解释器简称为 Python）不是报告语法错误，而是报告了别的内容，这似乎没有什么帮助。`TypeError` 指的是一个对象的“类型”（一个整数、一个函数等），而不是你在键盘上输入的内容。显然 Python 已经断定你试图用一个名为 `2` 的函数调用输入值 `3 + 4`，所以 Python 告诉你（以它自己神秘的方式），`2` 不是一个函数。你可能会认为 Python 有时非常愚蠢。事实上，它既不聪明也不愚蠢——它只是一段代码。

同时，你真正的意思是：

```
>>> 2*(3+4)
```

也许你认为乘法符号是可省略的，就像在数学中一样。不是这样。正如我们告诉过你：每个字符都很重要！

第 1.3 节练习

1．定义“冗余”。 ✓

2．在 Python 解释器中输入 `2 + -3`。这是有效的语法吗？解释结果。现在对 `2 ++ 3` 做同样的事情。

3．■尝试 `2 +++ 3`。解释结果。

4．尝试 `2 ** 3` 和 `2 ** 4`。Python 的运算符**表示什么？

5．在 Python 中，单引号、双引号或三引号中的文本片段代表“文字字符串”。尝试 `"abc" + "def"` 和 `'abc' + 'def'` 和 `'''abc''' + '''def'''` 和 `"""abc""" + """def"""`。解释+运算符应用于字符串时的作用。 ✓

6．*运算符可以应用于整数和字符串吗？尝试 `3 *'La'` 并解释结果。

7．输入 `9-8*2+6` 并解释结果。输入 `(5-1)*(1+2)**3` 并解释结果。Python 表达式中，“运算符的优先级”是什么（即首先应用哪些运算符）？ ✓

8．■在 Python 提示符处输入 `17%3`，同时尝试 `15%4` 和 `15%5`。`%`运算符计算什么？与+、

-、*、/和**相比，运行一些测试以确定其等级（优先级）。 ✓

1.4 使用 IDLE

IDLE 是一个简单的 IDE（集成开发环境），用于编辑和运行 Python 代码。[①]

可以将简短的程序直接输入 Shell：

```
>>> s = 0
>>> for k in range(1, 7):
        s += k
        print(k, s)


1 1
2 3
3 6
4 10
5 15
6 21
>>>
```

但这并不是很实用，因为你必须重新输入每条语句，才能再次运行程序或对它进行小修改。在 IDLE 中，你可以复制以前的一个语句：将光标向上移动到相应的行，然后按<Enter>键。接着，你可以编辑该语句。

不过，重新输入每行代码太乏味了。将程序语句保存在文件中并从文件中执行程序，这样更实用。包含程序文本的文件称为源文件。Python 源文件名的扩展名通常为.py。

你可以用任意的文本编辑器（如记事本）创建源文件。你甚至可以用文字处理程序，只需确保将文件另存为“纯文本”文件，并使用.py 的替换文件名中的默认扩展名.txt。但是，编写简短 Python 程序最简单的方法是使用 IDLE 自带的内置编辑器。

在 IDLE 中打开新的编辑器窗口，请从 File 菜单中选择 New File（或按<Ctrl+N>快捷键）。然后输入你的代码。如图 1-6 所示。

与纯文本编辑器（如记事本）不同，IDLE 编辑器“了解”Python 的某些特性。例如，它用不同颜色高亮显示了代码的不同元素。对于预期有缩进的语句，IDLE 编辑器会自动增加“缩进”（向右移动）：在 for、while、if、else 的冒号之后。按<BackSpace>键可以减少缩进级别。从 File 菜单中选择 Save As...或按＜Ctrl+Shift+S＞快捷键，将程序保存到文件中。将.py

① 有些人称 Python 为“脚本语言”，因为可以逐个交互地输入单条 Python 语句。这些人称 Python 程序为“脚本”。

扩展名与文件名一起使用，将文件保存在你选择的文件夹中。例如，C:\PythonProjects。

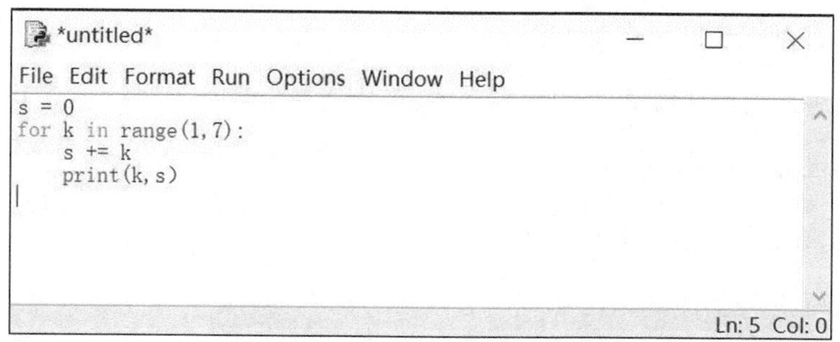

图 1-6　使用 IDLE 编辑器输入代码

当 IDLE 编辑器窗口打开并处于活动状态时，你可以通过从 Run 菜单中选择 Run Module 或按 F5 键来测试程序。Python 每次都会询问你是否要保存文件（单击 Yes），你可以使用 Options => Configure IDLE 命令来禁用此功能。

如果程序有语法错误，Python 会提醒你，并高亮显示第一个错误（发现分号而不是冒号）。如图 1-7 所示。

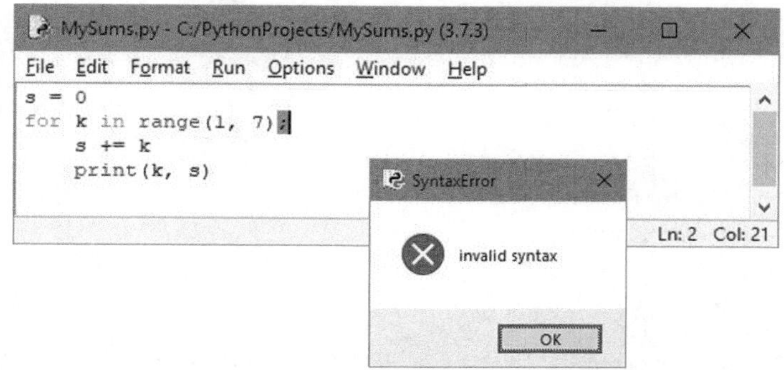

图 1-7　Python 显示语法错误

你可以同时打开多个文件，并在同一窗口中或在不同窗口间剪切和粘贴文本。选中并高亮显示要复制的文本，按＜Ctrl+C＞快捷键复制文本，将光标定位在插入点，然后按＜Ctrl+V＞快捷键粘贴文本。

第 1.4 节练习

1. 编程语言“Python”的名称是指：

（A）希腊字符 π

（B）英国喜剧团体

（C）基本亚原子粒子

（D）大蛇，如大蟒蛇

2．什么是源代码？

（A）包含该程序的页面的 URL

（B）高级语言或汇编语言的程序文本

（C）编译成字节码的程序

（D）包含程序文本的文件的名称

3．当 Python 解释器遇到语法错误时会发生什么？ ✓

（A）解释器继续并在结束时报告所有语法错误

（B）解释器尝试纠正错误并继续

（C）解释器报告错误并停止解释

（D）解释器 Shell 关闭

4．在 IDLE 中输入以下命令后会发生什么？

```
>>> import this
```

试试吧。

5．在 IDLE 中输入以下命令后会发生什么？

```
>>> import antigravity
```

试试吧。

6．如果你在没有打字或单击任何内容的情况下，让 IDLE 闲置很长时间，会发生什么？ ✓

（A）什么也没发生

（B）它保存所有打开的文件并关闭所有窗口

（C）它显示消息“`I've been IDLE for too long!`”

（D）它显示消息“`For security reasons, your session has expired. Please log in to continue.`”

1.5 复习

本章介绍的术语。

CPU	汇编语言
RAM	编译器
位	解释器
字节	源代码
KB	语法规则
MB	bug
GB	debug
TB	冗余
PB	解析
GHZ	提示符
编程语言	Shell

第2章 变量和算术

2.1 引言

在本章中，我们将介绍 Python 代码的一些元素，并介绍变量和算术运算符。

与其他编程语言一样，Python 允许“注释”，即嵌入在程序中的短语或文本，它们可由人类阅读，但被解释器跳过。

与其他编程语言一样，Python 使用一小组“关键字”（也称为“保留字”），这些关键字在 Python 程序中具有特定含义。

编程中“变量”的概念类似于代数中的变量，但它在编程中不那么抽象，更实用。

Python 有 7 个算术运算符：普通的+、-、*和/，以及 3 个 Python 或编程特有的运算符。

2.2 Python 代码结构

在 Python 中，#符号除了在引号内的情况外，表示“注释”（见图 2-1）。注释的目的是使代码更具可读性。注释可以记录一段代码的作用，或解释模糊的代码。解释器并不关心注释，它只是跳过从#到行尾的所有文本。

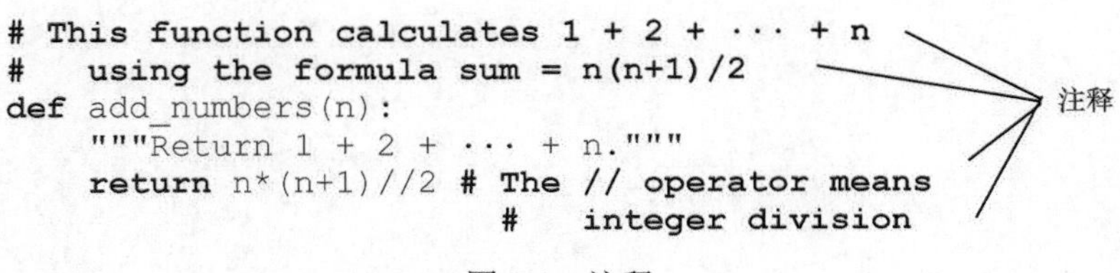

# This function calculates 1 + 2 + ··· + n
#   using the formula sum = n(n+1)/2
def add_numbers(n):
    """Return 1 + 2 + ··· + n."""
    return n*(n+1)//2 # The // operator means
                      #   integer division
注释

图 2-1 注释

❖ ❖ ❖

图 2-1 中的 def 和 return 是 Python 的“关键字”，即在编程语言中具有特殊含义的字，不能用于命名程序员自己的变量或函数。def 表示我们正在定义一个函数，return 指定函数返回给调用者的值。（一旦定义了一个函数，你就可以从其他语句中调用它。我们将在第 3 章更详细地解释函数。）

> 注意“def”行末尾的冒号——它是语法规则所必需的。

Python 3.7 有 35 个关键字，图 2-2 列出了其中的一些。

```
import          True
from            False
as              if
                elif
def             else
return
yield           and
None            or
                not
for             in
while           is
break
continue        del
pass
```

图 2-2 一些 Python 关键字（保留字）

当你在 IDLE 中输入 Python 代码时，不同的语法元素将以不同的颜色显示。注释是红色的，关键字默认为橙色。

> Python 区分大小写，除了代表通用常量的 3 个保留字（None、True 和 False），所有保留字必须用小写字母书写。

❖ ❖ ❖

add_numbers 是我们给函数的名字，n 是我们给它的“参数”的名字（也称为“哑元”，即输入值）。

> 为变量和函数提供合理的、有意义的名称，这非常重要。

Python 中的名称只能包含字母、数字和下划线字符，名称不能以数字开头。有效的名称如：total、sum_3、_a、n2。Python 区分大小写，因此 Total 与 total 不同。在我们的示例中，我们可以调用函数 sumFrom1ToN，但更常见的 Python 风格是使用小写单词命名变量和函数，用下划线分隔，如 add_numbers 或 sum_digits。

❖ ❖ ❖

def 行后面的行向右“缩进”。缩进行形成一个相关语句块，在本例中是函数的定义。缩进必须在块内保持一致，这是 Python 语法规则之一。习惯上将下一级别缩进 4 个空格。

一些编程语言使用花括号来描述语句块。Python 不是这样。

在 IDLE 编辑器中按<Tab>键时，默认情况下会插入 4 个空格，但你可以在 IDLE 的首选项中更改缩进设置。

除了注释之外，通常在 def 行下面包含一个“Docstring”（文档字符串）（见图 2-3）。这段文本通常放在三引号内（允许注释跨越多行），是可选的。这对于阅读代码的读者很有帮助，并且当你在 IDLE 的交互式 Shell 中输入该函数时，它将显示为“提示”。

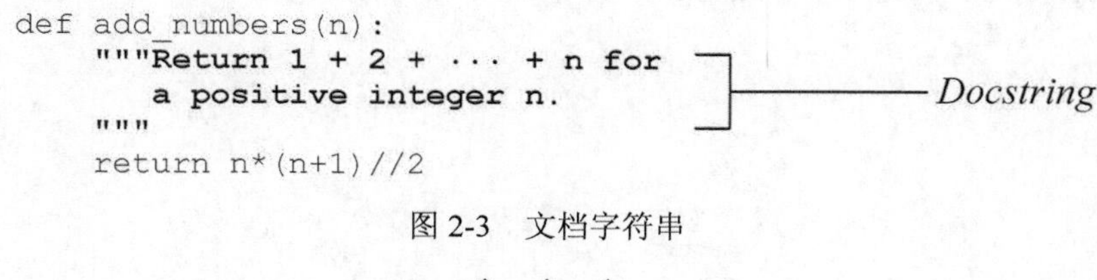

def add_numbers(n):
"""Return 1 + 2 + ··· + n for
a positive integer n.
"""
return n*(n+1)//2
Docstring

图 2-3　文档字符串

❖ ❖ ❖

在 Python 中，每个语句通常都写在单独的一行上。

一个例外是用三引号（'''或"""）括起来的字符串试试：

```
>>> msg = '''And it always goes on
and on and on
and on and on'''
>>> msg
```

Python 返回了 msg 的值：

```
'And it always goes on\nand on and on\nand on and on'
```

消息中的\n 表示“换行”。当输出包含\n 的字符串时，\n 将下一个字符移动到下一行的开头。例如：

```
>>> print('And it always goes on\nand on and on\nand on and on')
And it always goes on
and on and on
and on and on
```

或：

```
>>> print('Line 1\nLine 2')
Line 1
Line 2
```

如果文档字符串超过一行，必须使用"""…"""或'''…'''，但 Python 的格式手册建议始终使用三引号，即使对于单行文档字符串——为了保持一致性，使它更容易扩展。

如果一个语句太长而无法放在一行上，则可以在行尾添加\（反斜杠）并继续下一行。例如：

```
>>> 1 + 2 + 3 + 4 + 5 + 6 \
  + 7 + 8 + 9 + 10
55
```

但是，最好将该表达式放在括号中。

> 在多行上编写表达式的首选方式，是将它放在括号中。

例如：

```
>>> (1 + 2 + 3 + 4 + 5 + 6
 + 7 + 8 + 9 + 10)
55
```

Python 允许你在一行上放置多个语句，尽管这不是常见的格式。为此，你必须使用分号分隔语句。例如：

```
>>> x = 3; y = 2; print(x + y)
5
```

第 2.2 节练习

1. 在 IDLE 提示符处输入：

```
>>> from __future__ import braces
```

（“future”的两侧各有两个下划线）会显示什么？

2. 以下函数返回字符串的第一个字符，或列表的第一个元素。

```
def first(s):
    return s[0]
```

将文档字符串添加到此函数中，并在 Python 的提示符处输入以下代码：

```
def first(s):
    < docstring >
    return s[0]
```

现在尝试：

```
>>> first('Hello, world')
```

只要输入左括号，就会显示文档字符串作为“提示”。现在试试：

```
>>> first.__doc__
```

（Python 在每一侧使用两个下划线来标记特殊的“系统”名称。）

3．以下哪些是 Python 关键字？ ✓

（A）`while`

（B）`total`

（C）`none`

（D）`define`

（E）`continue`

（F）`IF`

4．在第 1 章图 1-3 展示的函数中，识别 4 个关键字。 ✓

5．在以下函数定义语句中，识别两个语法错误：

```
def bad_Code(x)
    Return x**2 - 1
```

6．以下语句的输出是什么？ ✓

```
print('One is better than \none' +\
   '; two is better than one')
```

7．以下语句的输出是什么？

```
print('Python is #1')
```

8．尝试输出以下字符串：

```
print('What's up')
print("What's up")
print("She said "What's up"")
print("She said \"What\'s up\"")
```

字符串（引号内的文字）中的\"和\'表示什么？

9．在以下代码中查找语法错误。

```
def mystery(n):
    """Return n cubed."""
     return n**3
```

✓

2.3 变量

在编程理论中，变量是一个“命名的容器”，可以将之理解为一个附加了名称标签的内存位置。在不同时间可以将不同的值存储在变量中。你可以检查存储在变量中的值，并将新值放入其中。[①]

例 1

```
>>> x = 3
>>> x
3
>>> x = 5
>>> x
5
>>> x = 2*x - 1
>>> x
9
```

请注意，`x = 2*x -1` 不是等式，不像在数学中那样，而是一组指令：

取 x 的当前值；

乘以 2；

减去 1；

将结果存回 x 中。

在 Python 中，每个值都是一个“对象”。Python 支持几种内置类型的对象：整数和实数、

① 许多“Python 爱好者（Pythonistas）”更喜欢将变量名称视为贴在值上的即时贴。

字符串、列表等。(程序员也可以定义自己的对象类型，并在程序中创建它们的实例。)Python 有一个名为 type 的内置函数，它接收任意对象并返回它的类型。

例 2

```
>>> x = 3
>>> type(x)
<class 'int'>
>>> x = 1.5
>>> type(x)
<class 'float'>
>>> x = 'Hello'
>>> type(x)
<class 'str'>

>>> x = '*'
>>> type(x)
<class 'str'>
```

我们从这些例子中学到了什么？

1. 若要引入一个新变量，我们要做的就是给它命名，并使用=为它赋值。

2. 如果我们在提示符处输入变量的名称，Python 将显示它的当前值。

3. Python 有几种内置的对象类型。

- int 类型的对象包含整数值。
- float 类型的对象包含实数（或其近似值）。实数的类型称为 float，因为这些数字作为浮点数存储在计算机中。这将在第 6 章中讨论。
- str 类型的对象包含一串字符（或单个字符）。

4. 同一个变量可以在不同的时间保存不同类型的对象。

5. 在 Python 中，每个对象“都知道”它自己的类型。我们不必明确告诉变量存储在其中的对象类型。

❖ ❖ ❖

变量名由程序员选择。

> 变量的名称只能包含字母、数字和下划线字符，并且不能以数字开头。Python 要求所有变量名称以小写字母或下划线开头。

变量可以用在“表达式”中。

例 3

```
>>> tax_rate = 0.05
>>> price = 48.00
>>> total = price * (1 + tax_rate)
>>> total
50.400000000000006
```

以下语句是如何工作的？

```
total = price * (1 + tax_rate)
```

首先，Python 确保定义了变量 price 和 tax_rate，然后获取它们的值，并将它们插入表达式 price * (1 + tax_rate)。如果其中一个值与使用它的操作不兼容，Python 会“引发异常”（报告错误）。如果一切正常，Python 会计算结果，并将它放入变量 total 中。

请注意，结果并不准确。误差是由于实数在计算机中近似地表示为二进制浮点数，可能存在小差异。有一种方法可以获得更简洁的输出：

```
>>> print('Total sale: {0:6.2f}'.format(total))
Total sale:  50.40
```

{0:6.2f}是格式字符串中的占位符，它在宽度为 6 的字段中对 float 值进行右对齐，小数点后面有两位数；0:告诉 Python 将第一个参数（total）插入占位符，并适当地对它进行舍入处理。

计算表达式并将它赋值给变量后，即使更改了表达式中使用的变量值，其值也不会自行更改。

例 4

```
# continued from Example 3
...
>>> price = 60.00
>>> total
50.400000000000006
```

要看到 price 的最终值，你需要明确地重新计算该表达式：

```
>>> total = price * (1 + tax_rate)
>>> total
63.0
```

❖ ❖ ❖

“变量”可以保存一个“常量”，即在程序运行期间不会改变的值。例如：

```
pi = 3.1415926535897932
```

（这个常量在 Python 模块 math 中定义。你将在第 3.6 节中学习如何将它“导入”Python 程序。）

习惯上，重要的通用常量的名称全用大写。例如：

```
KM_IN_MILE = 1.60934
```

❖ ❖ ❖

说实话，我们没有告诉你关于变量的全部真相。事实上，Python 变量不包含对象——它们包含对象的“引用”。引用基本上是对象在内存中的地址。某些对象（如长字符串或列表）会占用大量存储空间，将它们的值从一个变量复制到另一个变量会太慢。作为替代，当我们赋值 b = a 时，我们只将引用（即地址）从 a 复制到 b 中。两者都指向同一个对象（见图 2-4）。

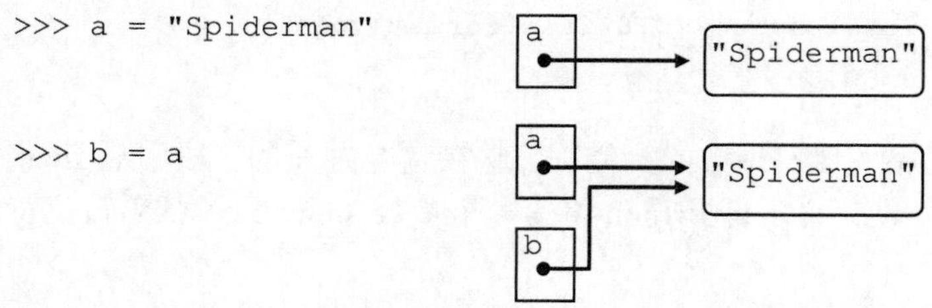

图 2-4　Python 变量保存对象的引用

只要对象是“不可变的（immutable）”，即永远不会改变，这不会引起任何混淆。所有数字和字符串都是不可变对象，一旦被创建，它们就无法更改。但是，列表并非一成不变。试试这个：

```
>>> a = [1, 2]    # list [1, 2] is assigned to variable a
>>> b = a
>>> b
...
>>> a.append(3)
```

```
>>> b
...
```

你必须小心！

第 2.3 节练习

1. 定义变量 `r = 5`。为π定义一个常量，精确到 5 位小数。定义一个名为 `area` 的变量，并将它设置为半径为 `r` 的圆的面积。✓

2. 解释结果：

```
>>> x = 5
>>> x = 2*x
>>> print(x)
```

3. ■在 Python 中，以下哪些是语法有效的变量名称？

`name`，`d7`，`2x`，`first_name`，`lastName`，`Amt`，`half-price`，`'Bob'`，`LBS_IN_KG`

哪些变量名称的形式好？ ✓

4. 定义变量 `first_name`，等于你的名字。定义变量 `last_name`，等于你的姓氏。写一个表达式连接（链接在一起）`first_name` 和 `last_name`，中间有一个空格，并将该表达式赋值给一个新变量。

5. 填空：

```
>>> x = 1.0
>>> x = x + 3
>>> type(x)
```

____

6. ■以下代码的输出是什么？

```
a = 3
b = 2
a = a + b
b = a - b
print(a)
print(b)
```

✓

7. ■在 Python 中，

```
name = input('What is your name? ')
```

显示“What is your name?”提示符，然后将 name 设置为用户输入的字符串。编写一个函数，询问用户姓名，并显示“Hello, <用户输入的名称>. Welcome to Python!”。为你的函数提供合理的名称，并提供文档字符串。 ✓

2.4 算术运算符

如你所见，算术运算符+、-、*和/，用于加法、减法、乘法和除法，与算术和代数几乎相同。

与数学不同的是，乘法符号不能省略。

如果没有括号，先执行乘法和除法，然后执行加法和减法。可以像数学中那样使用括号，用于改变操作的顺序。

除了 4 个标准算术运算符+、-、*、/，Python 还有 3 个算术运算符。

- n%m（读作“n 模 m”）计算 *n* 除以 *m* 时的余数。例如，17%3 得到 2，而 4%10 得到 4。
- //运算符称为“整数除法”运算符，通常适用于整数操作数。n//m 的结果是一个最接近其比值的整数，等于或低于其比值。例如，8//3 得到 2，而 5//9 得到 0。
- x**n 表示 *x* 的 *n* 次幂。例如，2**3 得到 8。

%和//具有与*和/相同的优先级（等级）；**具有更高的优先级，会首先计算。

Python 还有一个内置函数 divmod，当 *n* 除以 *m* 时，使用它计算商和余数，如 q, r = divmod(n, m)将 q 设置为 n // m，r 设置为 n%m。例如：

```
cents = 144
print(cents, 'cents =', end=' ')
quarters, cents = divmod(cents, 25)
dimes, cents = divmod(cents, 10)
nickels, cents = divmod(cents, 5)
print(quarters, 'quarters +', dimes, 'dimes +',
                      nickels, 'nickels +', cents, 'cents')
```

输出：

```
144 cents = 5 quarters + 1 dimes + 1 nickels + 4 cents
```

❖ ❖ ❖

在前面的例子中，你可能已经注意到了 `s += k` 这样的语句。`+=`是“增强（或复合）”赋值语句中使用的符号之一：`+=`，`-=`，`*=`，`/=`，`%=`，`//=`，`**=`。

`x += 3` 与 `x = x + 3` 相同，意味着将 x 加 3。

其他增强赋值以类似的方式工作。你可以将增强赋值与任何“二元运算符（即使用两个操作数的运算符）”一起使用。经验丰富的程序员写出 `x = x + 1` 而不是 `x += 1` 这样的语句，会被认为“不酷”。

`+=`也适用于两个字符串或列表，`*=`也适用于整数和字符串或列表。

第 2.4 节练习

1．在不更改表达式值的情况下尽可能多地删除括号，并在 Python Shell 中验证结果。

```
(((3 + 7)//2)%2)**3
```

2．从以下 Python 表达式中删除所有多余的括号。

```
(x - 2)**3 + (3*x)
```
✓

3．以下语句执行后 x 的值是多少？

```
x = 5
x += 3
x *= 5
```

4．填空。

```
>>> x = 5
>>> x //= 2
>>> x//2%2/2
```

____

5．■编写两个语句计算 x^4，不使用`**`运算符，只进行两次乘法运算。 ✓

6．■以下代码的输出是什么？

```
n = 5
s = '+' * n
print(s)
```

7.（a）写一个函数 triangle(s)，输出一个由 s 组成的倒三角形，其中 s 是一个字符的字符串。例如，triangle('*')应输出：

```
*****
 ***
  *
```

使用 3 个 print 语句，且不用其他语句。

（b）■你的函数不应该有 return。不过，你的函数还是会返回某些东西。它是什么，你怎么知道的？✓

（c）■写另一个版本的 triangle(s)，只使用一条 print 语句。

（d）◆修改（a）中的 triangle(s)，使得如果 s 是较长的字符串，你的函数仍显示由 s 组成的对称三角形。例如，如果 s 为'La'，则显示的三角形应为：

```
LaLaLaLaLa
  LaLaLa
    La
```

提示：len(s)返回 s 中的字符数。例如，len('La')返回 2。;

2.5 复习

本章介绍的术语。

注释

缩进

关键字（保留字）

变量

常量

算术运算符

操作符的优先级

增强算术语句

对象

本章介绍的一些 Python 特性。

#标记注释，延伸到行尾

文档字符串

用 def 定义一个函数并用 return 返回其结果

一个相关的语句块是缩进的

字符串：'abc'，"abc"，'''abc'''或"""abc"""

\ n 是换行符

\在行的末尾意味着继续下一行

+、-、*、/、%、//、**运算符

用+=、-=、*=、/=、%=、//=、**=进行增强（复合）赋值

内置函数 type

第 3 章　集合与函数

3.1　引言

在数学中，“函数”建立一组输入（数字、点、对象）和一组输出之间的关系。

> 函数将每个输入与一个输出相关联。

但是相同的输出可以与两个或更多不同的输入相关联（见图 3-1）。

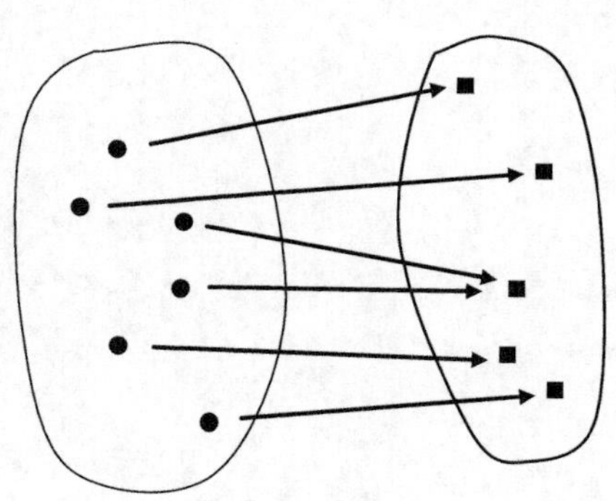

图 3-1　函数将一个输出与每个输入相关联

函数的概念对于大多数数学和科学分支而言是必不可少的。函数定义了对象或数量之间的关系，这正是数学和科学所关注的——事物如何相互关联。

给定函数 f，我们经常使用字母 x 来表示函数的输入。我们称相应的输出为 $f(x)$。换句话说，函数 f 将输入 x 映射到输出 $f(x)$。

> 函数也称为“映射”：它将输入集合映射到输出集合。

> 传递给函数的输入值称为它的“参数”。

在本章中，我们将讨论数学和 Python 中的集合，在数学中定义函数的不同方法，以及

Python 函数更高级的特性。

3.2 数学和 Python 中的集合

输入集合……输出集合……你可能想知道："集合"究竟是什么？集合的概念是无法正式定义的基本数学概念之一。一个集合就是……好吧，任何一组不同的东西。例如，教室里所有学生的集合，字母表中所有字母的集合，10 以下所有正整数的集合。

> 属于集合的项称为它的"元素"。集合不能具有重复值。

$x \in S$ 表示 x 是集合 S 的元素。

数学家使用花括号来列出集合的元素。例如，$A=\{1, 2, 3\}$声明集合 A 包含 3 个元素：1、2 和 3。集合中元素的顺序无关紧要。

集合可以包含有限数量的元素——这样的集合称为"有限集"。对于有限集，我们可以列出它的所有元素（如果集合很大，可能需要一些时间，例如所有中文字符集）。集合可能只包含一个元素。方便起见，数学家还定义了空集，即一个根本没有元素的集合，空集的表示法是$\varnothing$。

只需一点点想象力，我们也可以定义"无限集"。例如，所有正整数的集合，一条线上所有点的集合，所有整数有限集的集合……我们不能列出无限集的所有元素。定义无限集可能很棘手：无限集只存在于数学的抽象领域中。$\mathbb{N}$代表所有正整数的集合，$\mathbb{R}$代表所有实数的集合。我们不可能列出$\mathbb{N}$'或$\mathbb{R}$的所有元素。

如果集合 B 由集合 A 的一些元素组成，则 B 被称为 A 的"子集"。符号 $B \subseteq A$ 表示 B 是 A 的子集，例如$\{2, 3\} \subseteq \{1, 2, 3\}$。对于任意集合 S，有$\varnothing \subseteq S$ 和 $S \subseteq S$。

> 函数 f 的所有输入的集合称为 f 的"定义域"。f 的所有输出的集合称为 f 的"值域"。

如果 x 是 f 的定义域内的元素，则 $f(x)$是 f 的值域的元素。

例 1

设$\mathbb{Z}$是所有整数的集合，E 是所有偶数的集合。以任意整数 n 作为输入、返回 $2n$ 作为输出的函数，将$\mathbb{Z}$映射到 E。如图 3-2 所示。

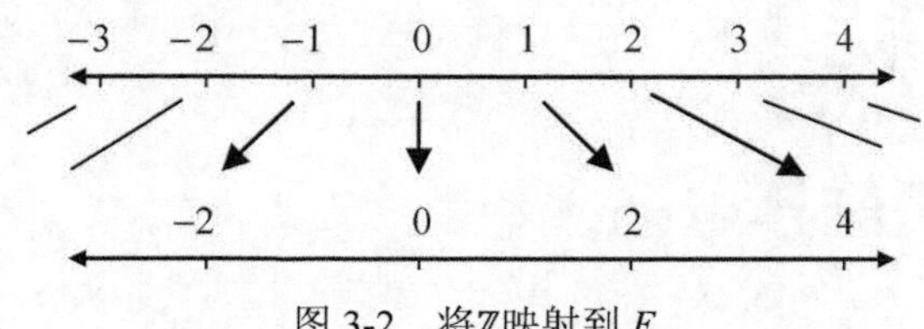

图 3-2 将ℤ映射到 E

如果我们称这个函数为 g，我们就可以说 $g(n)=2n$。ℤ是 g 的定义域，E 是 g 的值域。

例 2

$A=\{0, 1, 2\}$是包含 3 个元素的集合。函数 0→1、1→2、2→0 将 A 映射到自身。A 是该函数的定义域和值域。

将函数的值域视为较大集合的子集，这样通常比较方便（见图 3-3）。然后我们可以说，函数将它的定义域映射到包含值域的较大集合。

如果你有两个集合，A 和 B，可以考虑从 A 到 B 的所有函数。对于每个这样的函数，它的值域是 B 的子集（可能等于整个集合 B）。

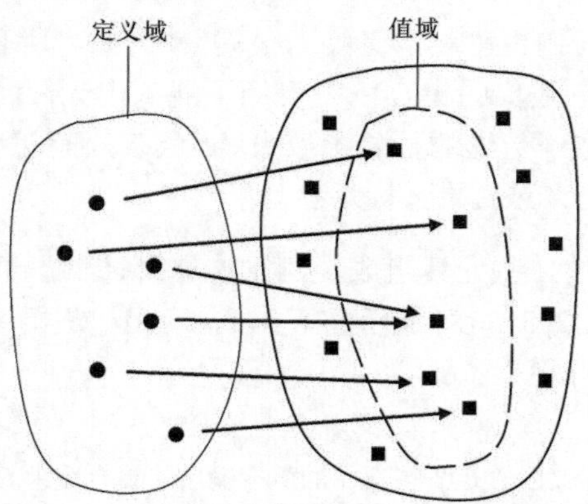

图 3-3 函数的值域视为较大集合的子集

例 3

假设 S 是教室中所有学生的集合，函数 *birthday*(p)以某人 p 作为它的输入，返回 p 的生日作为输出。可以方便地将它看成从集合 S（教室中的所有学生）到集合 D（所有 366 个可能的生日，包括 2 月 29 日——有些特殊人士在闰年的那一天出生）的映射。函数 *birthday* 的值域（教室中学生的实际生日正好构成的集合），是 D 的子集。

Python 用一个结构表示集合，它称为 `set`。语句为：

```
s = set()
```

创建了一个名为 s 的空集。你还可以用给定的值列表或字符串创建集合。例如：

```
>>> countdown = set([3, 2, 1, 'Liftoff!'])
>>> countdown
{1, 2, 3, 'Liftoff!'}
>>> letters = set('abc')
>>> letters
{'a', 'c', 'b'}
```

集合的元素不按任何特定顺序排列。

（如果正整数集在 Python shell 中显示或输出，数字按递增顺序显示）

运算符 in 确定给定值是否在集合中，如果 x 在集合 s 中，则 x in s 给出 True，否则 x in s 给出 False。例如：

```
>>> countdown = set([3, 2, 1, 'Liftoff!'])
>>> 3 in countdown
True
>>> 4 in countdown
False
>>> 'L' in countdown
False
>>> 'Liftoff!' in countdown
True
```

Python 的内置函数 len(s) 返回集合 s 中的元素数量。例如：

```
>>> my_set = set([2, 3, 5, 7])
>>> len(my_set)
4
```

（内置函数 len 也适用于字符串、列表和元组，如第 5 章所述。）

在 Python 中，类型为 set 的对象有一个函数 add，它将一个元素添加到集合中。该函数以“面向对象编程（OOP）”的方式处理。在 OOP 中，这些函数称为“方法”，并使用“对象—点”语法调用。例如：

```
>>> s3 = set([3, 2, 1])
>>> s3
{1, 2, 3}
>>> s3.add(0)
>>> s3
```

```
{0, 1, 2, 3}
```

如果值已在集合中，再次添加它则不会执行任何操作。例如：

```
>>> letters = set('Hello')
>>> letters
{'e', 'H', 'l', 'o'}
>>> letters.add('o')
>>> letters
{'e', 'H', 'l', 'o'}
```

为什么我们在 Python 中需要集合？因为它们非常有用，它们保存的值没有重复，并且它们具有检查值是否在集合中的功能。`in` 以非常有效的方式实现（使用称为“散列”的技术）这一功能。如果你在登录应用程序时拼错了用户名，并显示“找不到用户”，那么该应用程序很可能搜索了一个注册用户集合。

> Python 中的一个集合只能容纳“不可变”对象（即无法更改的对象），例如数字、字符串和“元组（不可变列表）”。

这是有道理的，因为在高效的 Python 运行中，对象的值决定了对象在集合中的存储位置。如果值要改变，`in` 操作符会“感到困惑”。

第 3.2 节练习

1．$T=\{a, b\}$是包含两个元素的集合，列出 T 的所有不同子集，有多少个？（确保包括空集和全集 T。） ✓

2．包含 3 个元素的集合有多少个不同的子集？包含 4 个元素的集合呢？包含 n 个元素的集合呢？

3．举一个函数的例子，它的定义域有 5 个元素，值域有 5 个元素。 ✓

4．你能定义一个函数，它的定义域有 3 个元素、值域有两个元素吗？如果能，举个例子；如果不能，请解释原因。

5．你能定义一个函数，它的定义域有 3 个元素、值域有 4 个元素吗？如果能，举个例子；如果不能，请解释原因。

6．举一个函数的例子，它的定义域是所有整数的集合，值域有 3 个元素。 ✓

7．■假设集合 A 有 3 个元素，集合 B 有 3 个元素。可以定义多少个从 A 到 B 的不同函数？ ✓

8．举一个函数的例子，它的定义域是所有整数的集合，值域是所有奇数整数的集合。

9. 设计一个函数，将半径为 1 的圆内（包含边界上）所有点的集合，映射到实数集 $\{0 \leqslant y \leqslant 1\}$上。✓

10. ■设计一个函数，它的定义域是实数集合 x，$0 < x \leqslant 1$；值域是实数集合 y，$y \geqslant 1$。

11. 以下代码段的输出是什么？

```
nums = [1, 2, 3, 4, 5, 4, 3, 2, 1]
set_of_nums = set(nums)
print(len(nums), len(set_of_nums))
```

请解释。✓

12. 给定几个非负整数的有限集合，即从集合$\{0,1,2,3,4,\cdots\}$中选择的几个不同的整数，它的 *mex* 被定义为不在该集合中的最小非负数。“mex”是“minimum excludant（最小排除）”的缩写。例如 $mex(\{0, 3, 6\}) = 1$ 和 $mex(\{1, 4, 5\}) = 0$。（在“组合游戏”中，mex 对于制定最优策略很有用。）

$\{0,1,2,3\}$共有 16 个子集。

$\{\ \}$、$\{0\}$、$\{1\}$、$\{2\}$、$\{3\}$、$\{0, 1\}$、$\{0, 2\}$、$\{0, 3\}$、$\{1, 2\}$、$\{1, 3\}$、$\{2, 3\}$、$\{0, 1, 2\}$、$\{0, 1, 3\}$、$\{0, 2, 3\}$、$\{1, 2, 3\}$、$\{0, 1, 2, 3\}$

这 16 个集合中有多少集合的 *mex* 为 1？

13. ■在以下函数中填空，它计算一组非负数的 *mex*（如上一道题的定义）。

```
def mex(s):
    """Calculate the mex (minimum excludant) of the set s
      of non-negative integers.
    """
     n = 0
     while ________________________________:
         ____________________
     return n
```

✓

3.3 在数学中定义函数的方法

要定义函数，你需要指定它的定义域，以及为定义域中的每个元素计算函数值（即函数的“输出”）的方法。定义函数有多种方法：文字描述、表格、图或图表、公式。

例 1

用文字定义的函数：

“对于任意正整数 n，令 $s(n)$为从 1 到 n 的所有整数之和。”

这个函数的定义域是所有正整数，我们可以对任意正整数 n 计算 $s(n)$的值，$s(1)=1$，$s(2)=1+2=3$，$s(3)=1+2+3=6$……。

例 2

假设我们这样定义：“函数 $f(year)$是美国 1990～1999 年醉酒驾驶造成的致命事故数量。”这句话概括地描述了这个函数，但没有给出它的值。要完成该定义，我们需要查找数据，并将它列在表格或图表中。如图 3-4 所示。

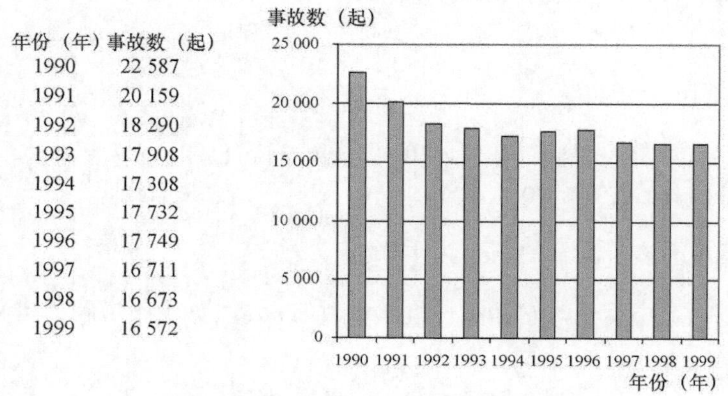

年份（年）	事故数（起）
1990	22 587
1991	20 159
1992	18 290
1993	17 908
1994	17 308
1995	17 732
1996	17 749
1997	16 711
1998	16 673
1999	16 572

图 3-4 美国 1990～1999 年醉酒驾驶造成的致命事故

❖ ❖ ❖

到目前为止，在数学和物理学中，定义函数最常用和最有用的方法是使用公式。

❖ ❖ ❖

例 3

假设我们从悬崖上扔下一块石头，它在 t（单位：s）内行进的垂直距离（单位：ft[①]）由公式 $h(t)=16t^2$ 给出。该函数的定义域是所有非负实数，对于任意 $t\geqslant 0$（在我们扔下石头之后的任意时刻），我们可以通过该公式计算 $h(t)$的值。例如，$h(5)=16\cdot 25=400$。如果我们测量石头到达地面所需的时间，我们就可以计算出悬崖的高度。

① 1ft＝0.3048m。——编者注

❖ ❖ ❖

我们在考虑函数的“通用集合”上事先达成一致，这通常比较方便。例如，所有实数的集合ℝ，或平面上所有点的集合（对于平面几何），或所有整数的集合（对于数论）。我们考虑的所有函数的定义域都是该通用集合的子集。我们还必须就函数输出所属的“通用集合”达成一致。

假设我们正在处理实数，以及值也是实数的函数，因此函数的定义域和值域都是ℝ的子集。我们可以写一个公式，比如 $f(x)=\dfrac{1}{x}$。这个公式对所有 $x\neq 0$ 都有意义（也就是说，可以计算）。因此，该公式定义了一个函数，它的定义域是“除 0 以外的所有实数”（或用数学符号，ℝ−{0}）。

如果我们通过公式定义函数，并且未明确指定它的定义域，则假定定义域是使公式有意义的所有数字的集合。

这称为由公式定义的函数的“自然定义域”。

例 4

对于实数 x，当且仅当 $x\geqslant 0$ 时，$\sqrt{x}$ 才有意义（产生一个实数）。因此，公式定义的函数的自然定义域是所有非负实数的集合。此函数的值域也是所有非负实数。

有时，可以用几种不同的方式描述同一个函数。当我们证明两个定义描述同一个函数时，通常会得到一个有趣的数学结果。例如，考虑例 1 中描述的函数：对于任意正整数 n，设 $s(n)$ 为从 1 到 n 的所有整数之和，即 $s(n)=1+2+\cdots+n$。考虑另一个由公式 $f(n)=\dfrac{n(n+1)}{2}$ 定义的函数。在第 10 章中，我们将提供一个证明：对于任意正整数 n，$s(n)=f(n)$。

第 3.3 节练习

1．公式 $f(x)=\dfrac{1}{x-2}$ 为实数定义的函数，它的自然定义域是什么？这个函数的值域是什么？ ✓

2．$f(x)=\sqrt{1+x}$ 的自然定义域是什么？值域是什么？

3．$f(x)=\sqrt{1-x^2}$ 的自然定义域是什么？值域是什么？ ✓

4．考虑在所有 3 位正整数的集合上定义的一个函数：对于每个整数，该函数返回它的数字的总和。例如，$f(2\ 4\ 3)=9$。该函数的定义域和值域有多少个元素？ ✓

5．下表显示了在所有正整数集上定义的一个函数 $h(n)$ 的几个值。

n	1	2	3	4	5	6
$h(n)$	2	5	10	17	26	37

找出一个简单的公式，匹配表中显示的值的函数。

6. 描述一个函数 f，它的定义域和值域都是平面上所有点的集合，并且只有一个“不动点”，即点 P 使得 $f(P)=P$。

7. 给定 3 个元素的集合 A，有多少个从 A 到自身的函数（即定义域和值域都是 A 的函数）没有不动点？ ✓

8. ■找出一个公式，它定义了$\mathbb{R}$上的一个函数，它的自然定义域为$-1<x<1$，值域为$\mathbb{R}$。

9. ■考虑函数f和g，定义如下：

x	−1	0	1
$f(x)$	3	1	−1

x	−1	0	1
$g(x)$	−2	−1	0

$f[g(1)]$和$g[f(1)]$的值是什么？ ✓

3.4 Python 中的函数

编程中的函数概念比数学中更广泛。

> 一个函数可以有多个参数。

这不是什么大问题，因为如果将它们组合成一个元组，可以将几个参数视为一个参数。

实际上，数学家也会考虑多个变量的函数。例如，$f(x,y)=\sqrt{x^2+y^2}$。

例 1

```
from math import sqrt

def distance(x1, y1, x2, y2):
    """Return the distance from point (x1, y1) to point (x2, y2)."""
    return sqrt((x2-x1)*(x2-x1) + (y2-y1)*(y2-y1))

print(distance(0, 3, 4, 0))
```

该程序的输出为 5.0。

函数不需要有 return 语句。

❖ ❖ ❖

一个更有趣的特性是在 Python 中，

即使没有 return，Python 函数也会返回默认值——特殊常量 None。None 根本不在交互式 Shell 中显示，如下：

```
>>> None
>>>
```

print(None) 显示 None：

```
>>> print(None)
None
```

函数可以完成某项明确的任务，而不是计算一个值。例如，函数可以修改列表，或以特定格式生成输出，或生成图形显示，或操作图像。不返回有意义的值的函数更像是一个“过程”。一些编程语言明确区分函数和过程。在 Python 中，我们称一切都是函数。

例 2

下面的函数旋转列表 items 并返回 None：

```
>>> def rotate(items):
        items.append(items.pop(0))   # Removes the first element
                                     # in items and appends it at the end
>>> lst = [1, 2, 3, 4]
>>> lst
[1, 2, 3, 4]
```

在 Python Shell 中调用 rotate 时，不显示任何内容：

```
>>> rotate(lst)
>>>
```

但 lst 已经改变了：

```
>>> lst
[2, 3, 4, 1]
>>> rotate(lst)
>>> lst
[3, 4, 1, 2]
```

有时，你可能会错误地输出 None。例如：

```
>>> print(rotate(lst))
None
```

❖ ❖ ❖

函数（通常是类似过程的函数）可能不带参数。

例 3

```
>>> def print_10_dollars():
        print(10 * '$')

>>> print_10_dollars()
$$$$$$$$$$
```

即使函数没有参数，你仍然需要在函数定义和函数调用中带上括号。

❖ ❖ ❖

Python 函数可以针对同一个参数返回不同的值，具体取决于用户输入（以及其他一些特殊情况）。

例 4

```
def read_int():
    """Read an integer value entered by the user."""
    return int(input('Enter an integer: '))
```

函数 read_int 提示用户输入整数值，并返回该值。

不同返回值的另一个例子是返回随机数的函数。Python 的模块 random 提供这样的函数，包括 randint(m, n)，它返回从 m 到 n（包含 m 到 n）的随机整数：

```
>>> from random import randint
>>> randint(1, 6)
2
>>> randint(1, 6)
1
>>> randint(1, 6)
6
>>> randint(1, 6)
4
```

❖ ❖ ❖

Python 函数也可以返回多个值。实际上，Python 可以自动将多个值打包到一个元组中，并且自动解包元组，将各个值分配给变量。例如：

```
>>> t = 2, 3  # t is a tuple
>>> t
(2, 3)
>>> t2 = ('hi', 'bye', 'there')  # t2 is a tuple
>>> t2
('hi', 'bye', 'there')
>>> x, y = t
>>> x
2
>>> y
3
```

你还可以使用一个语句交换两个值：

```
>>> a, b = b, a
```

我们在第 2 章中提到的 divmod 函数，返回一个由两个值组成的元组，a//b 和 a%b。

❖ ❖ ❖

总之，Python 函数可以接收一个或多个参数，或根本不接收任何参数，返回 None，或返回一个或多个值（打包在元组中），甚至可以在给定相同输入值的情况下返回不同的值，具体取决于用户输入或其他情况。因此，Python 延伸了函数的数学概念，超出了我们原有的认知。

Python 还延伸了函数定义域的概念。在 Python 中，函数的定义域主要是函数工作的所有对象的集合。如果使用定义域外的参数调用该函数，则会“引发异常”。

例 5

```
def difference_set(s1, s2):
    """Return the set of distinct values from s1 that are not in s2."""
    diff = set()
    for e in s1:  # for each element in s1
        if e not in s2:  # if that element is not in set s2
            diff.add(e)
    return diff
```

此函数适用于任何“可迭代”序列 s1 和 s2，序列类型可以是字符串、列表、元组、集合。s1 和 s2 甚至可以是不同类型的。

```
>>> difference_set('We love Python', ['e', 'o', 'y', ' '])
{'l', 'P', 'W', 't', 'v', 'h', 'n'}
```

但是，如果 s1 或 s2 不是可迭代的，difference_set 会引发异常（报告错误）：

```
>>> difference_set('We love Python', 2)
...
TypeError: argument of type 'int' is not iterable
```

❖ ❖ ❖

因此，出于实际目的，我们可以将 Python 的函数简单地看成能从程序中其他位置调用的代码片段。

> 使用函数可以帮助你更好地构建代码，并在需要多次执行相同任务或计算时避免代码重复。

函数可以接收输入（参数），执行特定任务或计算，并将值返回给调用者。如果执行任务的条件不正确，可能引发异常。

第 3.4 节练习

1．编写一个连接两个给定字符串的函数，它们之间有一个空格，并返回新字符串。✓

2．编写函数 print_house，输出：

你能只用一次 print 完成调用吗？

3．假设字符串的 rjust 方法不存在，编写你自己的方法：

```
def right_justify(s, w):
    """Pad the given string s with spaces on the left to
       form a new string of total length w and return
       the new string.
    """
    return ______________________
```

⋞ 提示：回想一下，len(s)返回字符串 s 的长度。⋟

尝试：

```
>>> right_justify('123', 5)
>>> right_justify(5, '123')
>>> right_justify('123')
>>> right_justify('12345', 3)
```

✓

4. 将例 3 中的函数 `print_10_dollars()` 输入 Python Shell 中，然后尝试：

```
>>> print(print_10_dollars())
```

请解释输出。定义另一个函数 `make_10_dollars`，它什么也不输出，但返回“`$$$$$$$$$$`”。请解释以下输出：

```
>>> print(make_10_dollars())
```

5. 思考以下函数：

```
def print_triangle(n, ch):
    while n > 0:
        print(n * ch)
        n -= 1
    return 1
```

尝试预测以下的输出：

```
>>> print_triangle(2, '*') + print_triangle(3, '#')
```

✓

6. 假设我们定义函数 `add_numbers` 如下：

```
def add_numbers(n):
    if n > 0:
        return n*(n+1)//2
```

尝试：

```
>>> print(add_numbers(6))
```

以及：

```
>>> print(add_numbers(0))
```

请解释结果。

7. 调用例 4 中的函数 read_int，当它提示你输入整数时，只按<Enter>键（或输入"asdfgh"并按<Enter>键）。请解释结果。

8. 以下哪些调用返回结果，哪些引发异常？ ✓

（a）`len(0)`

（b）`len('0')`

（c）`len('''0''')`

（d）`len('''''')`

（e）`len([0])`

（f）`len([])`

（g）`len((0, 1))`

（h）`len(range(0, 1))`

3.5 函数参数

在函数定义中代表输入值的变量称为"形式参数"，通常将它们称为参数或哑元。

例 1

```
from math import sqrt


def distance(x1, y1, x2, y2):
    """Return the distance between the points (x1, y1) and (x2, y2)"""
    return sqrt((x2-x1)*(x2-x1) + (y2-y1)*(y2-y1))
```

x1、x2、y1、y2 是函数 distance 的形式参数。

要调用此函数，我们必须向它传递 4 个参数。例如：

```
>>> d = distance(0, 3, 4, 0)
```

调用函数时，传递给它的参数的数量和顺序，必须与函数所定义的参数数量和顺序相匹配。

作为参数传递给函数的对象，被复制到函数的形式参数中。

更确切地说，传入函数的对象的引用（地址）被复制到形式参数中。

例 2

```
>>> def distance(x1, y1, x2, y2):
        return sqrt((x2-x1)*(x2-x1) + (y2-y1)*(y2-y1))
>>> a1=0
>>> b1=3
>>> a2=4
>>> b2=0
>>> distance(a1, b1, a2, b2)
5.0
```

❖ ❖ ❖

在函数内，形式参数充当“局部变量”。它们的“作用域”是在（即它们仅存在于）函数的定义中，即从定义变量的位置到函数代码的末尾。

复用形式参数的名称并传入函数的实际参数，这没有任何问题。

例 3

```
>>> def distance(x1, y1, x2, y2):
        return sqrt((x2-x1)*(x2-x1) + (y2-y1)*(y2-y1))
>>>
>>> x1=0
>>> y1=3
>>> x2=4
>>> y2=0
>>> distance(x1, y1, x2, y2)
5.0
```

❖ ❖ ❖

Python 允许你为某些函数的参数提供默认值。具有默认值的参数必须出现在 def 语句的列表末尾（或使用参数 name = value）。例如：

```
def distance(x1, y1, x2=0, y2=0):
    """Return the distance between the points (x1, y1)
       and (x2, y2).
    """
    return sqrt((x2-x1)*(x2-x1) + (y2-y1)*(y2-y1))
```

现在，你可以简单地调用 distance(x, y)，而不是 distance(x, y, 0, 0)。

❖ ❖ ❖

如果将不可变对象传递给函数，那么该函数将无法更改它。

例 4

```
>>> def nice_try(msg):
        msg += '***'

>>> msg = "You can't change me!"
>>> msg
"You can't change me!"
>>> nice_try(msg)
>>> msg
"You can't change me!"
```

在 nice_try 函数内更改的 msg 与函数外部的变量 msg 不同——nice_try 的 msg 是 msg 的副本。因此语句 msg += '***'创建一个新字符串，并将该字符串的引用放入形式参数 msg 中，该参数就像 nice_try 函数中的局部变量，永远不会使用 msg 的新值。退出函数时，会销毁它的局部变量，"全局变量" msg 保持不变。使函数按预期工作，它应返回新字符串：

```
def append_stars(msg):
    return msg + '***'

>>> msg = 'Yes, you can change me'
>>> msg
'Yes, you can change me'
>>> msg = append_stars(msg)
>>> msg
'Yes, you can change me***'
```

第 3.5 节练习

1．编写并测试一个函数，它接收两个值 a 和 b，并返回它们的算术平均值 $\frac{a+b}{2}$。

2．以下语句的结果是什么？

```
>>> def swap(x, y):
        x, y = y, x
```

```
>>> a = 1
>>> b = 2
>>> swap(a, b)
>>> a
...
>>> b
...
```

请解释。 ✓

3. （a）回想一下，一元二次方程 $ax^2+bx+c=0$ 可能有两个根：$x_1=\dfrac{-b+\sqrt{b^2-4ac}}{2a}$ 和 $x_2=\dfrac{-b-\sqrt{b^2-4ac}}{2a}$。编写并测试一个以 a、b 和 c 为参数的函数，并返回两个根的值。只计算一次 $\sqrt{b^2-4ac}$。如果 $b^2-4ac<0$，由 sqrt 引发异常。

提示：别忘了

```
from math import sqrt
```

✓

（b）修改（a）中的函数，使得如果 $b^2-4ac<0$ 为负，返回 None。

（c）编写一个程序，提示用户输入 3 个实数 a、b 和 c，调用（b）中的函数，并显示结果。如果函数返回 None，则显示“No solutions in real numbers”（即无实数解）。

4. ◆查看函数参数的默认值的解释。在以下语句中，Python 的显示是什么？

```
>>> def double(x=0):
        return 2*x

>>> double
...
>>> double()
...
```

5. ■下面的函数输出 n 次 obj。

```
def print_n_times(n, obj):
    """Print obj n times."""
    print(n*str(obj))
```

输入此定义并尝试：

```
>>> print_n_times(5)
```

发生了什么？更改函数以在未提供 obj 参数时输出 *n* 个星号（'*'字符）。

3.6 Python 的内置函数

Python 有许多“内置”函数，可以使 Python 编程更容易。

1. max 和 min

max 和 min 适用于数字或字符串的所有可迭代序列（列表、元组、字符串、范围、集合）。它们也可以使用一些值，用逗号分隔。

```
>>> x = 2.5; y = 3
>>> max(x, y)
3
>>> t = (4, 1.3, 2.5)
>>> min(t)
1.3
>>> max('We love Python')
'y'
>>> max(range(100))
99
```

2. len 和 sum

len 适用于所有可迭代序列（列表、元组、字符串、范围、集合），返回其中的元素个数。

```
>>> len('ABC')
3
>>> len(range(100))
100
```

sum 适用于所有可迭代的数字序列。

```
>>> sum(range(1, 10, 2))
25
```

（range(1, 10, 2)生成序列 1, 3, 5, 7, 9。）

```
>>> sum([1, 1, 2, 3, 5, 8])
20
>>> sum(x*x for x in range(1, 11))
385
```

（1+4+9+16+25+36+49+64+81+100=385.）

3. abs、pow、round、divmod

abs(x)返回 x 的绝对值。

pow(x, y)返回 x^y，与 x ** y 相同。pow(x, n, p)返回(x**n) % p。

round(x)返回 x 舍入到最接近的整数的结果。round(x, k)将 x 舍入到小数点后的 k 位数。

divmod(a, b)返回一对值 a//b，a%b。

4. input 和 print

input(msg)将 msg 显示为提示，并返回用户输入的字符串。

print(…)输出多个值，以空格分隔。可选参数 end=s 在结尾处输出字符串 s 而不是换行符。例如：

```
>>> print(2, end='+'); print(3, end='='); print(5)
2+3=5
```

5. Int、str、float

这些函数将参数转换为相应的类型：

```
>>> int('456')
456
>>> str(456)
'456'
>>> float(1)
1.0
```

6. set、list、tuple、sorted、reversed

set、list 和 tuple 分别将作为参数接收的序列转换为 set、list 和 tuple。

```
>>> set('abc')
{'b', 'c', 'a'}
>>> list('abc')
['a', 'b', 'c']
```

```
>>> tuple('abc')
('a', 'b', 'c')
>>> tuple([1, 2, 3])
(1, 2, 3)
```

sorted 将一系列数字或字符串转换为列表，按升序排列。如果提供可选参数 reverse=True，也可以按降序对序列进行排序。

```
>>> sorted([1, 5, 2, 4, 3])
[1, 2, 3, 4, 5]
>>> sorted([1, 5, 2, 4, 3], reverse=True)
[5, 4, 3, 2, 1]
>>> sorted('dcba')
['a', 'b', 'c', 'd']
```

reversed 被用作“迭代器”：

```
>>> for x in reversed([1, 2, 3, 4, 5]):
        print(x)
5
4
3
2
1
```

> 要获得任何内置函数的说明，请在 Python 提示符处输入 help(函数名称)。

> 许多内置函数（尤其是 len、sum、max、min、list、str、pow）都有简短的、有表现力的名称，你会很想使用相同的名称作为自己的变量。别这样！如果这样做，你将禁用该函数，并在使用时出现错误。

我们将在后面的章节中讨论其他内置函数。你可以在附录 A 中找到更多常用的内置函数列表，内置函数的完整列表参见 Python 官方文档。

❖ ❖ ❖

除了内置函数，Python 的 math 模块还包括基本的数学函数：sqrt、log、sin、cos、factorial 等，以及常量 pi 和 e。要使用这些函数和常量，需要将它们导入（import）程序中。例如：

```
from math import sqrt, log, pi
```

要查看完整的数学函数列表，请输入：

```
>>> import math
```

```
>>> help(math)
```

或参见 Python 官方文档。

第 3.6 节练习

1．当 n 是正整数时，min(range(n))和 max(range(n))返回什么？ ✓

2．使用内置函数 str 和 len，编写一个单行函数 num_digits，它返回给定正整数中的位数。

3．◆使用内置函数 str、int 和 sum，编写一个单行函数，该函数返回给定正整数中的数字之和。 ✓

4．创建一个空集 s，并尝试将列表[1, 2, 3]作为一个元素加入其中：

```
>>> s = set()
>>> s.add([1, 2, 3])
```

发生了什么？现在尝试添加元组(1, 2, 3)：

```
>>> s.add((1, 2, 3))
>>> len(s)
...
```

结果是什么？

5．以下语句的结果是什么？

```
>>> x = input('Enter the first number: ')
Enter the first number: 2
>>> y = input('Enter the second number: ')
Enter the second number: 3
>>> print(x + y)
...
```

纠正上述语句以输出 5。

6．pow(2, 8, 5)返回什么？

7．以下语句的结果是什么？

```
from math import sqrt
print(sorted(set([round(sqrt(n)) for n in range(1, 20)])))
```

✓

3.7　复习

本章介绍的术语和符号。

集合	函数参数	$A=\{a, b, c\}$
集合的元素	自然定义域	$x \in A$
有限集	面向对象编程（OOP）方法	$\varnothing$
无限集	可变/不可变对象	$A \subseteq B$
子集	形式参数	$f(x)$
空集	过程	
函数		
映射		
定义域		
值域		

本章提到的一些 Python 特征。

```
s = set()
s = set([3, 5, 8])
return
None
def somefun(···, x=<default value>):
```

内置函数：len、sum、max、min、abs、round、pow、divmod、input、print、set、list、tuple、sorted、reversed

```
from math import sqrt, pi, log
```

```
from random import randint
```

```
>>> help(<function name>)
>>> import math; help(math)
>>> import random; help(random)
```

第 4 章　算法以及 while 和 for 循环

4.1　引言

“算法”是完成任务或计算所需步骤的精确描述。在本章中，我们将向你展示如何描述和比较算法。

Python 中的 `while` 和 `for` 循环用于实现“迭代”(即多次重复一个语句块)。这些工具对编写“有趣”的算法至关重要。

4.2　算法

> “算法”是对计算函数值或完成任务所需步骤的精确描述。

烹饪书中的菜谱也是一种算法。“有趣”的算法通常涉及多次重复的步骤，这使我们能够将一长串步骤“折叠”成一个相对较短的算法——这让算法具备了强大的功能。

好的算法有 3 个属性。

- 好的算法是紧凑的：对于任务的不同大小或不同参数，运行时间可能不同，但算法描述的长度以及基于它的程序代码会保持不变。
- 好的算法是通用的：它适用于任务的不同大小或不同参数。
- 好的算法是抽象的：它不依赖于特定的编程语言或计算机系统。

例

以下算法计算$1-\frac{1}{3}+\frac{1}{5}-\cdots+\frac{1}{9997}-\frac{1}{9999}$。(该总和的 4 倍以某种精度近似于π。在总和

中增加更多项会产生更好的近似值。）

将 *k* 设置为 1。

将 *sign* 设置为 1。

将 *sum* 设置为 0。

当 *k* <10000，重复以下步骤：

将 *sign/k* 加入 *sum*；

将 *k* 加 2；

将 *sign* 设置为−*sign*；

返回 *sum* 的值。

这个描述是紧凑和抽象的，但它不是通用的，因为它仅适用于特定参数：10000。不需要将 10000“硬编码”到算法中——它适用于任意正整数 *n*。我们可以用 *n* 代替 10000。*n* 可以由用户输入，也可以来自程序中的其他位置。

❖ ❖ ❖

通常不是用文字描述算法，而是用更简洁的符号来描述，这些符号称为“伪代码”。使用伪代码，上述算法可能如下：

```
Input: n
k ← 1
sign ← 1
sum ← 0
while k < n:
    sum ← sum + sign/k
    k ← k + 2
    sign ← -sign
Output: sum
```

伪代码不是一种编程语言，因此上面的算法不是真正的计算机“代码”。但是你可以用你选择的编程语言“实现”这种伪代码算法。

描述算法的另一种方式是使用“流程图”。上述算法的流程图可能如下（见图 4-1）：

流程图属于“计算机博物馆”——现在很少有人使用。

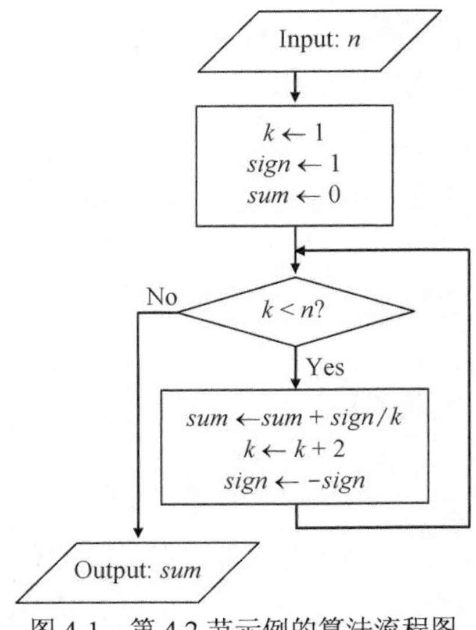

图 4-1 第 4.2 节示例的算法流程图

第 4.2 节练习

1. 说出你在算术和代数课中学到的一些算法。

2. 设计一种不使用公式 $s(n)=\dfrac{n(n+1)}{2}$，计算 $s(n)=1+2+\cdots+n$ 的算法。用伪代码展示你的算法。 ✓

3. 假设你只有加法和减法操作。设计一个算法，它接收两个正整数 m 和 n，并计算 m 除以 n 时的商和余数。用伪代码展示算法。（例如，当 17 除以 5 时，商为 3，余数为 2。） ✓

4. 设计用于计算 3^n 的算法，其中 n 是非负整数。用伪代码编写算法。

4.3 while 和 for 循环

在本节中，我们将创建一个 Python 程序，提示用户输入正整数 `n_max`，并输出一系列总和 `1 + 2 + … + n`，其中 `n` 从 `1` 到 `n_max`。但首先让我们简要回顾一下，目前为止我们学过的 Python 算术运算符。

Python 支持 `int` 和 `float` 类型的数字。（它也支持 `complex` 类型，但我们暂时忽略。）Python 有 7 个算术运算符：`+`、`-`、`*`、`/`、`//`、`%`和`**`。

当`+`、`-`和`*`应用于两个 `int` 类型时，结果为 `int` 类型。如果至少有一个操作数是 `float` 类型，则结果为 `float` 类型。除法运算符`/`应用于两个整数时，结果为 `float` 类型。

当 Python 的整数除法运算符`//`应用于两个整数 `a` 和 `b` 时，给出不超过 a/b 的最大整数。例如，`15//2` 给出 `7`。

方便起见，Python 还支持使用+=、-=、*=等“增强”赋值语句。a += b 与 a = a + b 相同；a -= b 与 a = a - b 相同，以此类推。

❖ ❖ ❖

我们的程序应该针对从 1 到特定的数字 n_max，输出 n 及总和 1 + 2 + … + *n*，n_max 由用户输入。但我们不能写成：

```
print(1, 1)  # print 1 and 1
print(2, 3)  # print 2 and 1 + 2 = 3
print(3, 6)  # print 3 and 1 + 2 + 3 = 6
print(4, 10) # print 4 and 1 + 2 + 3 + 4 = 10
...
```

我们不知道 n_max 会是什么。这样的代码也没什么意义，因为我们必须手工计算所有的总和。即使我们知道 n_max，比如 n_max = 1000，并使用公式求和，我们的程序代码会太长：

```
n = 1
print(n, n*(n+1)//2)
n = n + 1
print(n, n*(n+1)//2)
n = n + 1
print(n, n*(n+1)//2)
n = n + 1
... # 2000 lines of code
```

幸运的是，Python 提供了一个“迭代语句”，称为“while 循环”，它允许我们在特定条件成立时，多次重复相同的语句块。while 循环的语法是：

```
while <condition>:
    ...
    ...
```

*<condition>*是一个表达式，可以使用“关系运算符”<、>、<=、>=、==或 is（等于），!=或 is not（表示不等于），或运算符 in（是元素之一）。*<condition>*的值为 True 或 False。试试：

```
>>> 6 <= 6
True
>>> 5 <= 6
True
>>> 5 <= 4
False
```

*<condition>*还可以包含“逻辑运算符”：and、or、not。例如：

```
>>> x = 4
>>> x > 0 and x <= 3
False
>>> not x < 0
True
```

只要条件保持为真，程序就会重复执行 while 块中的语句（在 while 下缩进的语句）。这种重复称为“迭代”。通常，条件包含对一个变量的测试，该变量在每次迭代中更新，因此最终条件会变为 False，迭代停止。然后程序继续执行 while 块后面的语句。

例 1

```
n_max = 10
n = 1
while n <= n_max:
    print(n, n*(n+1)//2)
    n += 1
```

输出是：

```
 1  1
 2  3
 3  6
 4 10
 5 15
 6 21
 7 28
 8 36
 9 45
10 55
```

我们可以使用输出字符串的 format 函数使输出结果更好看。例如：

```
print('{0:4d} {1:10d}'.format(n, n*(n+1)//2))
```

或者，通过使用所谓的 f-string：

```
print(f'{n:4d} {n*(n+1)//2:10d}')
```

输出将是：

```
 1       1
 2       3
 3       6
 4      10
 5      15
 6      21
 7      28
 8      36
 9      45
10      55
```

由于循环，无论我们是用 n_max = 10 还是 n_max = 10000 运行，程序的代码具有同样的长度。当然，输出是不同的。

除了 while 循环，我们还可以用 for…in range 循环。

Python 的 range 是一个对象，生成一系列均匀间隔的数字。（在数学中，这样的序列称为“算术序列”。）range 非常灵活，如表 4-1 所示。

表 4-1　range 调用生成的数字序列

range 调用	**生成的数字序列**
range(5)	0, 1, 2, 3, 4
range(n)	0, 1, 2, …, n -1 （不包含 n）
range(3, n)	3, 4, …, n -1
range(0, 10, 2)	0, 2, 4, 6, 8
range(2, 9, 3)	2, 5, 8
range(9, 2, -1)	9, 8, 7, 6, 5, 4, 3 （不包含 2）

用 for…in range:，我们的程序变得更短，可读性更好：

```
n_max = 10
for n in range(1, n_max+1):  # n_max+1 to include n_max
    print(n, n*(n+1)//2)
```

例 2

假设我们不知道计算总和的公式，想用“蛮力”方法。我们可以用循环计算总和：

```
sum_n = 0
```

```
for k in range(1, n+1):
    sum_n += k
```

这个循环可以“嵌套”在第一个循环中：

```
n_max = 10
for n in range(1, n_max+1):     # +1 to include n_max
    sum_n = 0
    for k in range(1, n+1):
        sum_n += k  # same as sum_n = sum_n + k
    print(n, sum_n)
```

例 3

上述程序可以正常工作，但效率很低，因为它一直在重复计算总和。如果我们求出了 1 + 2 + … + 49，只需要加上 50 就能得到 1 + 2 + … + 49 + 50。

我们可以跟踪记录总和，消除嵌套循环，如下所示：

```
n_max = 10
sum_n = 0
for n in range(1, n_max+1):
    sum_n += n
    print(n, sum_n)
```

你可能会说：“谁在乎呢？不管怎样，计算机都很快。”然而，如果任务量很大，这种低效率甚至会使速度最快的计算机变慢。带有嵌套循环的版本执行的操作次数大约与 n_max^2 成正比；带有一个循环的高效率版本中，操作次数将与 n_max 成正比——这个差异很大。如果 n_max 是 1000000，那么有效率的程序将运行良好（尽管输出将很长），但带有嵌套循环的程序将工作 10 个小时。在这个例子中，高效率的代码也更短。

我们几乎已经完成了我们的目标。唯一剩下的问题是：如何从用户那里获得 n_max？

众所周知，Python 具有内置函数 input，可以显示提示，并从键盘读取字符串。

例 4

```
>>> word = input('Enter any word: ')
Enter any word: Hello
>>> word
```

```
'Hello'
```

input 返回一个字符串。我们可以使用内置函数 int，将它转换为 int 类型：

```
>>> n_max = int(input('Enter a positive integer: '))
Enter a positive integer: 10
>>> n_max
10
```

只要用户输入代表有效正整数的字符串，程序就可以运行。如果用户输错了怎么办？例如：

```
>>> n_max = int(input('Enter a positive integer: '))
Enter a positive integer: 1.0
...
ValueError: invalid literal for int() with base 10: '1.0'
```

程序中止了，给出了一个相当神秘的错误消息。用 Python 技术术语来说，程序“引发了一个异常”。在这个例子中，是一个 ValueError 异常。这不是很友好！我们真的应该给用户另一个机会。幸运的是，Python 允许我们尝试将输入的字符串转换为 int 类型，并在发生异常时“捕获”它。例如：

```
try:
    n_max = int(input('Enter a positive integer: '))
except ValueError:
    print('Invalid input')
```

我们将这段代码放在 while 循环中，以便为用户提供所需的尝试次数：

```
n_max = -1
while n_max <= 0:
    try:
        n_max = int(input('Enter a positive integer: '))
    except ValueError:
        pass # do nothing
    if n_max <= 0:
        print('Invalid input')
        print('Your input must be a positive integer')
```

我们最初将 n_max 设置为-1，以便程序至少运行一次 while 循环。这段代码不仅会拒绝非整数，还会拒绝 0 和负整数。

在 StudentFiles 文件夹的 Sums1toN.py 文件中，你可以找到该程序的完整代码。

❖ ❖ ❖

如你所知，Python 具有内置函数 sum。要计算 1+2+⋯+*n*，我们可以简单地写成 sum(range(1, n+1))。但是在 *n* 的循环中使用这个调用是非常低效的（与嵌套循环相同的问题），它也会毁掉所有的乐趣！

第 4.3 节练习

1．编写一个程序输出：

```
Five little monkeys jumping on the bed,
One fell off and bumped his head.
Mother called the doctor and the doctor said,
"No more monkeys jumping on the bed!"
...
...
One little monkey jumping on the bed,
He fell off and bumped his head.
Mother called the doctor and the doctor said,
"Put those monkeys straight to bed!"
```

⋛ 提示：

① 使用

```
for first_word in ['Five', 'Four', 'Three', 'Two']:
    ...
```

② print('"No more..."')

会输出：

```
"No more..."
```

⋛

2．在一个 Python 函数中，实现 4.2 节例 1 中的算法。让你的函数接收一个参数 n。针对 n＝100010000 和 100000 调用该函数，并将每个返回值乘 4 与π比较。

⋛ 提示：from math import pi ⋛ ✓

3．修改 Sums1toN.py 程序，让它提示用户输入奇数 n_max，并针对 n＝1、3、⋯、n_max 输出奇正数之和 1＋3＋⋯＋*n*。（假设用户总是输入有效数字。）例如，如果用户输入 9，该程序应显示：

```
1  1
3  4
5  9
7 16
9 25
```

⋞ 提示：`for n in range(1, n_max+1, 2): …` ⋟ ✓

4. 编写一个程序，提示用户输入正整数 n，并输出不超过 n 的所有 6 的正整数倍数（6、12、18 等）。

5. 使用 Sums1toN.py 作为原型，编写一个程序，提示用户输入正整数 n_max，并显示 n 和 n!（n 的阶乘），针对 n 从 1 至 n_max。$n! = 1 \cdot 2 \cdot \cdots \cdot n$。避免嵌套循环，不要使用 math 模块中的 factorial 函数。

6. ■编写一个程序，输出 n，$s_1(n) = 1 + 2 + \cdots + n$，$s_2(n) = 1^2 + 2^2 + \cdots + n^2$ 和 $\frac{3s_2(n)}{s_1(n)}$，针对 n = 1, 2, 3, …, 20。尝试从结果表中猜测 $1^2 + 2^2 + \cdots + n^2$ 的通用公式。✓

7. ■编写一个函数 print_square(n)，它显示一个给定边长的“正方形”，该“正方形”由连字符和竖线（以及 4 个角上的空格）组成。例如，对于 n = 4，输出应为：

此函数不需要 return 语句，仅使用一个 for 或 while 循环。（实际上，在 Python 中，你可以不用任何循环，用一行编写这个函数。你能弄清楚怎么做吗？）✓

8. 编写一个函数 my_pow(x, n)，返回 x^n，其中 x＞0，n 是一个非负整数。不要使用**运算符或 math.pow 函数——使用 for 或 while 循环。 ⋞ 提示：$x^0 = 1$. ⋟ ✓

9. ■编写一个函数 smallest_divisor，它接收一个整数并返回大于 1 的最小因数。例如：smallest_divisor(15)应该返回 3；smallest_divisor(7)应该返回 7。注意 n 的最小因数总是质数。 ⋞ 提示：当且仅当 n%d 不是 0 时，d 不是 n 的因数。 ⋟

10. ◆一个正整数如果等于其所有因数的总和，则称为“完全数”，包括 1 但不包括该数字本身。例如，6 = 1 + 2 + 3。写一个函数 sum_of_divisors，它接收一个正整数 n，返回其所有因数的总和（不包括 n）。

⋞ 提示：

```
    if n % d is 0:
        sum_divs += d
```

⋟

最小的完全数是 6。编写一个程序，找到并输出下一个完全数。

4.4 复习

本章介绍的术语。

算法	嵌套循环
迭代	关系运算符
循环	逻辑运算符

本章介绍的一些 Python 特征。

```
while <condition>:
for … in range(last)   # last not included
for … in range(first, last)
for … in range(first, last, step)
==、!=、is、is not、<、<=、>、>=、in
and、or、not
```

第 5 章 字符串、列表、字典和文件

5.1 引言

在编程语言中，“字符串”表示单词、文本行或任意字符的组合。字符串广泛用于处理文本文档和文本文件，作为对用户的提示和程序报告的错误消息，以及作为数据记录中的元素（例如学生的姓名、地址等）。

“列表”表示事物的列表。Python 中的列表可以包含数字、单词、字符串或任何其他对象（甚至其他列表），不同类型的对象可以混合在同一个列表中。

Python 以统一的方式处理字符串和列表：作为可迭代的“序列”。毕竟，字符串是字符的序列，列表是它的元素的序列。“序列”（更确切地说是“可迭代”对象）是一种结构，其中元素由整数编号，称为索引，并且我们可以从中按顺序请求它的元素：第一个、第二个、第三个等。Python 有一个特殊的 `for … in …` 循环，它允许我们按顺序处理“序列”的所有元素。例如：

```
>>> lst = [4, 7, 0]
>>> for e in lst:
        print(e)
4
7
0
>>> s = 'Ted'
>>> for ch in s:
        print(ch)
T
e
d
```

在本章中，我们将向你展示如何访问字符串中的单个字符和“切片”，以及列表中的元素和“切片”。

5.6 节介绍了如何读取和创建文本文件。它包含在本章中，是因为文本文件是行的序列。你可以安全地跳过文件部分，直到你决定开展涉及文件的项目。

5.2 索引、切片和 in 运算符

字符串中的字符和列表的元素按整数编号。字符或元素的编号称为它的“索引”。如果 s 是“序列”，则 s[i]指的是索引为 i 的元素。在 Python（或 C、C ++、Java 及大多数其他编程语言）中，编号从 0 开始。

> 如果 s 是序列（字符串或列表），则 s[0]指的是序列的第一个元素。

在 Python 中你也可以使用负索引——那样将从结尾开始计数：s[-1]是最后一个元素，s[-2]是倒数第二个元素，依此类推（见图 5-1）。

'Green'	'Eggs'	'and'	'Ham'
s[0]	s[1]	s[2]	s[3]
s[-4]	s[-3]	s[-2]	s[-1]

图 5-1　列表中的元素可以用正数和负数来表示索引

> 内置函数 **len(s)** 返回 s 的长度，即字符串中的字符数，或列表中的元素数。

Python 还允许你创建序列的“切片”——字符串的“子字符串”或列表中连续的元素块。切片 s[m:n]是由项 s[m]，s[m+1]，…，s[n-1]组成的新序列。请注意，不包括 s[n]。例如：

```
>>> poem = ['I', 'do', 'not', 'like', 'green', 'eggs', 'and', 'ham']
>>> poem[2:6]
['not', 'like', 'green', 'eggs']
>>> s = 'software'
>>> s[0:4]
'soft'
```

> 切片 s[m:n]具有(n - m)个元素，只要 0≤m<n≤len(s)。

可以省略 s[m:n]中的第一个或第二个索引，那样它会采用默认值：第一个索引为 0，第二个索引为 len(s)。例如：

```
>>> s = 'software'
>>> s[:4]   # same as s[0:4]
'soft'
>>> s[4:]   # same as s[4:len(s)]
'ware'
```

> **s[:]**创建 s 的副本。

你可以向切片添加第三个参数："步长"。例如，s[::3]将每隔 3 个元素取一次元素：

```
>>> poem = ['I', 'do', 'not', 'like', 'green', 'eggs', 'and', 'ham']
>>> poem[::3]
['I', 'like', 'and']
>>> s = 'software'
>>> s[1::2]
'otae'
```

负步长意味着向后遍历序列。特别是，

> **s[::-1]**反转了 s。

例如：

```
>>> s = 'software'
>>> rev_s = s[::-1]
>>> rev_s
'erawtfos'
```

❖ ❖ ❖

in 是一个与可迭代对象一起使用的"逻辑运算符"。(回想一下，关键字 in 也可以与 for 一起使用。)

> 如果 x 是字符串 s 中的字符或子字符串，或者 x 是列表 s 的元素，则 **x in s** 给出 True，**x not in s** 表示 x 不在 s 中。

(你不能用 in 确定"子列表"是否是列表的一部分。)

第 5.2 节练习

1．填空。

```
>>> s = 'abcde'
>>> s[2]
```

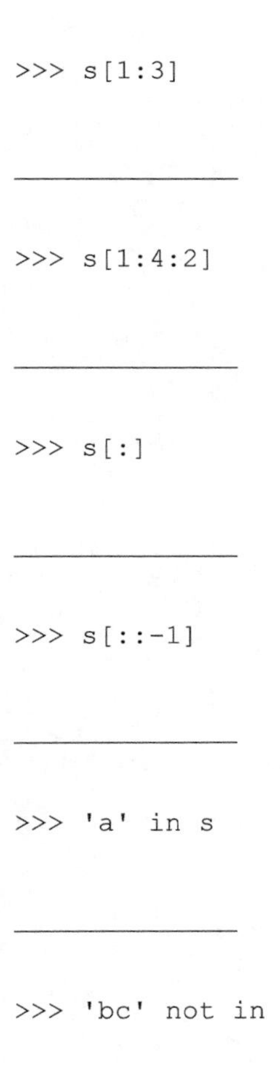

```
_____________

>>> s[1:3]

_____________

>>> s[1:4:2]

_____________

>>> s[:]

_____________

>>> s[::-1]

_____________

>>> 'a' in s

_____________

>>> 'bc' not in s

_____________
```

2. 写一个单行函数 is_palindrome(word)，确定单词是否是回文，即向前和向后读是相同的单词。例如，is_palindrome('racecar')应返回 True，而 is_palindrome('toyota')应返回 False。假设 word 全部为小写字母，不要使用任何循环或函数调用，只用切片。

提示：

```
return x is y  # or return x == y
```

如果 x 等于 y，则返回 True；否则返回 False。

3. 编写一个单行函数 is_double(s)，确定 s 是不是由重复两次的子字符串组成的字符串。例如，is_double('La-La-')应返回 True，而 is_double('La-La')应返回 False。不要使用任何循环或函数调用（len 除外），只用切片。

4. 如果 h 是'Happy'，len(h[::-1])的值是多少？

（A）-1

（B）0

（C）4

（D）5

5. 填空。

```
>>> 'an' in 'banana'
```

____

```
>>> 'an' in 'banana'[2:4]
```

____

```
>>> 'an' in 'banana'[4:0:-1]
```

____

```
>>> 'aaa' in 'banana'[1::2]
```

____

6. 以下语句的结果是什么？

```
>>> [3, 5] in [1, 1, 2, 3, 5, 8]
```

（A）3

（B）True

（C）False

（D）SyntaxError

5.3 字符串

Python 使用 Unicode 来表示字符串。Unicode 字符串用两个字节表示每个字符。它最多可以编码 65,000 个字符，足以编码世界上大多数语言和许多特殊字符的字母表。例如，“十六进制” 20ac 表示欧元货币符号'€'。你可以在字符串中将此符号输入为'\u20ac'。（我们将在第 6 章讨论“十六进制系统”。）试试：

```
>>> print('Pecorino di Pienza \u20ac', str(3.95), "l'etto")
Pecorino di Pienza €3.95 l'etto
```

Unicode 准备将字符集进一步扩展到数百万个不同编码。

> 在 Python 中，字符被视为由一个字符组成的字符串。所以，从技术上讲，**s[i]**是 s 的子串，与 **s[i:i+1]** 相同。

字符串是引号中的字符序列。在 Python 中，你可以使用单引号，如'Welcome'；双引号，如"Welcome"；或三引号，如'''Welcome'''或"""Welcome"""。三引号内的字符串可以跨越多行，这些字符串通常用作函数中的“文档字符串”（如第 2 章所述）。对于字符串，我们将主要使用单引号，这在 Python 中是常用的，除非字符串本身包含单引号，如"It's Mike's turn"。我们将使用三重双引号作为文档字符串。

字符串可以包含特殊字符，称为“转义字符”。转义字符由反斜杠后跟字母或符号表示。例如：

\n	换行符	\'	单引号
\t	制表符	\"	双引号
\\	反斜杠		

❖ ❖ ❖

在 Python 中，许多帮助你操作字符串的函数，都是以“面向对象编程（OOP）”的方式实现的。在 OOP 中，函数被称为“方法”，它们被视为附在单个对象上。

调用方法的语法是不同的：我们写成 s.somefun()而不是写成 somefun(s)，somefun(s, x)变为 s.somefun(x)。这强调了一个事实，即方法的第一个参数是特殊的：它是调用其方法的对象。例如：

```
>>> s = 'ooooxxxx'
>>> s.upper()
'OOOOXXXX'
```

s.find(sub)返回 s 中第一次出现的子字符串 sub 的索引。s.find(sub, start)返回索引 start 后的第一个匹配项。例如：

```
>>> s = 'One fish two fish'
>>> s.find('fish')
4
```

```
>>> s.find('fish', 7)
13
```

但是，len 不是一个方法——它是一个内置函数。我们必须写成 len(s)。

附录 B 总结了更常用的字符串方法。有可以验证字符串是否包含给定类别中的字符（所有字母、所有数字、所有字母或数字字符、所有空白字符等）的方法，将字符串转换为大写和小写的方法，以及让字符串在更长的字符串中左对齐、右对齐或居中的方法，在字符串中查找给定子字符串（或字符）的方法，等等。

例 1

编写一个函数，接收'x + y'形式的字符串，并将它转换为“后缀表示法”'x y +'，其中 x 和 y 是任何名称，其前后可能有空格或制表符。例如，to_postfix(' num + incr\t')应返回'num incr +'。

解

```
def to_postfix(s):
    i = s.find('+')
    return s[0:i].strip() + ' ' + s[i+1:].strip() + ' +'
```

i = s.find('+')将 i 设置为 s 中第一次出现'+'的索引。s[i+1:]返回该字符串从 s[i+1]开始的后面部分——与 s[i+1:len(s)]相同。strip()方法删除字符串开头和结尾的空格。这里针对子串 s[0:i]和 s[i+1:]调用了 strip。

例 2

编写一个函数，接收一个格式为 m/d/yyyy 的日期，并以 dd-mm-yyyy 的格式返回。（在输入字符串中，m 和 d 分别表示月份和日期的一位或两位数字；在输出字符串中，mm 和 dd 是两位数字。）例如，convert_date('7/17/2019')应该返回'17-07-2019'。

解

```
def convert_date(date):
    i1 = date.find('/')
    i2 = date.find('/', i1+1) # or i2 = date.rfind('/')
    return date[i1+1:i2].zfill(2) + '-' + date[0:i1].zfill(2) + \
               '-' + date[i2+1:]
```

s.find(sub, startindex)从索引 startindex 开始搜索 sub，s.rfind(sub)查找 s 中最后一次出现的 sub。s.zfill(n)在左边用零填充 s，以形成一个长度为 *n* 的字符串。

例 3

编写一个函数，从表示电话号码的字符串中删除短横线。例如，remove_dashes('800-235-7216')应返回'8002357216'。

解

```
def remove_dashes(phone):
    return phone.replace('-', '')
```

s.replace(old, new)用 new 替换 s 中每一次出现的 old。在这个例子中，new 是一个空字符串。

例 4

编写一个函数，在给定的字符串中，用'<i>'替换每次出现的'<b>'，并用'</i>'替换每次出现的'</b>'，返回一个新的字符串。例如，bold_to_italic('Strings are <b> immutable</b> objects')应返回'Strings are <i>immutable</i> objects'。

解

```
def bold_to_italic(text):
    return text.replace('<b>', '<i>').replace('</b>', '</i>')
```

不要对在一个语句中链接的两个点运算符感到惊讶：因为 text.replace(…)返回一个字符串，我们可以调用该字符串的方法。

❖ ❖ ❖

> 字符串是不可变对象，这意味着字符串的方法都不能改变它的内容。

例如，考虑方法 upper，它将字符串中的所有字母转换为大写字母。乍一看，s.upper()似乎改变了 s。但它没有：

```
>>> s = 'amy'
>>> s.upper()
'AMY'
>>> s
'amy'
```

这是怎么回事？因为 s.upper()创建了一个新字符串'AMY'，并返回对它的引用，但 s 保持不变。现在试试：

```
>>> s = 'amy'
>>> s2 = s.upper()
>>> s
'amy'
>>> s2
'AMY'
```

要将 s 更改为大写，你需要：

```
>>> s = s.upper()
```

现在 s 指的是全部大写的新字符串。旧的字符串由 Python 的“垃圾收集器”回收。

类似地：

```
>>> s = 'Hello'
>>> s += ', World!'
```

不会修改 s，但会创建一个新字符串，并将它赋给 s。试试：

```
>>> s1 = 'Hello'
>>> s2 = s1  # s2 refers to the same string as s1
>>> s1
'Hello'
>>> s2
'Hello'
>>> s1 += ', World!'
>>> s1  # s1 is now a new string
'Hello, World!'
>>> s2  # still the old string
'Hello'
```

▌你无法为字符串中的字符赋新值。

例如：

```
>>> s = 'abcd'
>>> s[2] = 'z'
...
TypeError: 'str' object does not support item assignment
```

第 5.3 节练习

1．在瑞典，日期通常以“yyyy-mm-dd”格式书写。例如，2020-09-01 表示 2020 年 9 月 1 日。编写并测试一个函数，将日期从“m/d/yyyy”输出转换为“yyyy-mm-dd”的函数。✓

2．编写并测试一个函数，纠正“两个大写字母”的输出错误：如果一个字符串以两个大写字母后跟一个小写字母开头，该函数应该将第二个字母改为小写，并返回新字符串；否则它应该返回原始字符串。例如，fix_two_caps('NEver')应该返回'Never'。

3．Python 字符串具有 s.startswith(sub)和 s.endswith(sub)方法，如果 s 以 sub 开头或以 sub 结尾，则返回 True。假设这些方法不存在，请编写自己的函数 startswith(s, sub)和 endswith(s, sub)。不要在函数中使用循环，仅使用 len 和切片：

```
def startswith(s, sub):
    n = len(sub)

    return ______________________________
```

测试你的函数，确保它们的工作方式与 startswith 和 endswith 方法相同，包括 sub 为空字符串、sub 与 s 相同、sub 为 s 时的情况。✓

4．编写并测试函数 get_digits(s)，它返回在 s 中找到的所有数字的字符串（按相同顺序)。例如，get_digits('**1.23a-42')应返回'12342'，而 get_digits('LOL')应返回' '，即空字符串。✓

5．编写并测试一个函数，接收非空数字字符串，返回一个删除了前导零的新字符串。但永远不要删除最后一位数。

6．■回想一下，Python 中的有效名称只能包含字母、数字和下划线，并且不能以数字开头。编写一个函数 is_valid_name(s)，如果 s 表示 Python 中的有效名称，则返回 True，

否则返回 `False`。(不要使用 Python 的库函数。) 在以下字符串上测试函数：

有效	无效
'bDay'	'1a'
'A0'	'#A'
'_a_1'	' ABC'
'_1amt'	''
'__'	'A#'
'_'	'A-2'

7. ▪编写函数 `is_valid_amt(s)`，如果字符串 s 表示有效的美元金额，则返回 `True`。否则返回 `False`。有效金额字符串允许在开头和结尾有空格，其余字符必须是数字，可能会有一个小数点的例外情况。如果存在小数点，则小数点前必须至少有一个数字，并且小数点后必须紧跟两个数字。例如：

有效	无效
'123.45'	'$123.45'
' 123.45 '	'123.'
' 123'	'1.23.'
'123'	' 123.0'
' 0.45'	'.5'
'0'	'+0.45'

请务必使用以上所有数据测试你的函数。 ✓

8. ▪编写并测试函数 `remove_tag(s)`，尝试在 s 中查找第一个角括号包含的子字符串，如果找到则删除它（包括角括号），并返回一个新字符串。例如，`remove_tag('Do <u>not</u> disturb')`应该返回`'Do not</u> disturb'`。如果未找到角括号，则该函数应返回原始字符串。 ✓

9. ▪编写并测试函数 `remove_all_tags(s)`，查找并删除所有角括号内的子串。 ⋲ 提示：调用练习题 8 中的 `remove_tag`。 ⋺

10. ▪加拿大的邮政编码格式为“ADA DAD”，其中 A 是任意字母，D 是任意数字。例如：L3P 7P5。在第一个和第二个编码之间，可以有一个或多个空格。编写一个函数，验证给定字符串是否具有正确的加拿大邮政编码格式。如果是，则返回删除所有空格、将所有字母转换为大写的结果；如果格式无效，则该函数应返回 `None`。创建一组全面的测试字符串，并在该集合上测试你的函数。

5.4　列表和元组

在 Python 中，列表用方括号编写，元素用逗号分隔。列表可以将不同类型的元素混合在一起。例如：

```
[3, 'Large fries', 2.29]
```

索引、切片和 len 方法以及 in 运算符的工作方式与处理字符串时相同。

> **lst[:]**返回 **lst** 的副本。它与 **lst[0:len(lst)]**或 **lst[0:]**或 **lst[:len(lst)]**相同。

内置函数 min(lst)和 max(lst)分别返回列表 lst 中的最小和最大元素。要使 min 和 max 能工作，lst 的所有元素必须能相互比较。什么更小、什么更大取决于对象的类型。例如，字符串按字母顺序排序，但所有大写字母都比所有小写字母“小”。

> 不要使用 **max** 和 **min** 作为变量的名称！

+运算符用于连接两个列表。例如：

```
>>> [1, 2, 3] + [4, 5]
[1, 2, 3, 4, 5]
```

但是你不能用 + 运算符将一个元素添加到列表中：

```
>>> lst = [1, 2, 3] + 4
...
TypeError: can only concatenate list (not "int") to list
```

你需要：

```
>>> lst = [1, 2, 3] + [4]
```

或：

```
>>> lst.append(4)
```

❖ ❖ ❖

Python 还有一个内置函数 list(s)，它将“序列”（如字符串）转换为列表并返回该列表。例如：

```
>>> list('123')
['1', '2', '3']
```

> 不要将名称 **list** 用于变量！

❖ ❖ ❖

列表不是不可变的，列表具有可以更改它的方法。

有一些方法，可以向列表追加元素、从中删除元素、查找给定值、反转列表以及对列表进行排序（按顺序排列它的元素）。例如：

```
>>> lst = [1, 3, 2]
>>> lst
[1, 3, 2]
>>> lst.append(7)
>>> lst
[1, 3, 2, 7]
>>> lst.reverse()
>>> lst
[7, 2, 3, 1]
>>> lst.sort()
>>> lst
[1, 2, 3, 7]
>>> lst.sort(reverse=True)
>>> lst
[7, 3, 2, 1]
```

你还可以为列表元素分配新值。例如：

```
>>> lst = [1, 4, 2]
>>> lst[1] = 3
>>> lst
[1, 3, 2]
```

附录 D 总结了常用的列表方法。

`lst.index(x)` 方法返回 `lst` 中第一个元素的索引，该索引等于 `x`。当 `x` 不在 `lst` 中时，此方法会引发异常。因此，可能需要先检查 `x` 是否在 `lst` 中：

```
if x in lst:
    i = lst.index(x)
else:
    ...
```

字符串也有一个名为 `index` 的方法。与 `lst.index(x)` 一样，当找不到目标时，字符串的 index(x)会引发异常。所以通常最好使用 find 方法，当找不到目标时返回-1。列表没有 find 方法。

> 语句 **del lst[i]**从 **lst** 中删除 **lst[i]**。你还可以删除切片：**del lst[i:j]**。

例如：

```
>>> poem = ['I', 'do', 'not', 'like', 'green', 'eggs', 'and', 'ham']
>>> del poem[1:3]
>>> poem
['I', 'like', 'green', 'eggs', 'and', 'ham']
```

例 1

编写一个函数，交换给定列表的第一个和最后一个元素。

解

```
def swap_first_last(lst):
    lst[0], lst[-1] = lst[-1], lst[0]
```

例 2

编写一个旋转列表的函数，将它的第一个元素移动到末尾。

解

```
def rotate_left(lst):
    n = len(lst)
    temp = lst[0]
    for i in range(1, n):
        lst[i-1] = lst[i]
    lst[n-1] = temp
```

或：

```
def rotate_left(lst):
    n = len(lst)
    temp = lst[0]
    lst[0:n-1] = lst[1:n]
```

```
    lst[n-1] = temp
```

或：

```
def rotate_left(lst):
    lst.append(lst.pop(0))
```

❖ ❖ ❖

我们经常需要将相同的公式或函数应用于列表的每个元素，并创建包含这些新值的新列表。Python 有一个称为“列表解析”的功能，它为这些过程提供了简写。例如：

```
result = [2*x for x in lst]
```

这等同于：

```
result = []
for x in lst:
    result.append(2*x)
```

另一个例子：

```
lengths = [len(w) for w in words]
```

如果 words 是['All', 'is', 'well']，则 lengths 为[3, 2, 4]。

这等同于：

```
lengths = []
for w in words:
    lengths.append(len(w))
```

你还可以对元素应用条件，并在结果列表中仅包含条件为真的元素。例如：

```
>>> nums = [-1, -4, 2, 5, -3, 11]
>>> positives = [x for x in nums if x > 0]
>>> positives
[2, 5, 11]
```

例 3

编写一个函数，接收一个单词列表，并创建一个新的单词列表，只选择那些长度不小于 3 且不大于 5 的单词。

解

```
def choose_length_3_5(words):
    return [w for w in words if 3 <= len(w) <= 5]
```

（请注意，在 Python 中，你可以在一个表达式中组合两个关系运算符。此功能在其他编程语言中并不常见。我们将在第 7 章中讨论关系运算符和 `if` 语句。）

❖ ❖ ❖

正如我们之前所说，列表不是不可变的：列表包含添加和删除元素等方法。元组是表示不可变列表的对象。将元素放在括号中，用逗号分隔它们，从而写出元组。例如 `(3, 4, 5)`。要创建仅包含一个元素的元组，请使用逗号跟随该值，以便将元组与括号中的数字区分开来。例如：

```
>>> t = (0,)
```

索引、切片、`+`、`in` 和 `not in` 运算符、`len`，它们处理元组的工作方式与列表相同，但元组除了 `count` 和 `index` 之外没有其他方法。当你需要创建一个列表的集合时，元组很方便，因为集合只能容纳不可变对象。

例 4

编写一个函数，接收一个单词列表，返回一个包含最短和最长单词的元组。

解

```
def shortest_and_longest(words):
    shortest = 100*'x'  # longer than any reasonable word
    longest = ''  # empty string
    for w in words:
        if len(w) < len(shortest):
            shortest = w
        if len(w) > len(longest):
            longest = w
    return shortest, longest
```

现在：

```
print(shortest_and_longest(['You', 'are', 'my', 'sunshine']))
```

显示：

```
('my', 'sunshine')
```

Python 会自动将多个值打包到元组中，并在赋给多个值时自动解包元组。

这就是为什么你可以写：

```
return shortest, longest
```

以及：

```
word1, word2 = shortest_and_longest(['You', 'are', 'my', 'sunshine'])
```

——它会将 word1 设置为'my'，将 word2 设置为'sunshine'。

❖ ❖ ❖

如果列表的元素按值的顺序排列，我们就说列表是“有序的”。

排序是一种非常常见的操作。例如，如果你有两个邮件列表，希望将它们合并为一个并消除重复记录，则最好先对每个列表进行排序。有几种排序算法——从非常简单的（参见练习题 6）到更高级的。Python 提供了内置函数 sorted，该函数应用于可迭代序列 s，返回一个列表，s 中的所有元素按升序（递增顺序）排列。列表还有一个方法 sort，按升序对列表进行排序。当给定可选参数 reverse=True 时，sorted 和 sort 将按降序（递减顺序）排列元素。例如：

```
>>> coins = [1, 10, 5, 25]
>>> coins.sort(reverse=True)
>>> coins
[25, 10, 5, 1]
```

第 5.4 节练习

1．假设列表的 reverse 方法和内置的函数 reversed 不存在，请编写自己的函数 reverse(lst)，该函数反转列表并返回 None。⋞ 提示：从两端开始，但不要走得太远……不需要 return 语句。⋟ ✓

2．编写并测试一个函数，返回列表中最大元素的索引（或者，如果多个元素具有最大值，则为第一个元素的索引）。不要使用内置函数 max。⋞ 提示：见例 4。⋟

3．▪编写并测试一个函数，接收具有 3 个或更多元素的列表，返回与它的左右元素形成最大总和的元素的索引。

4．使用列表解析替换以下代码：

```
newnums = []
```

```
for x in nums:
    newnums.append(x + 1)
```

✓

5. 编写并测试函数 all_pairs(n)，它返回所有$\frac{n(n-1)}{2}$个元组(i, j)的列表，其中 1≤i<j≤n。例如，all_pairs(3)应该返回[(1,2), (1,3), (2,3)]。

6. ■假设列表的 sort 方法不存在，并编写自己的函数 sort(a)，按升序对列表 a 进行排序（并返回 None）。使用以下算法，称为“选择排序”。

令 n 等于 len(a)。

当 n > 1 时，重复以下步骤：

找到前 n 个元素中最大的元素（参见练习题 2）；

用第 n 个元素交换它（a[n-1]）；

从 n 减去 1。

7. ◆下面的函数接收有序列表 a 和 b，将 b 中的所有元素合并入 a，使结果列表是有序的：

```
def merge(a, b):
    for x in b:
        i = 0
        while i < len(a) and x > a[i]:
            i += 1
        a.insert(i, x)
```

如果 a = [1, 3, 5, …, 199]，b = [2, 4, 6, …, 200]，在 merge(a, b)中将执行比较 x > a[i]多少次？对上面的代码进行一些小的改动，以提高它的效率（对于这些列表，x > a[i]应该执行不超过 200 次）。⪡ 提示：移动一行并添加一行代码。⪢ ✓

5.5 字典

Python 中的字典建立了一组键和一组值之间的对应关系，每个键只有一个值与之对应。在数学术语中，字典就像一组键上的函数。实际上，字典可以让你快速查找与给定键相关联的值（对象、数据记录、文本段）。例如，在纳税人的数据库中，键可以是纳税人的社会安全号码，而他或她的记录可以是相关联的值。在邮政编码查找程序中，键可以是邮政编码，而该邮政编码的城市或城镇的名称将是相关联的值。

该组键实现为“散列表”，即一种为高效搜索而优化的数据结构。你可能已经在 Twitter 上听说过散列标签。

要创建包含初始条目的字典，就在花括号中列出“键:值”对。例如：

```
coins = {'Quarter': 25, 'Dime': 10, 'Nickel': 5, 'Penny': 1}
```

另一个例子：

```
cubes = {1: 1, 2: 8, 3: 27, 4: 64, 5: 125}
```

定义字典后，你可以使用键作为“索引”来引用它的值。例如：

```
>>> coins['Dime']
10
```

（请注意，'Dime'在这里是一个字符串，而不是键的名称。）

就像使用列表一样，利用带括号的语法，来获取或修改与键相关联的值。如果 k 不在 d 中，则 **d[k] = x** 将 **(k, x)** 对添加到 d 中。

d = {}使 d 成为一个空字典。

将字典的键视为一个集合 set（尽管严格来说，它的类型是 dict_keys）。

len(d) 返回 d 中键值对的数量。如果 k 是 d 中的有效键，则 **k in d** 为 True。**del d[k]** 从 d 中删除 k 和与之相关联的值。

请注意，与键相关联的值可以是列表、元组、集合等任何对象。

例如：

```
spanish_english = {
    'abajo' : ['down', 'below', 'downstairs'],
    'presto' : ['quick', 'prompt', 'ready', 'soon']
  }

print(spanish_english['presto'])
```

输出将是：

```
[quick, prompt, ready, soon]
```

例

编写一个函数 count_letters(text)，用于计算文本中每个字母的出现次数，并返回计数的字典。例如，count_letters('MISSISSIPPI')返回的字典应等于：

```
{'M': 1, 'I': 4, 'S': 4, 'P': 2}
```

解

```
def count_letters(text):
    """Return the dictionary of pairs (letter, count) where
       count is the number of occurrences of letter in text.
    """
     counts = {}  # start with an empty dictionary

     for letter in text:
         if letter in counts:
             counts[letter] += 1
         else
             counts[letter] = 1

     return counts
```

字典有方便的方法 get 返回指定键的值：如果 k 在 d 中，则 d.get(k, default_value)返回 d[k]；否则返回 default_value。可以用 get 缩短上面代码中的 for 循环：

```
...
for letter in text:
    counts[letter] = counts.get(letter, 0) + 1
...
```

set(d) 和 **list(d)** 分别返回 d 中所有键的集合和列表。
set(d.values()) 和 **list(d.values())** 分别返回 d 中所有值的集合和列表。
set(d.items()) 和 **list(d.items())** 分别返回 d 中所有(key, value)对的集合和列表。

附录 C 中总结了常见的字典方法。输入 help(dict)或参考 Python 官方文档，可以获得完整的字典方法清单。

第 5.5 节练习

1. 定义一个包含多个（名称，密码）对的字典（名称用作键）。编写并测试一个函数，该函数接收这样的字典和一个（名称，密码）对（表示为元组），如果名称在字典中且密码与字典中的密码匹配，则返回 `True`。

2. 一首歌曲由标题、乐队及持续多少秒来描述。为 The National 的 *Alligator*，4 分 5 秒定义一个字典。 ✓

3. 假设在一个字典中，与键相关的所有值都是不同的。编写一个函数 `reverse_dictionary(d)`，接收这样一个字典并返回一个“逆向”字典，其中每个值都成为一个键，而它的键成为关联的值。例如，`reverse_dictionary({1:'A', 2:'B'})`应返回`{'A':1, 'B':2}`。 ✓

4. ■定义可以作为书籍索引的字典。每个键都是一个单词（word），关联值是该单词出现的所有页面的页码（page）列表。编写并测试函数 `add_entry(d, word, page)`，它接收这样的字典 `d`，并将 `page` 添加到与 `word` 相关联的 `page` 列表中。如果 `word` 已经在字典中并且 `page` 在它的列表中，则不应添加 `page`。如果 `word` 还没有在字典中，那么 `add_entry` 应该为 `word` 创建一个新条目，将 `page` 放入它的列表。

5.6 文件

“文件”是相关数据的集合，存储在计算机硬盘、记忆棒、其他数字设备、计算机可读介质或因特网的远程服务器上。文件可以存储文本文档、歌曲、图像、视频、程序的源代码等。计算机程序可以读取文件并创建新文件。

文件由它的名称和扩展名标识。扩展名通常标识文件的格式和目的。例如，在 Birthdays.py 中，扩展名.py 告诉我们该文件包含 Python 程序的源代码；而在 graduation.jpg 中，扩展名.jpg 告诉我们该文件包含 JPEG 格式的图像。

通常，如果一个程序创建一个文件，则由该程序决定如何在文件中组织数据。但是有一些标准的文件格式，许多不同的程序都能读取。你可能遇到过.mp3 的音乐文件，.jpg 的图像文件，.docx 的 Word 文档文件，.htm 或.html 的网页文件，等等。

所有文件分为两大类：“文本”文件和“二进制”文件。文本文件包含文本行，由行尾标记分隔。文本文件中的字符使用一种标准编码进行编码，例如 ASCII 或一种 Unicode 编码。行尾标记通常是换行符`'\n'`、回车符`'\r'`或它们的组合`'\r\n'`。扩展名为.txt、.html 和.py 的文件是文本文件。

二进制文件包含任何类型的数据，基本上是一个字节序列——不存在这样的假设，二进制文件包含文本行（如果你愿意，也可以将文本文件视为二进制文件）。.mp3、.jpg 和.docx 文件是二进制文件。

操作系统将文件组织到嵌套的文件夹（也称为“目录”）系统中，并允许用户移动、复制、重命名和删除文件。每个操作系统还为程序提供了读写文件的服务。编程语言通常包含用于处理文件的函数库。这里我们将只用 Python 的内置函数来读写文本文件。

❖ ❖ ❖

要在 Python 中打开文本文件，请使用内置函数 open。例如：

```
f = open('GreenEggs.txt')
```

该文件必须位于 Python 解释器用作其当前目录的文件夹中。有关选择该文件夹的说明，请参阅本书辅助网站。

或者，你可以指定文件的“绝对路径名”。例如：

```
f = open('C:/PythonProjects/GreenEggs.txt')
```

但是，建议你不要这样做，因为如果将该文件移动到其他文件夹，或将文件夹重命名，程序将停止工作。

完成文件处理后，必须通过调用 **f.close()** 来关闭它。

❖ ❖ ❖

当打开并读取文本文件时，Python 会将它看成一系列行。要读取下一行，可使用文件的 readline 方法。例如：

```
>>> f = open('GreenEggs.txt')
>>> line = f.readline()
>>> line
'I am Sam\n'
```

请注意，Python 将换行符'\n'留在从文件读取的字符串中。如果文件中没有剩余行，则下一次调用 **readline** 将返回一个空字符串。

从文本文件中读取和处理所有行的最简单的方法，就是使用 for 循环：

```
for line in f:
    ...  # process line
```

例 1

```
for line in f:
    print(line, end='')
```

end=' '参数告诉 print 不要在输出中添加换行符。我们希望如此，因为从文件读取的每一行在结尾处都有一个换行符。如果没有 end=' '，文件将以双倍间距输出。

例 2

文件对象还有 readlines 方法，该方法读取文件中的所有行，返回读取的所有行的列表。

```
>>> f = open('GreenEggs.txt')
>>> lines = f.readlines()
>>> f.close()
>>> len(lines)
19
>>> lines[0]
'I am Sam\n'
>>> lines[1]
'Sam I am\n'
>>> lines[-1]
'I do not like them, Sam-I-am.\n'
```

如果可能，请逐行读取文件。避免将整个文件读入列表，因为文件可能非常大。

> 这些“读取”方法都不会跳过空行，空行返回'\n'。

❖ ❖ ❖

要创建用于写入的文件，请在调用 open 时添加第二个参数'w'。使用文件的 write 方法将字符串写入文件。

例 3

```
f = open('Story.txt', 'w')
f.write('I do not like\n')
f.write('green eggs and ham.\n')
f.close()
```

结果是一个名为 Story.txt 的文件，其中包含：

```
I do not like
green eggs and ham.
```

注意：如果你以写入的方式打开已存在的文件，它的大小将减小到零，文件中的旧信息将丢失！

完成写入后，请不要忘记关闭文件。如果你忘记关闭文件，可能无法将某些信息写入其中。

你可以用 `print(s, file=f)`代替 `f.write(s)`。如你所知，`print` 在每行末尾添加一个换行符（除非在 `print` 语句中提供了行尾符号），因此你不必在输出的行中提供`'\n'`。

例 4

```
f = open('Story.txt', 'w')
print('I do not like', file=f)
print('green eggs and ham.', file=f)
f.close()
```

例 5

```
f = open('Transactions.txt', 'w')
qty = 3
price = 2.95
amt = qty * price
print(' {0:4d}  {1:5.2f} {2:7.2f}'.format(qty, price, amt), file=f)
qty = 4
price = 1.85
amt = qty * price
print(' {0:4d}  {1:5.2f} {2:7.2f}'.format(qty, price, amt), file=f)
f.close()
```

这将创建一个文件 Transactions.txt，它包含：

```
   3   2.95    8.85
   4   1.85    7.40
```

第 5.6 节练习

1．编写一个读取文本文件的程序，在每行的开头显示一个行号。✓

2．编写一个创建文本文件副本的程序。你的程序应提示用户设置输入文件和输出文件的名称。

3．编写一个读取给定文件的程序，显示包含给定字符串的所有行。✓

4．■你有两个输入文件，每个文件按<=运算符建立的顺序排序：如果 line1 在文件中比 line2 早，则 line1 <= line2 为真。（这种排序基本上是按字母顺序排列的，只是所有大写字母比所有小写字母"小"，所有数字都小于所有字母。）编写并测试一个程序，将这两个文件合并为一个有序的文件。不要将文件加载到内存中，要逐行读取。

5．■编写一个程序，计算文本文件中 26 个英文字母（不分大小写）的出现次数，并显示它们的相对频率。程序应提示用户输入文件名，计算每个字母的出现次数，并显示每个字母及其出现频率，该频率表示为字母总数的百分比，字母应按出现频率顺序显示。例如，如果文件包含 2 个'A'和 3 个'B'，而没有其他字母，则输出应为：

```
Text file name: letters.txt
B: 60.0
A: 40.0
C:  0.0
...
Z:  0.0
```

提示：

① 分配一个列表，包含 26 个计数，最初设置为 0：`counts = 26*[0]`或使用字典。

② 一次读取一行文件。对于每行读取，增加行中每个字母的相应计数。要递增的计数的索引，就是 `abc = 'ABCDEFGHIJKLMNOPQRSTUVWXYZ'`中字母的索引（转换为大写）。

③ 内置的 `sum` 函数返回列表中所有元素的总和。

④ 创建一个（计数，字母）对的列表。内置函数 `zip(s1, s2)`将序列 `s1` 和 `s2` 中的各个元素组合成对（元组），并生成这样的元组的序列。例如，`sorted(zip([40.0, 60.0], ['A', 'B']),reverse=True)`得到`[(60.0, 'B'), (40.0, 'A')]`。

⑤ 以所需格式输出每对元素。

6．◆编写一个程序，测验一个学生对美国 50 个州的首府的掌握程度。创建一个列出所有州及其首府的文本文件。程序逐行读取文件，并将所有（州，首府）对保存在字典中。然后程序从该字典中取得所有州的集合，并向学生显示 10 次随机选择的州（不重复）。该程序将每个答案（不分大小写）与字典中的州首府进行匹配，并记录正确答案的次数。最后，程序显示正确答案的出现次数。

5.7 复习

本章介绍的术语。

字符串

列表

元组

索引

切片

列表解析

字典

文件

文本文件

二进制文件

本章介绍的一些 Python 特性。

```
s[i], s[i:j], s[:i], s[i:], s[:]
s.isalpha(), s.isdigit(), s.isalnum(), …
s.upper(), s.lower(), …
s.replace(old, new), s.strip()
s.find(sub), s.find(sub, start), s.rfind(sub)

for x in s:
    … # process x

lst = []
lst_copy = lst[:]
lst.append(x), lst.insert(i, x), lst.pop(), lst.pop(i)
lst.remove(x)
del lst[i], del lst[i:j], lst.reverse()
lst.sort(), sorted(s), sorted(s, reverse=True)
[g(x) for x in lst]
[g(x) for x in lst if …]
```

```
(a, b, c), (a,)

d = {k1: value1, k2: value2, k3: value3}
d[k] = new_value
len(d)
k in d
del d[k]
d.get(k, default_value)

f = open('MyInputFile.txt')
f.readline(), f.readlines()

for line in f:
    … # process line

f = open('MyOutputFile', 'w')
f.write(s)
print(line, file=f)

f.close()
```

第 6 章　数字系统

6.1　引言

从数学上讲，5 是什么？有很多可能的答案。5 是我右手上的手指数量；5 紧跟着 4；5 是所有“5 个”对象的共同属性。但最后一个定义似乎是循环的。不用计数，我们如何判断两个集合具有相同数量的元素？要计数，你需要知道 1，2，3，4，5……

然而事实证明，有一种简单的方法可以比较两个集合中的元素数量，而不用计数。如果我们可以在两个集合之间建立对应关系，使第一个集合的每个元素与第二个集合的一个元素恰好配对。反之亦然，那么我们可以确定，这两个集合具有相同数量的元素。例如，假设操场上有几个学生和几个背包，让每个学生拿起一个背包。如果没有足够的背包给所有学生，那么学生集合就有更多的元素；如果地上还有一些背包，那么背包集合就有更多的元素；如果每个学生都有一个背包，并且没有背包剩下，那么学生数和背包数是相同的。另一个例子：如果你可以用一只手的每根手指触摸一个集合中的一个不同对象，并且所有对象都触摸到了，那么该集合有 5 个元素。

创建一个包含 5 个不同对象的特殊集合会很方便，这样我们就可以将每个其他集合与其进行比较。假设世界仅由集合填充，像在纯粹的集合论中那样。我们如何在这样的世界中设计出 5 种不同的物体？取空集∅称为 0。取一个元素的集合：{∅}，称为 1。取包含 0 和 1 作为元素的集合：{∅,{∅}}，称为 2。即{∅,{∅},{∅,{∅}}}是 3。依此类推。

6.2　进位系统

我们或多或少弄明白了数字是什么之后，如何表示不同数字的问题依然存在。例如，34 是什么？这两个数字的组合代表了人类文明的一个重要发明，一个“进位系统”。如果没有它，我们仍然会将 34 写成 XXXIV 或类似的东西，而在我们的系统中很容易看出：34 是 3 乘 10 加 4。10 是一个神奇的数字，是我们进位系统的“基数”。我们可能只是因为人类有

10 根手指而选择了 10。如果你需要告诉一个陌生人（他不会说你的语言），你愿意将你的 iPad 换成 34 个苹果，那么打开双手比划 3 次，然后伸出 4 根手指再比画一次，这是很方便的。因此，10 的重要性在于它是人类的普遍常数，跨越了语言和文化。

如果有一个数字为 $\underbrace{d_n \cdots d_2 d_1 d_0}_{\text{decimal digits}}$，那么这个数字就等于 $d_n \cdot 10^n + \cdots + d_2 \cdot 10^2 + d_1 \cdot 10^1 + d_0 \cdot 10^0$。例如，$347=3 \cdot 10^2+4 \cdot 10+7$。

现在想象一下，如果人类只有 3 根手指，会发生什么。我们会算 1, 2, …然后呢？3 将成为我们的神奇数字！在 2 之后我们会写 10、11、12，然后是 20、21、22，再然后是 100。21_3（基数为 3 的 21）意味着 $2 \cdot 3+1=7_{10}$（基数为 10 的 7）。14 会写成 112，而 34 会写成 1021（$1021_3=1 \cdot 3^3+0 \cdot 3^2+2 \cdot 3+1=34_{10}$）。

“基数 3”的系统有它的优势。要学习的数字会减少，学习计数会更容易：1、2、10、11、12、20 等。你可以活着庆祝你的 100 岁生日（我们的 9 岁），1000 岁生日（我们的 27 岁），甚至 10000 岁生日（我们的 81 岁）。另一方面，你的电话号码不是 10 位数，需要 20 或 21 位——这将难以记住。

❖ ❖ ❖

我们可以用与基数 10 相同的方式，对基数 3（或任何其他基数）写成的数字进行算术运算。

例 1

计算 $2211_3 + 102_3$。

解

```
  2211
+  102
 10020
```

$1 + 2\ (= 3_{10}) = 10_3 \Rightarrow$ 写下0，进位1。
$1 + 0 + 1\ (= 2_{10}) = 2_3 \Rightarrow$ 写下2，进位0。
$2 + 1 + 0\ (= 3_{10}) = 10_3 \Rightarrow$ 写下0，进位1。
$2 + 0 + 1\ (= 3_{10}) = 10_3 \Rightarrow$ 写下0，进位1。
写下1。

例 2

计算 $2 \times 1423_5$。

解

```
  1423
×    2
  3401
```

$3\times 2\ (=6_{10})=11_5 \Rightarrow$ 写下1，进位1。
$2\times 2+1\ (=5_{10})=10_5 \Rightarrow$ 写下0，进位1。
$2\times 4+1\ (=9_{10})=14_5 \Rightarrow$ 写下4，进位1。
$2\times 1+1\ (=3_{10})=3_5 \Rightarrow$ 写下3。

第 6.2 节练习

1．找到所有符合条件的两位数（基数为 10），该数字等于它的数字总和的 2 倍。然后找到所有符合条件的两位数字（基数为 10），该数字等于它的数字总和的 7 倍。✓

2．取任意数，减去它所包含数字的总和（基数为 10）。证明差总是可以被 9 整除。

3．■在数独中，你需要用数字填充 9 乘 9 的网格，使得每行、每列和 9 个 3 乘 3 的正方形中的每一个，都包含从 1 到 9 的所有数字。取任意已完成的数独网格，将前 3 列合并为 3 位数字的一列。对接下来的 3 列和最后 3 列执行相同的操作。证明所有 3 个新列中的数字总和是相同的。这个总和的值是多少？✓

4．用基数 3 的方式写出 15_{10} 和 24_{10}。✓

5．用基数 10 的方式写出 121_3 和 2020_3。

6．用基数 10 的方式写出 10011100_2。✓

7．从 10000_3 中减去 1，并用基数 3 的方式写出答案。

8．■用基数 7 的方式写出 243_3。

9．计算 201_3+12_3 和 201_3-12_3，不要将数字转换为十进制（基数 10）表示。✓

10．■如何快速判断基数 3 中的数字是否为偶数（即可被 2 整除）？✓

6.3　二进制、八进制和十六进制系统

接下来，假设我们根本没有任何手指，只有两只手。而且我们只有两个数字，0 和 1。这个基数为 2 的系统被称为“二进制系统”。在二进制系统中，非负整数表示如下。

10 进制	二进制
0	0
1	1
2	10

```
3        11
4       100
5       101
6       110
7       111
8      1000
…        …
```

在计算机中，使用数字的二进制表示是非常方便的。因为，正如我们所知，计算机存储器中的每个位只能代表两个值，0 和 1。然而，二进制数很难用于人类，因为即使是很小的数字，在二进制表示中也太长了。例如，$98_{10}=1100010_2$。我们需要妥协，需要一个易于转换为二进制，且便于人类阅读的系统（至少对于程序员而言）。

有两个这样的系统：“八进制”和“十六进制”。八进制系统使用基数 8，有 8 位数：0～7。这些数字中的每一个都可以用 3 位二进制数表示（带前导零）。

```
0   000
1   001
2   010
3   011
4   100
5   101
6   110
7   111
```

要将八进制数转换为二进制数，只需将每个八进制数替换为它的 3 位二进制数。经验丰富的程序员知道八进制数的位模式，并可以马上转换它们。

例 1

3561_8 = 011 101 110 001_2 = 011101110001_2

❖ ❖ ❖

从二进制到八进制的反向转换也很容易：将二进制数串分成三元组，从最右边的数字开始（如果需要，在左边添加前导零），然后写出相应的八进制数。

例 2

11010111100_2 = 011 010 111 100_2 = 3274_8

❖ ❖ ❖

十六进制系统是基数为 16 的系统。它的 16 位是 0、1、2、3、4、5、6、7、8、9、A、B、C、D、E 和 F。A 代表 10，B 代表 11，依此类推，F 代表 15。这些位数中的每一个都可以用 4 位二进制数表示，如下所示：

```
0    0000
1    0001
2    0010
3    0011
4    0100
5    0101
6    0110
7    0111
8    1000
9    1001
A    1010
B    1011
C    1100
D    1101
E    1110
F    1111
```

要将十六进制数转换为二进制数，只要将每个十六进制数替换为它的 4 位二进制数。要将二进制数转换为十六进制数，只要将它的二进制数字字符串拆分为四位组（四位数字字符串），从右侧开始，将每个四位组替换为等价的十六进制数。同样，有经验的程序员会记住十六进制数的位模式，并且可以非常快速地进行此类转换。

例 3

$\mathtt{B6F8}_{16} = \mathtt{1011\ 0110\ 1111\ 1000}_2$

$\mathtt{0111\ 0110\ 1110\ 1010}_2 = \mathtt{76EA}_{16}$

❖ ❖ ❖

如今很少使用八进制数，十六进制系统更受欢迎，因为你可以方便地将 1 字节（8 位）的值表示为两个十六进制数。

要手动将二进制数转换为十进制数，首先将它转换为十六进制数，然后从十六进制数转换为十进制数会更快。

例 4

$$111010010_2 = 1D2_{16} = 1\times16^2 + 13\times16 + 2 = 256 + 13\times16 + 2 = 466$$

将十进制数转换为二进制数也是如此：首先将数字转换为十六进制数，然后从十六进制数转换为二进制数。

❖ ❖ ❖

编程语言通常支持二进制、八进制和十六进制常量。例如，在 Python 中，前面带有 0o（零和字母'o'）的八进制数序列表示基数为 8 的数字。试试：

```
>>> 0o46 # 4 and 6 are octal digits
38
>>> -0o46
-38
```

十六进制数带有 0x 前缀。你可以使用大写或小写字母的十六进制数：

```
>>> 0x1D2 # 1, D, 2 are hexadecimal digits
466
>>> 0x1d2
466
```

在 Python 中，你还可以使用二进制常量。二进制常量带有 0b 前缀，后跟二进制数。例如，0b100110。

Python 有一种方法可以将数字转换为十六进制数、八进制数或二进制数的字符串。试试：

```
>>> hex(466)
'0x1d2'
>>> '{0:x}'.format(466)
'1d2'
>>> '{0:04x}'.format(466)
'01d2'

>>> oct(38)
'0o46'
>>> print('{0:o}'.format(38))
46

>>> bin(38)
'0b100110'
```

```
>>> '{0:08b}'.format(38)
'00100110'
```

你经常会看到带有前导零的十六进制数，因为十六进制数通常表示固定长度字节组的内容（每个字节有两个十六进制数）。

❖ ❖ ❖

内置函数 int 提供了一种方法，可以将用任何给定基数写成的数字字符串，转换为 int 值。试试：

```
>>> int('46')  # Default base 10
46
>>> int('46', 8)
38
>>> int('1d2', 16)
466
>>> int('111010010', 2)
466
```

❖ ❖ ❖

“二进制”算术类似于常规算术（见图 6-1）。要让两个二进制数相加，就将一个二进制数写在另一个二进制数下面，并将个位数字对齐。个位数字相加，如果结果为 2，则减去 2 并设置进位，写下结果。两个倒数第二位数字进位相加，如果结果为 2 或 3，则减去 2 并设置进位，写下结果。依此类推。减法是类似的。

```
  000010000111 ←—— 进位
  1011010100011
+      11000111
———————————————
  1011101101010
```

图 6-1 二进制加法

第 6.3 节练习

1．具有 7 位二进制数的最大整数是多少？15 位数呢？ ✓

2．将十六进制数 90AB 转换为二进制数。

3．将二进制数 01011101011 转换为十六进制数。

4．将十六进制数 F0C2 转换为八进制数。 ✓

5．$1011100_2 \times 4_{10}$ 和 $1011100_2/4_{10}$ 的结果，用基数 2 表示是什么？ ✓

6．■编写并测试一个函数，计算在正整数 *n* 中设置为 1 的位数（二进制数）并返回，

并且不将 *n* 转换为字符串。

```
def count_bits(n):
    """Return the count of bits set to 1 in a positive
       integer.
    """
    ...
```

例如，count_bits(12) 应该返回 2，因为 $12 = 00001100_2$。

⋞ 提示：从右到左检查数字；divmod(n, 2) 返回 n//2 和最右边的二进制数；n//2 将 n 的二进制数向右移一位，并删掉最右边的数字。 ⋟

6.4 计算机中的数字表示

整数和浮点数通常以便于普遍的微处理器处理的方式表示。但是 Python 3 是不同的。

> 在 Python 3 中，大整数自动扩展到“无限”范围。

整数值通常需要 32 位（4 字节）或 64 位（8 字节）。如果我们使用 32 位来表示二进制数中的无符号（非负）整数，我们能够表示 $0 \sim 2^{32}-1$ 内的所有数字。对于有符号数，即正数和负数，最高有效位通常表示符号。如果我们使用 32 位来表示有符号整数，则正值的范围为 $0 \sim 2^{31}-1$，最高有效位设置为 0；范围从 $2^{31} \sim 2^{32}-1$ 的数字（即最重要的位为 1 的数字）被解释为负数。负数的表示称为“二进制补码”，无符号的 *n* 被解释为 $n-2^{32}$。在二进制补码系统中，11 ⋯ 111（32 个 1）是−1，11 ⋯ 110 是 −2，依次类推。最高有效位成为符号位（见图 6-2）。

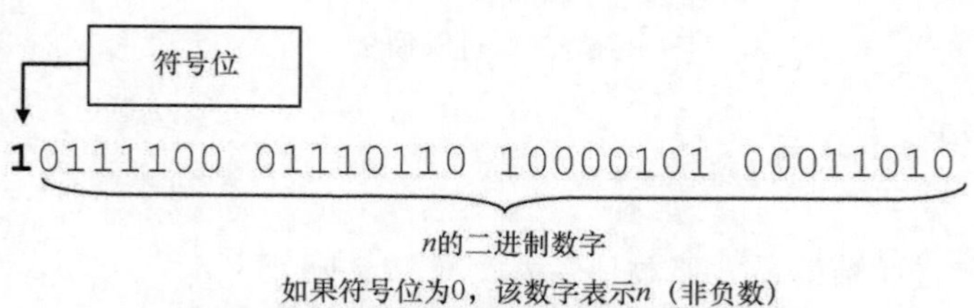

图 6-2 32 位整数的表示。使用二进制补码系统表示负数

二进制补码系统很方便，因为 $\left(2^{32}-x\right)+x=2^{32}$，它超出了 32 位范围。最高有效位丢失，结果为 0。CPU 在执行算术时就像操作 32 位无符号数一样，它甚至不知道我们将什么解释为负数。

❖ ❖ ❖

`float` 浮点数通常占用 64 位（8 字节），并以 CPU 期望的标准方式表示一个数字。与科学记数法一样，该表示由符号、小数部分（“尾数”）和“指数”部分组成，但这里尾数和指数都表示为二进制数。用 8 字节（64 位）表示的 IEEE（电气和电子工程师协会）标准用 1 位表示符号，11 位表示指数，52 位表示尾数。1023 被加到指数中，以确保负指数仍然用非负数表示。

这种 8 字节格式，允许我们表示$-1.8\times10^{308}\sim1.8\times10^{308}$的数字，精度约为 17 位小数。请注意，用此格式“仅”可以表示 2^{64} 个不同的数字，而实际数字无限多。从十进制到二进制的转换可能会引入小误差。

❖ ❖ ❖

因特网上有许多应用程序可以展示数字的二进制和十六进制表示，并允许你尝试数字转换。

❖ ❖ ❖

我们还可以在计算机中表示“有理数”。有理数是具有整数分子和分母的分数。Python 有一个名为 `fractions` 的模块，它实现了一类对象 `Fraction`。`Fraction` 实现了分数的算术运算。例如：

```
>>> from fractions import Fraction
>>> f1 = Fraction(2, 3)  # Creates f1 = 2/3
>>> f2 = Fraction(1/2)    # Creates f2 = 1/2 -- also works
>>> print(f1 + f2)
7/6
>>> print(f1*f2)
1/3
```

❖ ❖ ❖

第 6.4 节练习

1. 如果整数用 4 字节表示，而负数用二进制补码系统表示，那么 $FFFFFACE_{16}$ 代表什么数字？✓

2. 解释结果

```
>>> 1000000000.0 + 0.0000000001
```

✓

3．解释结果：

```
>>> 3 * 0.1 == 0.3
```

4．找到最小的正整数 n，在 Python 中实现 `int(17.0 / n * n) is not 17.0`。✓

5．Python 允许你以“计算器”表示法输入浮点值，类似于科学计数法。例如，1.23e5 表示 1.23×10^5，它将显示为 `123000.0`。默认情况下，Python 还以“计算器”表示法显示大浮点数。请找到以“计算器”表示法显示的最小数字和最大数字。

6．◆找出分母小于或等于 20 的分数，该分数最接近π。

提示：

① `from math import pi`

② 回想一下，内置函数 abs 返回数字的绝对值。

③
```
if approx < best_approx:
        best_approx = approx
        best_num, best_denom = num, denom
```

6.5 无理数

整数和分数应该包含所有数字，对吗？大约 2500 年前，这就是毕达哥拉斯和他的追随者所相信的。公元前 550 年左右，毕达哥拉斯在意大利南部海岸的克罗顿市，建立了一个小型组织“brotherhood”，由希腊移民组成。毕达哥拉斯学派对几何学做出了巨大的贡献，他们是最早研究音乐中的数字关系的人。他们想出了简单的频率比，以获得令人愉悦的音乐组合。他们真的崇拜数字。但是，正如经常发生的那样，他们自己的发现最终会挑战他们的信仰。

毕达哥拉斯学派认为，任何数字都是整数或有理数（即一个比率，一个整数分子和分母的分数）。毕达哥拉斯学派以几何形式考虑数字，作为线段长度的比率。给定直角三角形的直角边，他们知道如何计算斜边（当然，使用毕达哥拉斯定理）。所以，最终他们不得不问：正方形的对角线与它的边的比例是多少？根据毕达哥拉斯定理，如果边是 a，对角线是 d，我们应该有 $a^2+a^2=d^2$ 或 $\frac{d^2}{a^2}=\left(\frac{d}{a}\right)^2=2$。那么 $\frac{d}{a}$ 是什么数字？它是一个有理数吗？

首次证明 $\sqrt{2}$ 是无理数，最有可能利用了几何。类似这样：假设正方形的边是 mx，而对角线是 nx，其中 m 和 n 是整数，x 是“单位线段”，即 a 和 d 的“共同度量”。假设 m 和 n 是可能的最小整数。我们可以构造一个较小的正方形（见图 6-3），它的边为 $(n-m)x$，对

角线为 $(2m-n)x$，它们具有相同的性质：$n-m$ 和 $2m-n$ 是整数。但这些整数分别小于 m 和 n。所以最初的假设是错误的。这种证明方法被称为“反证法”。

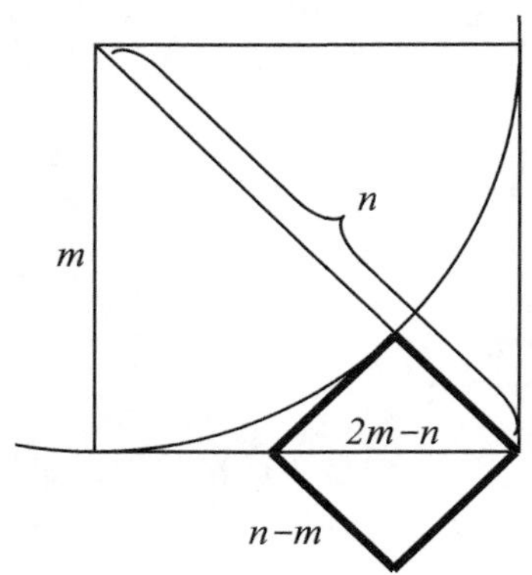

图 6-3 $\sqrt{2}$ 无理性的几何证明

下面是一个更现代的代数版本的证明。假设存在一个有理数 $\frac{n}{m}$，使得 $\frac{n^2}{m^2}=2$，让我们取最小的数字 m 和 n（通过分数约简）。$n^2=2m^2$，所以 n 必定是偶数。（如果 n 是奇数，n^2 也会是奇数。）所以，对于某个 k，$n=2k$。然后 $n^2=4k^2 \Rightarrow 4k^2=2m^2 \Rightarrow 2k^2=m^2$，所以 m 也必定是偶数。由于 m 和 n 都是偶数，我们可以进一步约简分数，获得更小的整数分子和分母。这与最初 m 和 n 存在的假设相矛盾。

这就是第一个“无理数”被发现的过程。$a+b\sqrt{2}$（其中 a 和 b 为整数）、$\sqrt{3}$ 等也都是无理数。最终，数学家证明了π是无理数。很久以后，在 19 世纪，德国数学家格奥尔格·康托尔（Georg Cantor）证明，无理数“明显于有理数”。当然，这两个集合都是“无限集”。康托尔设计了一种比较无限集的方法。在他的理论中，有理数集是可数的，也就是说，它属于与正整数集相同的无限集大类；无理数集属于无限集的不同类别，它是不可数的。

第 6.5 节练习

1． 如果 $a^2+b^2=c^2$，那么正整数 a、b 和 c 形成毕达哥拉斯三元数。很容易证明，如果我们取任意整数 $0<m<n$，那么 $a=n^2-m^2$、$b=2mn$ 和 $c=n^2+m^2$ 形成一个毕达哥拉斯三元数。例如，如果取 $m=1$、$n=2$，我们得到 $a=3$、$b=4$、$c=5$。有多少个不同的 $0<m<n\leqslant 7$ 的整数对？编写一个 Python 程序，针对所有这样的 m 和 n，生成并显示毕达哥拉斯三元数。✓

2． ■如果 $a=\sqrt{2}$，那么 $a=\frac{2}{a}$。让我们从 $x=1$ 开始，用 x 和 $\frac{2}{x}$ 的算术平均数替换 x。如果我们不断重复这个操作，x 将越来越接近 $\sqrt{2}$。编写一个程序，使用此方法求 $\sqrt{2}$ 的值，精确到小数点后至少 5 位数。这种准确性是在 $\left|x-\frac{2}{x}\right|<0.00001$ 时实现的。显示估计值，以及求

值所需的迭代次数，将结果与 sqrt(2) 返回的值进行比较。

3. ■黄金比例是 $\varphi = \frac{1+\sqrt{5}}{2}$。找到分母小于 50、最接近黄金比例的分数。

6.6 复习

本章介绍的术语和符号。

进位系统

数字系统的基数

二进制系统

八进制系统

十六进制系统

负整数的二进制补码表示

浮点数

有理数

无理数

本章介绍的一些 Python 特征。

二进制数和转换。

```
int('0010110', 2)
'{0:08b}'.format(38)
bin(38)
0b100110
```

八进制数和转换。

```
oct(38)
'{0:04o}'.format(38)
int('46', 8)
0o46
```

十六进制数和转换。

```
hex(466)
'{0:04x}'.format(466)
int('12AB', 16)
0x12AB, 0x12ab
```

第 7 章　布尔代数和 if-else 语句

7.1　引言

“命题”是一个真或假的陈述。例如“2020 年是闰年”或“100 是质数”。形式逻辑处理适用于命题的推理定律，对命题的逻辑运算与对数字的算术运算没有什么不同。在算术中，我们可以使用代数表示法表达运算的共同属性。例如，用分配律进行乘法运算：

$$a(b+c)=ab+ac$$

类似地，我们可以使用“布尔代数”的符号来表达逻辑的一般定律。例如：

$$\text{not }(A\text{ and }B)\Leftrightarrow(\text{not }A)\text{ or }(\text{not }B)$$

$P\Leftrightarrow Q$ 表示“P 等价于 Q”或“当且仅当 Q 为真时 P 为真”。（“当且仅当”是数学中的常用短语。它类似于数字的“相等”。）例如，以上定律是说，“非（富有与出名）”相当于“（非富有）或（非出名）”。

许多数学家对逻辑运算使用特殊符号：

$\neg$ 意思是“非 not”；

$\wedge$ 意思是“与 and”；

$\vee$ 意思是“或 or”。

用这种表示法，上面的公式看起来像这样：

$$\neg(P\wedge Q)\Leftrightarrow(\neg P)\vee(\neg Q)$$

在本书中，简单起见，我们将继续使用“与、或、非”，因为 and、or 和 not 是 Python 关键字。

布尔代数以英国数学家乔治·布尔（George Boole，1815—1864）的名字命名，他在他

的著作 *The Mathematical Analysis of Logic* 和 *An Investigation of the Laws of Thought* 中描述了逻辑规律。

7.2 布尔代数中的运算

如果你有两个命题，*P* 和 *Q*，命题“*P* and *Q*”被称为它们的“合取”。例如，两个命题的合取：

我喜欢咖啡

你喜欢茶

是命题：

我喜欢咖啡 and 你喜欢茶

当且仅当 *P* 为真且 *Q* 为真时，命题“*P* and *Q*”才为真。

合取（and 运算）可以通过下表描述（其中 T 代表“真”，F 代表“假”）：

P	*Q*	*P* and *Q*
T	T	T
T	F	F
F	T	F
F	F	F

这种表称为真值表。它显示了布尔（逻辑）表达式（在本例中为 *P* and *Q*）的值，真值表用于表示变量值的所有可能组合。

❖ ❖ ❖

“*P* or *Q*”称为 *P* 和 *Q* 的“析取”。

例如，以下命题的析取：

我们可以跳舞

我们可以唱歌

是命题：

我们可以跳舞 or 我们可以唱歌（一个或两个）

当且仅当命题 *P* 和 *Q* 至少一个为真时，即 *P* 为真或 *Q* 为真或两者都为真时，命题 *P* or *Q* 为真。

析取（or 运算）具有以下真值表：

P	Q	P or Q
T	T	T
T	F	T
F	T	T
F	F	F

❖ ❖ ❖

如果 P 是命题，则“not P”称为“否定”。例如，“100 不是质数”是对“100 是质数”的否定。

当且仅当 P 为假时，not P 才为真。

否定（not 运算）具有以下真值表：

P	not P
T	F
F	T

“布尔表达式”是一个正确构成的公式。它包含变量，and、or 和 not 运算符，以及括号。布尔表达式的值为 true 或 false。

在英语中，单词 and、or、not 可以在不同的上下文中以不同的方式使用。例如，“亨利喜欢通心粉和奶酪”的说法很可能意味着亨利喜欢用奶酪做通心粉，而不是他喜欢通心粉，也喜欢奶酪。另外，在英语中，“或”通常表示“排他的或”。例如：“自由生活或死亡”意味着做一个或另一个，但不是两个。但在布尔代数中，运算符 and、or 和 not 有精确的含义，如上面的真值表所述。

表 7-1 列出了一些重要的形式逻辑定律。

表 7-1 形式逻辑定律

not (not P) $\Leftrightarrow$ P	双重否定律
P or (not P) $\Leftrightarrow$ T	排中律
P and (not P) $\Leftrightarrow$ F	矛盾律
P and Q $\Leftrightarrow$ Q and P P or Q $\Leftrightarrow$ Q or P	交换律
P and (Q or R) $\Leftrightarrow$ (P and Q) or (P and R) P or (Q and R) $\Leftrightarrow$ (P or Q) and (P or R)	分配律
not (P and Q) $\Leftrightarrow$ (not P) or (not Q) not (P or Q) $\Leftrightarrow$ (not P) and (not Q)	德·摩根定律

注意定律的“对偶性”：如果你取任意一条逻辑定律，将每个 and 换成 or，并将每个 or

换成 and，就得到另一条有效的逻辑定律。在表 7-1 中，对偶的定律写在同一个格中。

在该表的所有定律中，德·摩根（De Morgan）定律最难理解。这些定律在计算机编程中非常有用。

在常规代数中，只有一个分配律：$a(b+c)=ab+ac$。在布尔代数中，有两种分配律。

证明布尔代数的定律要比数字代数定律容易得多，因为我们可以测试所涉及变量的所有可能组合，并比较左侧和右侧表达式的真值表。具有两个变量的表达式的真值表有 4 行，具有 3 个变量的表达式的真值表有 8 行。

第 7.2 节练习

1．“我愿意”的否定是什么？

2．“我完成了我的作业”和“我去看了电影”的合取是什么？ ✓

3．用英语改写“neither here nor there”的否定。 ✓

4．用 P and Q 的方式，将“I can’t read or write”的命题重新表述为布尔表达式，其中 P 是“I can read”，Q 是“I can write”。写下你的表达式的否定，并用德·摩根定律简化它。

5．为表达式 P or (not Q)制作真值表。

6．▪为表达式 P and (Q or R)创建一个真值表。⋞ 提示：你的表需要 P、Q 和 R 的 T/F 值的所有可能组合，因此它将有 8 行。⋟ ✓

7．▪证明德·摩根定律左右两侧的真值表相同。

not (P and Q) ⇔ (not P) or (not Q)

8．◆用两个变量 P 和 Q 写一个逻辑表达式，它有以下真值表：

P	Q	<你的表达式>
T	T	F
T	F	T
F	T	T
F	F	F

⋞ 提示：将表达式写成一些合取 P and Q，P and (not Q)，(not P) and Q，(not P) and (not Q)的析取，然后简化。⋟ ✓

7.3 逻辑与集合

假设我们选择一个集合，并仅使用它的子集，我们将这个集合称为全集，并用字母 U

表示它。对于不同类型的数学问题，我们可能会选择不同的全集。例如，我们可以使全集为所有实数（$U=\mathbb{R}$），或全部整数（$U=\mathbb{Z}$）。一旦定义了全集 U，我们就可以考虑 U 的子集 A，它由满足特定条件或具有特定属性的 U 的所有元素组成。换句话说，当且仅当 x 属于 A 时，关于 U 的元素 x 的某个命题 p 才为真：

$$x \in A \iff p(x) = \text{true}$$

p 可以看作是从 U 到集合{true，false}的函数。在数理逻辑中，这样的函数被称为 U 上的“谓词”。其中 p 为真的 U 的子集被称为 p 的“真值集”（见图 7-1）。

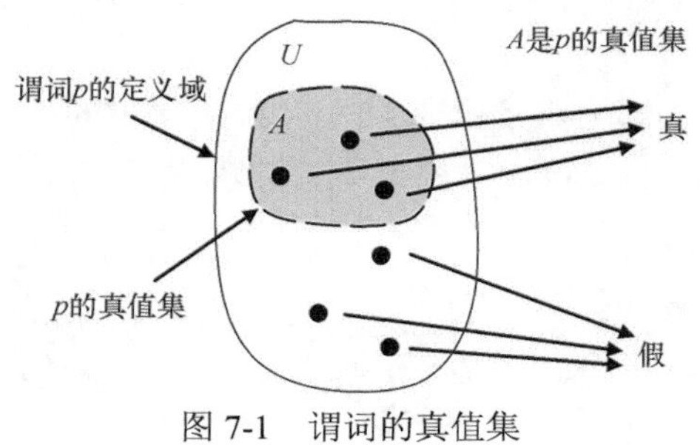

图 7-1　谓词的真值集

例 1

假设我们的全集 U 是所有实数$\mathbb{R}$的集合，U 上的谓词是“x 的平方不超过 4”。那么它的真值集就是区间[−2, 2]。

例 2

假设我们的全集是所有正整数的集合。如果正整数是一个质数（除了 1 和它本身之外没有其他因数），并且具有 2^k-1 的形式，k 是某个正整数，则它被称为“梅森质数”。例如，3、7 和 31 是梅森质数。设 M 是所有梅森质数的集合，那么 M 就是谓词“n 是质数且 $n=2^k-1$，$k\geqslant 2$”的真值集。

例 3

假设我们掷硬币 3 次，并将结果记录为 3 位数序列，使用 0 表示正面，1 表示反面。设 U 是所有可能结果的集合：{000, 001, 010, 011, 100, 101, 110, 111}。谓词“至少连续两次反面”的真值集是什么？现在描述对这个谓词的否定及其真值集。

解

“至少连续两次反面”的真值集是{011, 110, 111}。“至少连续两次反面”的否定是“没有至少连续两次反面"，它的真值集是{000, 001, 010, 100, 101}。

全集的谓词和子集之间的联系是如此明显，以至于它似乎是一个"重言式"（用不同的词讲同样的事）。然而，如果能够在两个数学理论之间建立精确匹配，我们通常可以获得一些有趣的结果。

- 集合 A 和 B（它们是 U 的子集）的"交集"是同时属于 A 和 B 的 U 的所有元素的集合，见图 7-2（a）。
- 集合 A 和 B 的"并集"是属于 A 或 B 或同时属于两者的 U 的所有元素的集合，见图 7-2（b）。
- 集合 A 的"补集" $\overline{A}=U-A$ 由在 U 中且不在 A 中的所有元素组成，见图 7-2（c）。

集合的交集和并集的符号 $\cap$ 和 $\cup$，类似于数理逻辑中的合取和析取符号 $\wedge$ 和 $\vee$。

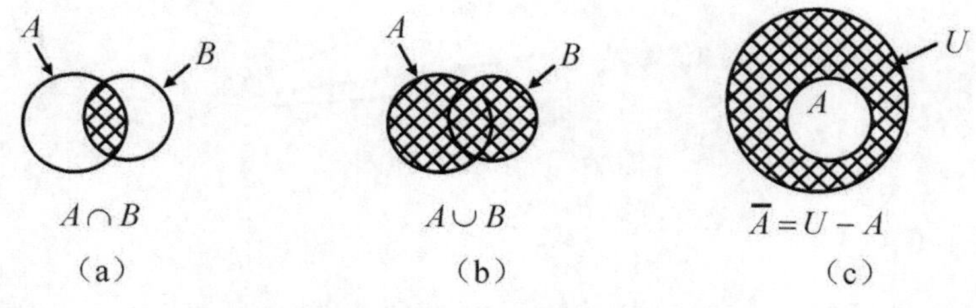

图 7-2　$A\cap B$，$A\cup B$ 和 $\overline{A}=U-A$

例如，例 2 中梅森质数的真值集，是所有质数集合与所有等于 2^k-1（k 为某个自然数）的数字集合的交集。

你可能熟悉"维恩图"，它以图形方式说明逻辑和集合的并行性。（维恩图有时被称为"集合图"或"逻辑图"。）图 7-3 中的维恩图展示了逻辑运算如何与集合的交集相对应。

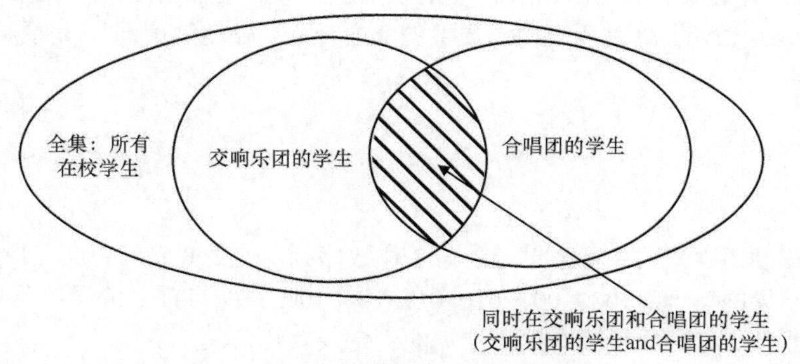

图 7-3　维恩图的一个例子

布尔代数和集合论是两种互为模型的数学理论。布尔代数的每个定律在集合的代数中都有相应的定律，反之亦然。图 7-4 展示了逻辑和集合中运算的匹配表示法。

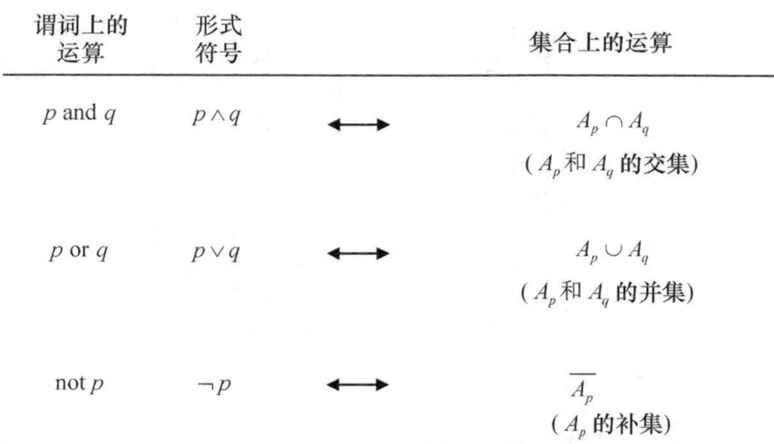

谓词上的运算	形式符号		集合上的运算
p and q	$p \wedge q$	$\longleftrightarrow$	$A_p \cap A_q$ （A_p和 A_q 的交集）
p or q	$p \vee q$	$\longleftrightarrow$	$A_p \cup A_q$ （A_p和 A_q 的并集）
not p	$\neg p$	$\longleftrightarrow$	$\overline{A_p}$ （A_p 的补集）

图 7-4 逻辑和集合的表示法

例 4

布尔代数中的两条德·摩根定律之一是$\neg(P \wedge Q) \Leftrightarrow (\neg P) \vee (\neg Q)$。集合论中的相应定律是$\overline{A \cap B} = \overline{A} \cup \overline{B}$。

Python 有适用于集合的运算符。

- &运算符：当应用于两个集合时，给出它们的交集。
- |运算符给出两个集合的并集。
- -运算符给出两个集合的差集：`s1-s2` 包含在 `s1` 中不在 `s2` 中的所有元素。
- ^运算符称为“对称差集”：`s1^s2` 包括在 `s1` 或 `s2` 中但不包含在两者中的所有元素。

第 7.3 节练习

1．有些学生参加剧团，有些学生参加合唱团，有些学生参加乐队。有些学生参加以上 2 个团体，有些学生 3 个全参加。绘制一个说明这种情况的维恩图。

2．在数轴上绘制所有点 x 的集合，使得$(x-1)^2 \geqslant 4$。✓

3．在坐标平面上绘制所有点(x, y)的集合，使得 $x \geqslant 0$，$y \geqslant 0$，且 $x^2+y^2 \leqslant 1$。

4．在坐标平面上绘制所有点(x, y)的集合，使得$(x-2)(y-1) \geqslant 0$。✓

5．在数独中，目标是用 1 到 9 的数字填充 9×9 网格，使得每行、每列和 9 个 3×3 方格中的每 1 个方格都包含所有数字 1 到 9。下面显示了一个数独网格，上面有一些 1 和 2。

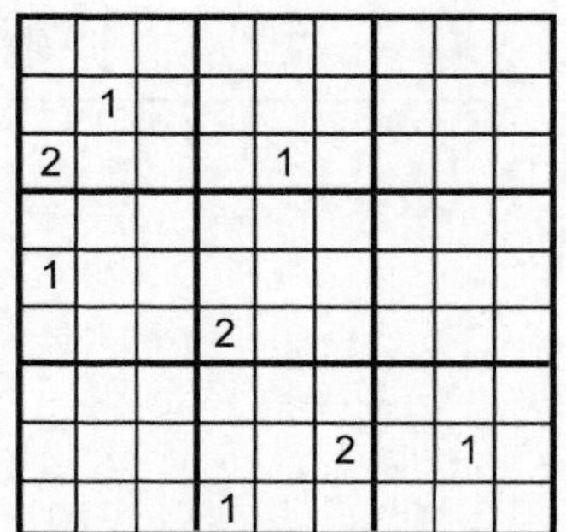

标记网格上的所有剩余正方形，其中 1 和 2 都有可能是候选对象。✓

6．在一项与肥胖有关的健康问题的研究中，34%的受试者有肥胖问题，14%的人患有糖尿病，12%的人肥胖并患有糖尿病。多少百分比的受试者有肥胖问题或者患有糖尿病（或者两者兼有）？✓

7．■假设两个谓词 p 和 q（在同一集合上）是这样的：如果 $p(x)$为真则 $q(x)$为真。在这种情况下，我们说 p"意味着" q，记为 $p \rightarrow q$。请描述这些谓词的真值集之间的关系。✓

8．将表 7-1 中的所有逻辑定律转化成相应的集合定律。

9．使用维恩图证明针对集合的德·摩根定律（两个中取一个）。

10．■仅使用`&`、`|`和`-`运算符表示 Python 运算符`^`。✓

11．■在以下函数中填空，该函数接收两个大写字母串，并返回一个有序列表，该列表包含在第一个字符串中但不在第二个字符串中的字母。

```
def exclude_letters(word1, word2):
    """Return a sorted list of letters that are in word1
       but not in word2, without duplicates.
    """

    return ______________________________________________
```

7.4　Python 中的 if-else 语句

程序通常需要根据特定条件来确定如何继续。CPU 具有特殊的"条件跳转"指令，可以继续下一条指令，也可以跳转到程序中的其他位置，具体取决于前一操作的结果（参见第 1.2 节中的示例）。高级语言有"`if-else`"语句，用于条件分支。

例 1

Python 中的 if-else 语句。

假设字符串 s 表示一个整数，可能是负整数，我们想要得到它的符号。然后我们可以写：

```
if len(s) > 0 and s[0] == '-':
    sign = -1
else:
    sign = 1
```

该语句的工作原理如下：如果 s 不为空且 s 中的第一个字符为'-'，则 sign 取值-1；否则，sign 取值 1。

Python 的 if-else 语句的一般语法是：

```
if <condition>:
    <statement 1A>
    <statement 1B>
    ...
else:
    <statement 2A>
    <statement 2B>
    ...
```

如果条件为真，则执行 if 下缩进的语句；否则，执行 else 下缩进的语句。之后，程序继续执行 if-else 之后的语句。不要忘记冒号！

else 子句是可选的，你可以只有 if。在这种情况下，如果条件为真，程序将执行在 if 下缩进的语句；否则，程序会跳过它们。

例 2

if 没有 else 的语句：

```
if x < 0:
    x = -x
...
```

❖ ❖ ❖

如果你想在 if 下面“什么也不做”，而在 else 下面做一些事，可使用 Python 的“什么也不做”关键字：pass。

例 3

if 带有 pass 的语句：

```
if y == 0:
    pass    # do nothing
else:
    print(1/y)
...
```

❖ ❖ ❖

你常常需要将多个 if-else 语句连接在一起。例如：

```
def letter_grade(score):
    if score >= 90:
        return 'A'
    else:
        if score >= 80:
            return 'B'
        else:
            if score >= 70:
                return 'C'
            else:
                if score >= 60:
                    return 'D'
                else:
                    return 'F'
```

Python 允许你使用关键字 elif 简化缩进，并将“else-if”压缩在一行中。以上代码可以缩短为：

```
def letter_grade(score):
    if score >= 90:
        return 'A'
```

```
    elif score >= 80:
        return 'B'
    elif score >= 70:
        return 'C'
    elif score >= 60:
        return 'D'
    else:
        return 'F'
```

❖ ❖ ❖

Python 有两个特殊的内置常量：True 和 False。条件是布尔表达式，它求值为 True 或 False。因此，条件基本上是所涉及变量值上的谓词。在第 4 章中，我们讨论 while 循环时已经遇到过条件。

条件是用“关系运算符”和“逻辑运算符”编写的。Python 有以下关系运算符，见表 7-2。

表 7-2 Python 中的关系运算符

关系运算符	描述
==	等于
is	等于，同==
!=	不等于
is not	不等于，同!=
<	小于
<=	小于等于
>	大于
>=	大于等于
in	包含该值
not in	不包含该值

关系运算符也适用于字符串、列表和元组。例如：

```
>>> 'Atlanta' < 'Boston'
True

>>> [1, 2, 3, 4] < [1, 3, 4]
True
```

字符串按字母顺序进行比较，但所有大写字母都小于任意小写字母。列表的比较是通过将相同索引的元素进行成对比较来完成的。

条件 x in s 和 x not in s 可以用于任何“序列”s（范围、字符串、列表、元组、集合）。

Python 的逻辑运算符（and、or、not）对应于布尔代数的逻辑运算符。你可以在 Python 的 Shell 中使用这些运算符。例如：

```
>>> 3 >= 4
False
>>> 3 < 5 and 3 > 1
True
>>> 3 < 5 or 3 < 0
True
```

> 关系运算符优先于逻辑运算符，首先应用关系运算符。这就是上面的例子不需要使用括号的原因。

例 4

假设 name 是一个字符串，而 guests 是一个列表。编写一段代码，检查 name 是否在列表 guests 中。如果是，则输出“Welcome”，后面跟 name。如果 name 不在 guests 中，则代码应输出“May I help you?”

解

```
if name in guests:
    print('Welcome', name)
else:
    print('May I help you?')
```

❖ ❖ ❖

条件还可以包括对“布尔函数”的调用。(布尔函数指的是返回 True 或 False 的函数。) Python 有少量内置布尔函数（例如 any 和 all），你可以编写自己的函数。

例 5

如果 n 是质数，则函数 is_prime 返回 True；否则返回 False。

```
from math import sqrt

def is_prime(n):
```

```
    """Return True if n is a prime number; otherwise return False."""
    if n < 2:
        return False
    d = 2
    while d <= round(sqrt(n)):  # if n is divisible by k, then n is
                                #   also divisible by n/k and either
                                #   k or n/k must be below sqrt(n)
        if n % d == 0:
            return False
        d += 1
    return True
```

测试一下：

```
>>> is_prime(5)
True
>>> is_prime(6)
False
>>> n = 7
>>> n < 10 and is_prime(n)
True
```

❖ ❖ ❖

你可以用一个函数返回布尔表达式的值。

例 6

```
def greater_than(a, b):
    if a > b:
        return True
    else:
        return False
```

等同于：

```
def greater_than(a, b):
    return a > b
```

其他例子：

<table>
<tr><th>好的</th><th>冗长而多余</th></tr>
<tr><td><pre>if name not in guests:</pre></td><td><pre>if name in guests == False:</pre></td></tr>
<tr><td><pre>found = name in guests</pre></td><td><pre>if name in guests:
    found = True
else
    found = False</pre></td></tr>
</table>

Python 还有一个更简洁的表达式，可以根据条件求不同的值。语法是：

a if *<condition>* else b

例如：

```
abs_x = x if x >= 0 else -x
```

❖ ❖ ❖

在逻辑运算中有交换法则：

P and $Q \Leftrightarrow Q$ and P

P or $Q \Leftrightarrow Q$ or P

对于计算机，事情稍微复杂一些：你必须注意操作数的顺序。当程序对布尔表达式求值时，它实际上执行了某些操作。在此过程中，可能会遇到错误或引发异常。为了提高效率并允许更大的灵活性，许多语言（包括 Python）在求布尔表达式值时都遵循“短路求值”。

对 p and q 求值时，Python 首先对 p 求值。如果 p 为 **False**，则结果为 **False**，并且不对 q 求值。

对 p or q 求值时，Python 首先对 p 求值。如果 p 为 **True**，则结果为 **True**，并且不对 q 求值。

短路求值打破了交换律的对称性。例如，如果在以下代码中，s 恰好是一个空字符串：

```
if len(s) > 0 and s[0] == '-':
    sign = -1
else:
    sign = 1
```

那么 len(s) == 0，代码将 sign 设置为 1。但是如果我们写：

```
if s[0] == '-' and len(s) > 0:
    sign = -1
else:
    sign = 1
```

空字符串将引发异常“IndexError: string index out of range”，因为字符 s[0]不存在。

第 7.4 节练习

1．在 Python 中编写一个布尔表达式，表示“*n* 是一个正整数，并且是一个偶数。” ✓

2．使用德・摩根定律简化：

not (x >= -1 and x <= 1)

3．以下哪个表达式等价于 not (*a* or (not *b*))？ ✓

（a）(not *a*) or (not *b*)

（b）(not *a*) or *b*

（c）(not *a*) and *b*

4．编写一个函数，返回由名字“January”“February”等指定的月份的天数。使用 if-elif-else 序列。 ✓

5．■编写一个函数 is_leap_year，如果给定的年份是闰年，则返回 True。闰年可被 4 整除但不能被 100 整除；如果年份可以被 400 整除，那也是闰年。例如，2000 年和 2008 年是闰年，但 1900 年不是。 ✓

6．使用例 5 中的函数 is_prime，编写一个程序，输出 1000 以下的所有质数。为了使程序更通用，定义一个变量 n = 1000，并输出 n 以内的所有质数。

7．在 Python 中编写一个布尔表达式，当且仅当字符串 s 包含'+'或'-'，但不同时包含两者时，返回 True。 ✓

8．■填空。

```
def is_hex_digit(d):
    """ Return True if d is a single character and d
        is a hex digit: '0' - '9', 'a' - 'f' or 'A' - 'F';
        otherwise return False.
    """

return ________________________________________
```

✓

9．对于 x 的哪些值，以下语句会引发异常？

```
if x >= 0 and 1.0 / sqrt(x) < 0.01:
    pass
```

10. ◆编写一个程序，与用户一起玩石头-布-剪刀（Rock-Paper-Scissors），并显示累积分数。例如：

```
Rock... Paper... Scissors... Shoot!
Make your move (r, p, s) or q (to quit): s

I said Rock
Ha! You are zapped -- 1:0

Rock... Paper... Scissors... Shoot!
Make your move (r, p, s) or q (to quit): p

I said Paper
Paper-aper! Tie -- 1:0

Rock... Paper... Scissors... Shoot!
Make your move (r, p, s) or q (to quit): q

Sorry, you lost! 1:0
Thanks for playing.
```

⋷ 提示：choice(s)返回字符串 s 中随机选择的字符（或在列表或元组中随机选择的元素）。函数 choice 在模块 random 中，所以你需要：

```
from random import choice
```

⋺

11. ■编写一个函数 is_earlier(date1, date2)，它接收两个有效日期。如果 date1 早于 date2 则返回 True，否则返回 False。假设日期由元组(month, day, year)表示。 ✓

12. ◆假设你已经有一个函数 is_prime，如例 5 所示。编写函数 is_Mersenne_prime（见 7.3 节中的例 2）。不要复制 is_prime 中的代码，只需调用它即可。

13. ◆Python 在其软件中隐藏着几个“复活节彩蛋”，和其他有趣的惊喜。例如，输入：

```
>>> import this
```

然后尝试在以下代码中预测 Python 的响应：

```
>>> love = this
>>> this is love
```

____

```
>>> love is True
```

____

```
>>> love is False
```

____

```
>>> love is not True or False
```

____

```
>>> love is not True or False; love is love
```

____

7.5　复习

本章介绍的术语和符号。

布尔代数	德・摩根定律
命题	谓词
合取	真值集
析取	集合的交集
否定	集合的并集
“and” 运算	补集
“or” 运算	维恩图
“not” 运算	关系运算符
真值表	逻辑运算符

本章介绍的一些 Python 特性。

集合的交集、并集、差集和对称差集运算符：&、|、-、和^。

True，False 关键字。

if < *condition* >:

```
    ...
else:
    ...

if < condition >:
    pass
else:
    ...

if < condition >:
    ...
elif < other condition >:
    ...
else:
    ...
```

关系操作符==、is、!=、is not、<、<=、>、>=、in、not in。

逻辑操作符 and、or、not。

return < *Boolean expression* >

第 8 章　数字电路和位运算符

8.1　引言

图 8-1 中显示了一个由开关控制灯的电路：当开关闭合时，它打开灯。如果我们连续放置两个开关，见图 8-2（a），则必须关闭开关 1 和开关 2 才能打开灯。如果我们将开关并联，见图 8-2（b），则必须关闭开关 1 或开关 2（或两者）来打开灯。听起来熟悉吗？

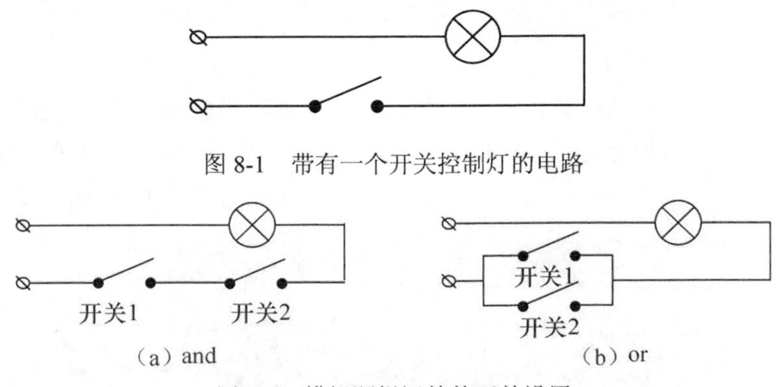

图 8-1　带有一个开关控制灯的电路

（a）and　（b）or

图 8-2　模拟逻辑运算的开关设置

图 8-1 和图 8-2 中的开关是手动开关。“继电器开关”有一个电磁铁，由另一电路的电流控制，当电流流过磁铁时，磁铁吸住关闭开关的控制杆（见图 8-3）。这样，一个电路的电流就可以控制另一个电路的电流。

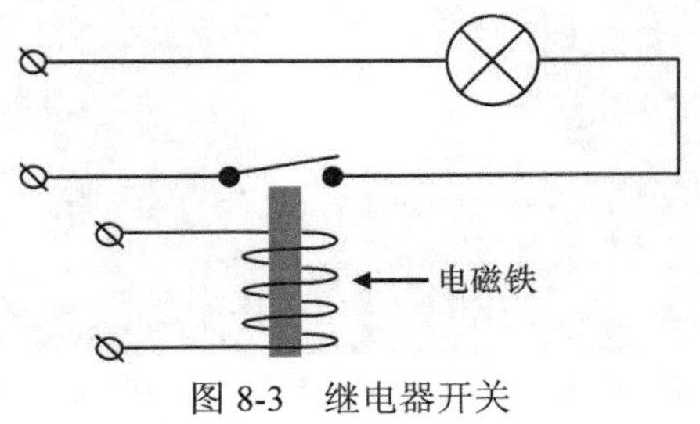

图 8-3　继电器开关

如果你连续放置两个继电器开关，会得到一个 AND 电路，见图 8-4（a）。两个并联的继电器开关将形成一个 OR 电路，见图 8-4（b）。你也可以使用特殊的继电器开关来制作 NOT 电路，该开关通常是闭合的，但在电流作用于磁铁时会打开（见图 8-5）。

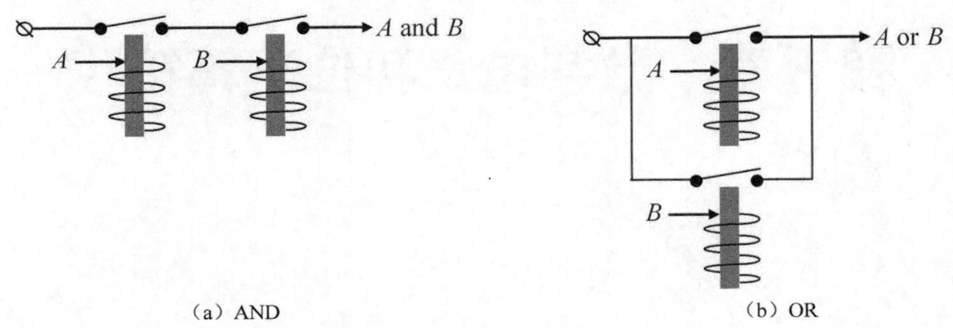

（a）AND （b）OR

图 8-4 由两个继电器开关组成的电路

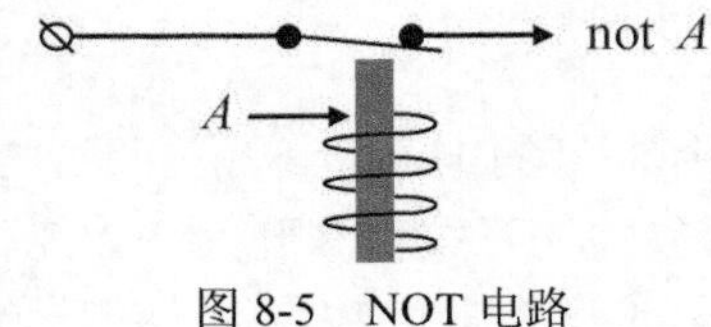

图 8-5 NOT 电路

AND、OR 和 NOT 电路可以组合成更复杂的电路。一个电路的输出作为另一个电路的输入。

在 20 世纪 40 年代后期，伟大的数学家、计算机技术的先驱之一约翰 · 冯 · 诺依曼证明，任何计算都可以通过组合 AND、OR 和 NOT 电路来实现。因此，计算机可以基于简单的继电器开关构建。事实上，一些早期的计算机就是以这种方式构建的（见图 8-6）。

图 8-6 哈佛 Mark II 继电器计算机（1947 年）（由 IEEE 计算机历史年鉴提供）

在现代“数字电路”中，微观晶体管起着继电器开关的作用。数百万个晶体管被蚀刻到小小的硅芯片中。AND、OR、NOT 和其他简单电路称为“门”。这种类型的电路称为“数字电路”(与“模拟电路”相对)，因为数字电路只关心信号（电流）的存在或不存在即“开”或“关”，对应了 0 或 1。电流的大小（幅度）是相同的，它们不用于携带信息。

8.2　门

在数字电路图中，每种类型的门由不同的形状指定（见图 8-7)。每个门下的表格显示了所有输入组合的输出。当然，这些表与布尔代数中的 AND、OR 和 NOT 运算的真值表相同。这里 1 代表 True，0 代表 False。

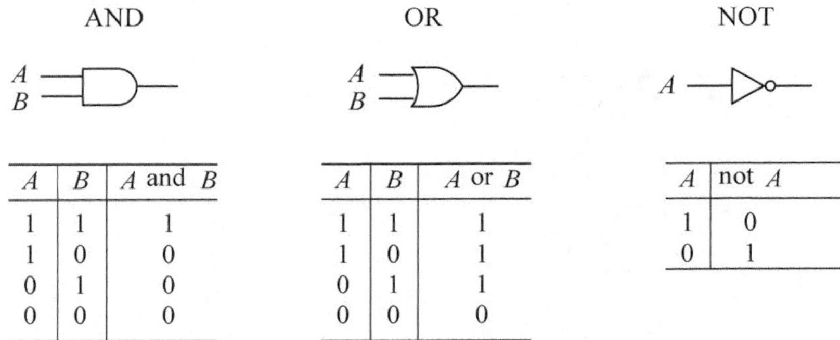

A	B	A and B
1	1	1
1	0	0
0	1	0
0	0	0

A	B	A or B
1	1	1
1	0	1
0	1	1
0	0	0

A	not A
1	0
0	1

图 8-7　AND、OR 和 NOT 门及其输出

门组合在一起，产生了更复杂的电路。

例 1

电路

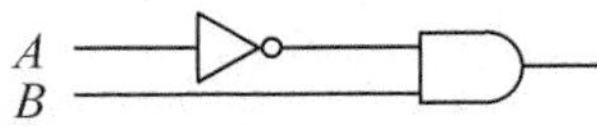

计算了逻辑表达式(not A) and B。由以下真值表定义其输出：

A	B	(not A) and B
1	1	0
1	0	0
0	1	1
0	0	0

例 2

电路

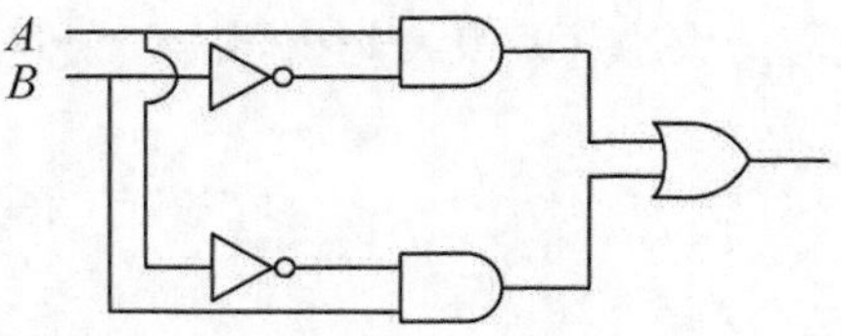

计算了逻辑表达式：

```
(A and (not B)) or ((not A) and B)
```

这是表示异或（XOR）运算的方法之一。如果 *A* 为 1 且 *B* 为 0，或 *B* 为 1 且 *A* 为 0，则输出为 1。

A	*B*	*A* xor *B*
1	1	0
1	0	1
0	1	1
0	0	0

❖ ❖ ❖

真正的数字电路使用更多类型的门。AND、OR 和 NOT 门的简单组合被组合成“复合”门，如下表所示：

门名称	门符号	简单表示
XOR		
NAND		
NOR		
XNOR		

第 8.2 节练习

1. 绘制带有 3 个开关的电路，使得关闭其中任何一个都会打开灯。 ✓

2. ■假设有几个“双向”开关可供使用。双向开关可以在另外两根电线之间切换电路。

设计一个电路，允许从两个不同的位置打开和关闭灯（例如，你可以用门边的开关开灯，然后用床边的另一个开关来关灯，然后从任一开关再次开灯）。

3. ■你有一个电池供电的玩具铁路，你希望能够向前和向后运行火车。如果你切换到电池上的+和−触点的电线，火车的电机会改变它的旋转方向。你有一对双向开关，可以将两条线从一对触点切换到另一对触点。

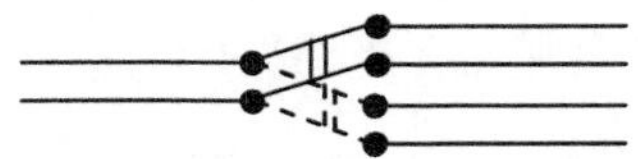

设计一个电路，让你通过调整开关来反转火车的方向。 ✓

4. 仅使用 AND、OR 和 NOT 门，绘制一个带有两个输入 A 和 B 的电路，用于计算 A or (not (A or B))。

5. 本节中列出的哪个门具有以下真值表？ ✓

A	B	输出
1	1	1
1	0	0
0	1	0
0	0	0

6. 仅使用 AND、OR 和 NOT 门，设计具有以下真值表的电路。

A	B	输出
1	1	0
1	0	0
0	1	0
0	0	1

提出两种设计：一种使用一个 AND 门和两个 NOT 门，另一种只使用两个门。

7. 仅使用 AND、OR 和 NOT 门，绘制一个具有 3 个输入的电路，当且仅当所有 3 个输入均为 1 时，它的输出为 1。✓

8. ■例 2 中的电路实现了 XOR 运算。使用 4 个门设计一个等效的 XOR 电路（具有相同的真值表）：一个 OR 门，两个 AND 门和一个 NOT 门。 ✓

9. ■仅使用 AND、OR 和 NOT 门，设计一个 XNOR 电路，具有以下真值表。

A	B	输出
1	1	1
1	0	0
0	1	0
0	0	1

总共使用不超过 4 个门。✓

10．■使用 AND、OR 和 NOT 门，设计一个具有 3 个输入的电路，当且仅当至少两个输入为 1 时，它的输出为 1。

11．◆“全加器”电路有 3 个输入（*A* 位、*B* 位和进位）和两个输出（结果位和新进位）。使用 AND、OR 和 NOT 门设计“全加器”电路。

可以将几个加法器串在一起，对二进制数执行加法。

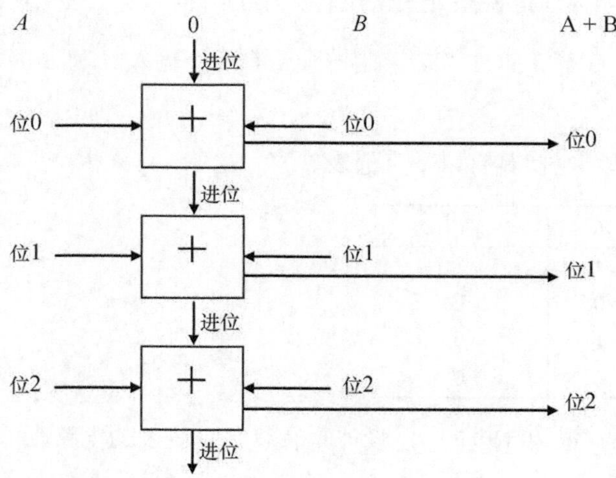

12．◆构造一个“比较器”电路，其中有 4 个输入，代表两个 2 位无符号二进制数 A_1A_0 和 B_1B_0。当第一个数字大于第二个数字时，输出应为 1；否则它应该是 0。

8.3 按位逻辑运算符

众所周知，计算机中的存储器和 CPU 寄存器可以保存二进制数，0 和 1 的组合存储在各个位中。典型的 CPU 提供对操作数中的各个位执行逻辑运算 AND、OR 和 NOT 的指令。（操作数可以是 1 字节，2 字节，4 字节或 8 字节。）典型的 CPU 也有 XOR 指令，它计算两个操作数的异或。图 8-8 给出了按位 AND、OR、XOR 和 NOT 操作的示例。

```
         01010110          01010110          01010110
     AND 11110000       OR 11110000      XOR 11110000      NOT 01010110
         ========          ========          ========          ========
         01010000          11110110          10100110          10101001
```

图 8-8 按位 AND、OR、XOR 和 NOT 操作的示例

高级语言通常提供按位逻辑运算符，这些运算符差不多直接转换为相应的 CPU 指令。Python 有以下按位逻辑运算符。

<table>
<tr><th>操作符</th><th>含义</th></tr>
<tr><td>&</td><td>AND</td></tr>
<tr><td>|</td><td>OR</td></tr>
<tr><td>^</td><td>XOR</td></tr>
<tr><td>~</td><td>NOT</td></tr>
</table>

> 这些运算符适用于 **int** 和 **Boolean** 类型的操作数。

（回想一下，在 Python 中，&、|和^也给出了两个集合的交集、并集和对称差集。）

> 在注释和数学的教材讲解中，*x*^*n* 通常用于表示 *x* 的 *n* 次幂；但在计算机代码中，^表示异或。

回想一下，在 Python 中，你可以使用 int 函数将 0 和 1 组成的字符串转换为 int：

```
>>> int('11001110', 2)
206
```

反向操作由内置函数 bin 完成，bin(n)给出 n 的二进制数字符串，前缀为'0b'。例如：

```
>>> bin(206)
'0b11001110'
```

使用 bin(n)[2:]去掉'0b'前缀。例如：

```
>>> bin(206)[2:]
'11001110'
```

或者使用字符串的 format 方法，将二进制数字符串格式化为给定长度的字符串，并在左侧填充零。例如：

```
>>> '{0:012b}'.format(206)
'000011001110'
```

或者使用字符串的 rjust 方法。例如：

```
>>> bin(206)[2:].rjust(12, '0')
'000011001110'
```

❖ ❖ ❖

Python 的按位否定运算符~不是很有用，因为它给出正整数的负结果。请使用^和具有所需长度的“全 1”掩码作为替代。例如：

```
>>> bin(0b00001101 ^ 0b11111111)
'0b11110010'
```

> Python 没有为你提供一种简单的方法，来输出负数的二进制表示中的所有位。

❖ ❖ ❖

&运算符可用于测试一个数字中某个位是否设置，|运算符可用于设置一个位。十六进制常量有：

0x0001，0x0002，0x0004，0x0008，0x0010，0x0020，0x0040，0x0080。

分别对应于位 0、1、2、3、4、5、6 和 7。

例 1

测试在 error_code 的二进制表示中是否设置了第 2 位：

```
bit = 0x0004
if (bit & error_code) != 0:
    ... # do something
```

❖ ❖ ❖

例 2

当我们说“设置一个位”时，我们的意思是“将该位设置为 1”。在 error_code 中设置第 4 位：

```
bit = 0x0010
error_code |= bit # the same as error_code = error_code | bit
```

❖ ❖ ❖

&运算符也可用于从数字中“删除”某些位，即仅保留这些位的值，并将其余位设置为 0。

例 3

从 c 中删除 4 个最低有效位。例如，如果 c 的值为 0x482d，则 byte0 的值应该为 0x000d。

解

```
mask = 0x000f
byte0 = c & mask
```

例 4

测试 code 中的 0～3 位是否为 1011。

解

```
if (code & 0x0f) == 0x0b:
    … # do something
```

例 5

测试 pixels 中的 0～7 位是否都已设置。

解

```
mask = 0xff
if (mask & pixels) == mask:
    ...
```

❖　❖　❖

除了按位逻辑指令之外，CPU 还具有将操作数中的所有位移动指定位数的指令。Python 也有移位运算符，>>和<<。例如：

```
>>> x = int('11001110', 2)
>>> bin(x)
'0b11001110'
>>> bin(x >> 1)
'0b1100111'
>>> bin(x << 1)
'0b110011100'
```

> 将所有位向左移 1 位，相当于将数乘以 2。将所有位向右移 1 位，相当于将数除以 2（将结果截断为整数）。

换句话说，`a << 1`与`a *= 2`相同，`a >> 1`与`a //= 2`相同。

例 6

编写一个函数，返回给定正整数中设置为 1 的位的数量。

解

```
def count_bits(n):
    count = 0
    while n != 0:
        if n & 0b01 != 0:
            count += 1
        n >>= 1
    return count
```

或者，更短一些：

```
def count_bits(n):
    count = 0
    while n != 0:
        count += n & 1
        n >>= 1
    return count
```

❖ ❖ ❖

第 8.3 节练习

1. 如果 a 的二进制数为 01100111，b 的二进制数为 11010110，写出`a & b`、`a | b`、`a ^ b`、`a << 1`和`b >> 2`的结果。✓

2. 求值。

```
0xf8 & 0x8f
0xf8 | 0x8f
0xf8 ^ 0x8f
```

3. 当打印机缺纸时，8 位状态寄存器中的第 5 位（“PE”——纸张末端）和第 3 位

（“ERROR”）都设置为 1。编写一个代码片段，用于测试值 status_reg 是否表示打印机缺纸。 ✓

4. 在不使用%、//、/等运算符或字符串的情况下，填写以下函数中的空白。 ✓

```
def divisible_by8(n):
    """Return True if n is divisible by 8;
       otherwise return false.
    """

    return ______________________________
```

5. 编写一个语句，将 pattern 的 0～23 位替换为相反值，即将所有 0 替换为 1，所有 1 替换为 0。pattern 中的其他位应保持不变。 ✓

6. 如果 a 等于 0x00c5，那么 a | (a >> 1)的十六进制数是什么？

7. 编写一个 Python 语句，测试是否在 byte 中设置了第 1、3 或 5 位中的任何一位。✓

8. 在下面的函数中填空，该函数对于任意 int 值 n（$0 \leqslant n < 2^{32}$），返回 8 个十六进制数的字符串（如果需要，在左边填充零）。

```
def my_hex(n):
    """Return the string of eight hex digits of n."""
    hex_digits = '0123456789abcdef'
    s = ''
    for k in range(________):

        s = hex_digits[n & ____________] + s

        n >>= _________

    return s
```

9. ▪编写并测试一个函数，它接收一个 int 值 n，其中 $0 \leqslant n < 2^{32}$，返回一个新的 int 值，其中 0～29 位顺序相反，其他位应保持不变。仅使用一个循环，不使用 if，只使用按位逻辑运算符和移位。 ✓

10. 井字棋格局用 27 位（0～26 位）表示，每个方格用 3 位。000 表示空方格，001 表示 X，010 表示 O。位的三元组按从左到右的顺序排列：首先是顶行，然后是中间行，然后是底行。左上角的方格是 24～26 位；右下角位于 0～2 位。例如，

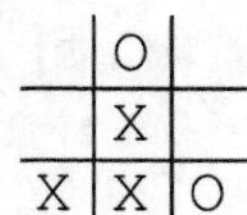

表示为：

0000100000000001000001001010

编写一段代码，检查中心方格是否有 X。

11．◆编写一个函数，测试练习题 10 中描述的井字棋格局是否有 X 的“胜利”（连续 3 个 X，包括对角线）。

12．■弄清楚&和|运算符是否可以应用于布尔表达式。如果是，是否使用短路求值。✓

13．◆正整数的 0～23 位表示黑白图像中的一行像素（图像元素），其余位为 0。1 代表黑色，0 代表白色。我们希望填充一行中的所有单像素孔，使得左右相邻的像素为黑色的像素变成黑色。例如，

```
011110111000011011010000
```

应该变成：

```
011111111000011111110000
```

在执行此操作的以下函数中填空，并返回与新的像素行对应的 int（根据需要更新 0～23 位，将其他位设置为 0）。

```
def fill_holes(pix):

    return ______________________________
```

14．◆计数长度为 n 的“位串”（0 和 1 的字符串），它们没有连续的两个 1。首先对 n=1、n=2、n=3、n=4、n=5 手工计数；然后在下面的函数中填空，针对任意 1≤n≤24 计数这样的位串，并针对 n 从 1 到 24，显示该函数的返回值。

```
def count_bitstrings(n):
    """Return the number of strings of 0s and 1s of length n
       that do not contain two 1s in a row.
    """
    return sum(1 for ______________________________

                            if ________________________)
```

比较函数输出与你对 x 的手工计数的结果。

8.4　复习

本章介绍的术语。

数字电路

AND、OR 和 NOT 门

XOR（异或）

按位逻辑运算符

移位运算符

本章介绍的一些 Python 特性。

&、|和 ^ 运算符

>> 和 << 运算符

第 9 章 海龟绘图

9.1 引言

爱丽丝心想："如果他不开始，我看不出他怎么能完成。"但她耐心地等待着。

"曾经，"假海龟终于叹了口气说，"我是一只真正的海龟。"

——刘易斯·卡罗尔，《爱丽丝梦游仙境》

半个多世纪以前，使用计算机和机器人教育幼儿的想法出现了。20 世纪 60 年代末，3 位研究人员，研究公司 Bolt, Beranek and Newman（BBN）的 Wally Feurzeig 和 Cynthia Solomon，以及麻省理工学院（MIT）人工智能（AI）实验室的研究员 Seymour Papert，为儿童设计了第一种编程语言。他们称该语言为 Logo，源于希腊语"logos"，意思是"单词"或"思想"。在过去，计算机庞大而昂贵，仅用于"严肃"的应用（军事、数据处理和研究）。对很多人来说，让孩子们占用宝贵的计算机时间，这种想法听起来很疯狂。然而 Logo 茁壮成长，并在几年内在教师中流行，引入了许多学校。

起初，Logo 旨在向年幼的孩子介绍 AI 的想法和方法。但 Logo 的一个特性是"虚拟的"（非物理存在的）机器人，它可以遵循简单的命令，并在计算机屏幕上绘制图片。Papert 的小组称该机器人为"海龟"，以纪念 Grey Walter 在 20 世纪 40 年代后期创造的早期"海龟"机器人（见图 9-1）。（据说"海龟"这个名字的灵感，来自刘易斯·卡罗尔的《爱丽丝梦游仙境》中的假海龟角色。）

1969 年，麻省理工学院建立了一个执行 Logo 指令的海龟机器人。1972 年，BBN 的工程师 Paul Wexelblat 设计并制造了第一只无线地板海龟（见图 9-2）。

Logo 的"海龟绘图"特性很快使 Logo 的其他特性黯然失色，它变成主要以海龟绘图语言而闻名。Logo 今天仍然充满活力：许多 Logo 版本和应用程序以免费下载形式存在，而海龟绘图创意则在其他图形包和编程语言中实现，如 Scratch。当然，也包括 Python 的海龟绘图模块（函数库）。

图 9-1　Grey Walter 的“海龟”机器人之一的复制品（由 roamerrobot 提供）

图 9-2　Paul Wexelblat 的无线海龟，1972 年（由 cyberneticzoo 提供）

9.2　turtle 模块基础知识

如果你想使用 turtle，需要将 Python 的 turtle 模块导入你的程序：

```
from turtle import *  # import everything from the turtle module
```

可以直接从 Python Shell 中试验 `turtle` 命令（函数）。试试：

```
>>> from turtle import *
>>> shape("turtle")
>>> forward(100)
```

这时会弹出一个窗口（见图 9-3），其中包含海龟绘制的线。

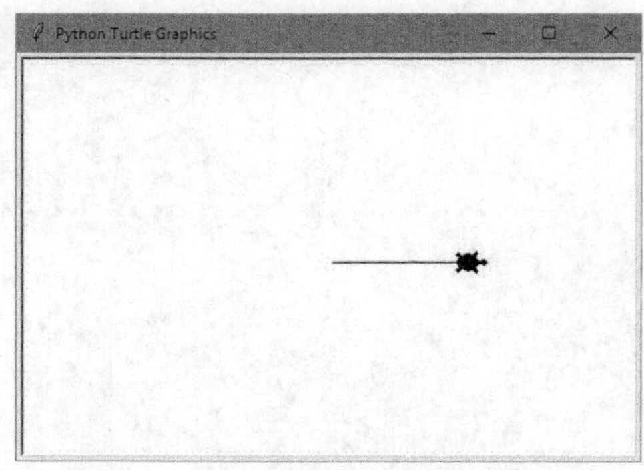

图 9-3 Python Turtle Graphics 窗口

表 9-1 展示了基本 turtle 命令(函数)。Python 官方文档介绍了所有的 turtle 和 screen 函数。

turtle 函数方便易用，同一个函数可能支持多个名称：完全拼写的名称和缩写名称。例如 fd 表示 forward。

> 我们将在程序中使用 **turtle** 函数的全名，以提高可读性，并且建议你也这样做(没必要节省几次按键)。

表 9-1 基本 turtle 函数

函数	动作
shape(name)	选择海龟的形状：'arrow'、'turtle'、'circle'、'square'、'triangle'或'classic'（默认）。你可以定义自己的形状
speed(v)	设置海龟的移动和绘制速度：'fastest'或 0，'fast'或 10，'normal'或 6，'slow'或 3（默认），'slowest'或 11
color(colorname)	设置笔和填充的颜色。colorname 可以是一个字符串，例如 color('red')。（其他格式也可以，见 9.3 节）
penup() pu() up()	从“纸”上提起“笔”（准备移动而不绘制）
pendown() pd() down()	在“纸”上落下“笔”（准备好绘制）
forward(d) fd(d)	向前移动 d 个单位（同时绘图或不绘）
backward(d) bk(d) back(d)	向后移动 d 个单位
right(deg) rt(deg)	顺时针旋转（↻）deg 度
left(deg) lt(deg)	逆时针旋转（↺）deg 度
showturtle() **or** st() hideturtle() **or** ht()	让海龟可见 让海龟不可见

turtle 函数中的默认距离单位为像素（图像元素）。

如果你的计算机上列出的屏幕分辨率是 1920 像素 × 1200 像素，则表示全屏是水平 1920 像素，垂直 1200 像素。window_width()和 window_height()函数返回 turtle 绘图窗口的尺寸。例如：

```
>>> from turtle import *
>>> window_width(), window_height()
(960, 900)
```

setup(width, height)定义你自己定制的尺寸。

当首次创建海龟时，它被放置在窗口的中心，朝东（右），笔落下，准备绘图。

如果你在弄清楚海龟绘图代码时遇到困难，请想象你是海龟，并尝试按照命令来操作。只要不在地毯上画画！

语句 from turtle import *不仅将所有 turtle 函数导入你的程序，还创建了一个匿名 turtle 对象，它的函数可以在没有任何“名称—点”前缀的情况下调用。例如：

```
from turtle import *
shape('turtle')
speed('fastest')
forward(100)
```

你可以创建任意数量的其他海龟，并为它们命名。要调用为海龟命名的函数，你需要使用“名称—点”前缀。例如：

```
from turtle import *

setup(width=200, height=200)
alice = Turtle(shape='turtle')
alice.color('blue')
alice.forward(80)
bob = Turtle(shape='turtle')
bob.color('red')
bob.penup()
bob.right(90)
bob.forward(40)
bob.left(90)
bob.pendown()
```

```
bob.forward(80)
```

结果如图 9-4 所示。

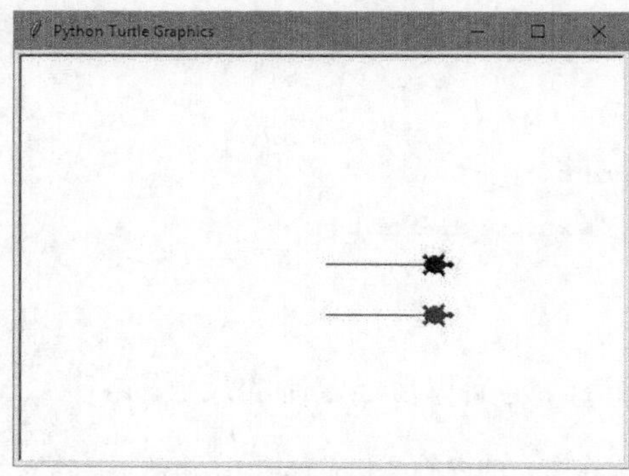

图 9-4 创建海龟

例 1

绘制一个边长为 80 的等边三角形，它有一条水平的底边，在图形窗口中间居中。

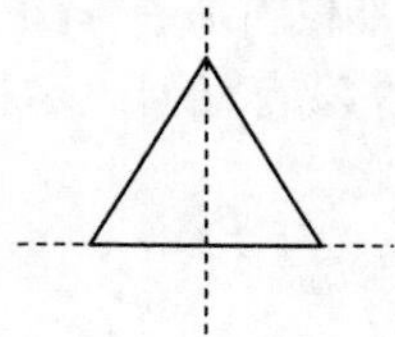

解

如果逆时针绘制三角形，那么在绘制每一边后，海龟需要逆时针旋转 120°。

```
from turtle import *

penup()
backward(40)
pendown()
for k in range(3):
    forward(80)
    left(120)
```

例 2

绘制一个蓝色的正六边形（它的边长都相同，角度都相同），以图形窗口的中心为中心，边长为 100。完成后将海龟放回窗口中央。

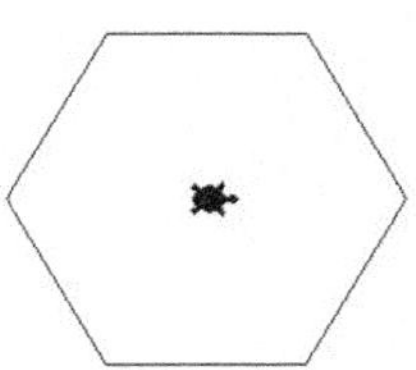

解

```
from turtle import *

shape('turtle')
color('blue')
penup()
backward(100)
right(60)
pendown()
for k in range(6):
    forward(100)
    left(60)
penup()
left(60)
forward(100)
```

例 3

编写并测试一个函数，该函数利用指定的海龟，从该海龟的当前位置和所面对的方向开始，绘制具有给定尺寸的矩形。

解

```
def draw_rectangle(t, w, h):
    """Draw a rectangle of width w and height h using the turtle t,
       going counterclockwise from its current position and direction
       and in its current color. Leave the turtle with its pen up.
    """
    t.pendown()
    for k in range(2):
        t.forward(w)
        t.left(90)
```

```
        t.forward(h)
        t.left(90)
    t.penup()
```

然后：

```
escher = Turtle()
escher.color('purple')
escher.left(45)
draw_rectangle(escher, 89, 55)
```

绘制结果如下。

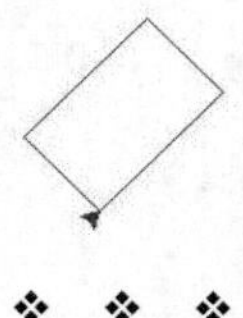

❖ ❖ ❖

海龟还可以画出填充的形状。表 9-2 展示了相关函数。

表 9-2 填充形状的函数

函数	动作
begin_fill()	将当前位置设置为填充形状的起始位置
end_fill()	结束并填充形状
color(c1, c2)	将笔的颜色设置为 c1，将填充颜色设置为 c2

begin_fill()调用告诉海龟，将当前位置设置为填充形状的起始位置。end_fill()调用填充由 begin_fill()调用绘制的所有线内的区域。t.color(c)将 t 的笔颜色和填充颜色设置为 c。但是你可以用两个参数调用 color，来指定不同的笔和填充的颜色，例如：

```
>>> color('red', 'yellow')
```

以上代码将笔的颜色设置为红色，将填充颜色设置为黄色。调用 pencolor(c)和 fillcolor(c)可分别设置笔的颜色和填充颜色。

例 4

编写并测试函数 draw_chessboard(t, size, colors)，它用海龟 t 绘制棋盘。

size 是每个方块的大小；colors 是两种颜色的元组，用于暗色和亮色方块。利用上一个例子中的 draw_rectangle 函数。

解

```
def draw_chessboard(t, size, colors):
    """Draw a chessboard using the turtle t with squares
       of a given size in given colors.
    """
    for row in range(8):
        for col in range(8):
            t.color(colors[(row + col)%2])
            t.begin_fill()
            draw_rectangle(t, size, size)
            t.end_fill()
            t.forward(size+1)
        t.back(8*size+8)
        t.right(90)
        t.forward(size+1)
        t.left(90)
    # Draw the border:
    t.back(1)
    t.left(90)
    t.forward(size)
    t.right(90)
    t.color('black')
    draw_rectangle(t, 8*size+8, 8*size+8)

deepblue = Turtle()  # IBM's Deep Blue chess supercomputer beat Garry
                     # Kasparov, then the chess world champion, in 1997
deepblue.speed('fastest')
deepblue.hideturtle()  # to speed up the drawing
```

```
deepblue.penup()
deepblue.back(200)
draw_chessboard(deepblue, 40, ('yellow', 'blue'))
```

或者使用默认的匿名海龟：

```
speed('fastest')
hideturtle()
penup()
back(200)
draw_chessboard(getturtle(), 40, ('yellow', 'blue'))
```

getturtle ()返回匿名海龟。

第 9.2 节练习

1．画出井字棋网格。

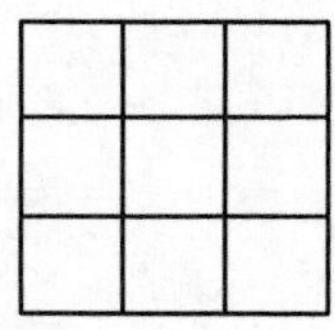

2．编写一个函数 draw_polygon(n, a)，它使用默认海龟，用当前颜色绘制长度为 a 的正 n 边形。 ⪻ 提示：如果有 n 条边，需要旋转 n 次，并在最后旋转完整个 360° 角，所以每次旋转 $\frac{360}{n}$ 度。 ⪼

3．(a) 将例 2 中的代码转换为函数 draw_hexagon(side)，用当前颜色绘制给定边长的六边形，以当前位置为中心。 ✓

(b) 使用 (a) 的函数绘制 3 个不同颜色的同心六边形。例如。

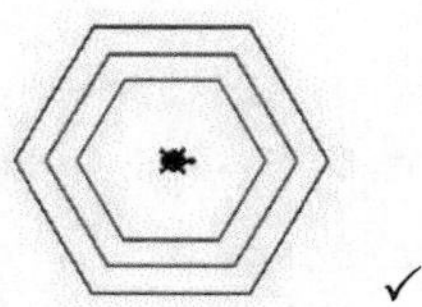

✓

(c) 在 (b) 的解中添加几行代码，使最里面的六边形被填充，如下所示。

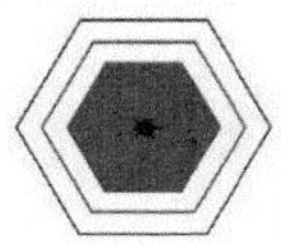

4．使用例 3 中的 `draw_rectangle` 函数或练习题 2 中的 `draw_polygon` 函数，绘制一条由 10 块石板组成的路径，该路径略微向上弯曲。在红色、蓝色、深绿色、黑色和橙色中随机选择石板的颜色，例如下面这一条路径。

提示：回想一下，`random` 模块中的函数 `choice` 返回列表中随机选择的元素。

5．■将例 1 中的代码转换为 `draw_triangle` 函数，并绘制三角形金字塔，如下所示。

6．◆使用练习题 2 中的 `draw_polygon` 函数，绘制一个充满"蜂蜜"（橙色）的蜂窝。

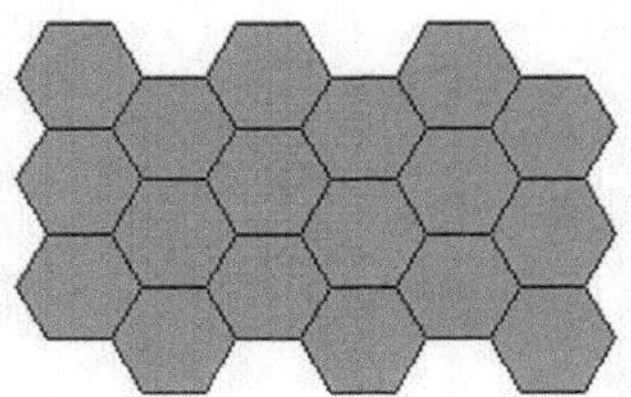

7．◆编写并测试一个函数，绘制具有指定数量花瓣的花。

提示：默认花瓣的数量是奇数。如果指定花瓣的数量是偶数，则加 1。

9.3 坐标和文本

海龟的坐标系与数学中的笛卡儿坐标系相似，x 轴是水平的，指向右；y 轴是垂直的，指向上(与 y 轴指向下的许多其他计算机图形包不同)；原点位于图形窗口的中心(见图 9-5)；默认单位是像素；角度以数学方式度量，从 x 轴的正方向开始，沿逆时针方向，角度的默认单位是度。

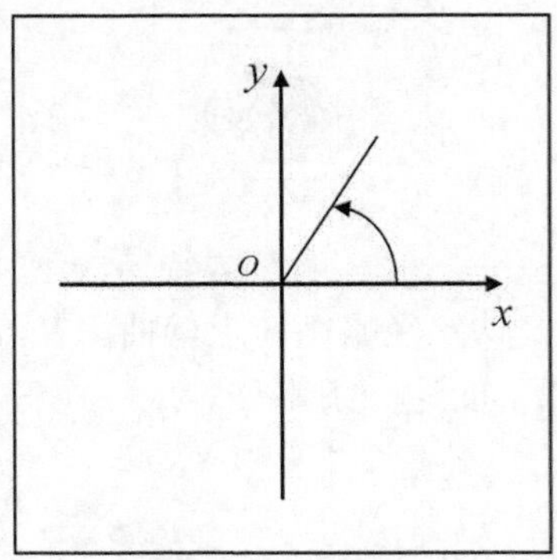

图 9-5　Python 海龟绘图默认坐标

turtle 有一些函数，可以改变图形窗口大小、坐标系原点和单位，但我们仍保持默认值。

到目前为止，我们已经使用了一些海龟函数：forward、backward、left 和 right。这些函数相对于海龟的当前位置和方向来移动和转动海龟（这些命令对于机器人来说很容易处理，对人类来说也比较简单）。turtle 还有几个处理绝对坐标和角度的函数，这些函数总结在表 9-3 中。

turtle 还有一个函数 circle，它绘制一个给定半径的圆，基于当前位置，沿逆时针方向绘制。如果指定 extent 参数，circle 也可以绘制圆弧。例如：

```
t = Turtle()
t.left(180)
t.circle(80, extent=180)
```

绘制一个半圆，如下。

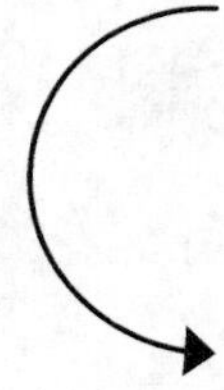

如果指定了 steps 参数，circle 可绘制多边形。例如：

```
>>> from turtle import *
>>> circle(80, steps=5)
>>> hideturtle()
```

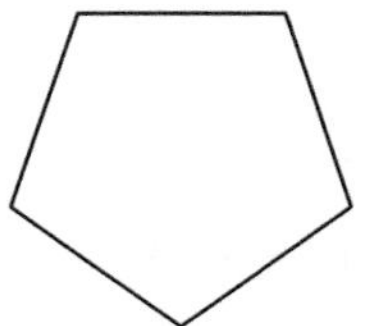

表 9-3 使用绝对坐标和角度的 turtle 函数

函数	动作
position() pos()	返回海龟当前的坐标（作为元组）
xcor() ycor()	分别返回海龟的当前 x 坐标或 y 坐标
distance(x, y)	返回从海龟到该点的距离(x, y)
heading()	返回海龟的当前方向
towards(x, y)	返回 x 轴与海龟到点(x, y)的向量（线）之间的角度
setposition(x, y) setpos(x, y) goto(x, y)	将海龟移动到点(x, y)；海龟的方向保持不变
setx(x) sety(y)	设置海龟的相应坐标，而不更改其他坐标或方向
setheading(to_angle) seth(to_angle)	改变海龟的方向至 to_angle
home()	让海龟返回原点

dot(diameter, c)函数将绘制给定直径的实心圆，并填充颜色 c，以当前海龟的位置为中心。dot(diameter)用当前颜色绘制一个实心圆。

例

绘制一个笑脸。

解

```
pensize(2)  # for thicker lines
circle(120)
penup()
setposition(-50, 140)
dot(30)
```

```
setposition(50, 140)
dot(30)
setposition(-40, 60)
setheading(-53.13) # the angle in the 3-4-5 triangle is arctan(4/3)
pendown()
pensize(4)
circle(50, extent=2*53.13)
penup()
hideturtle()
```

❖ ❖ ❖

turtle 的 write(msg, font=fnt)函数以指定的字体显示字符串 msg。例如：

```
t = Turtle()
t.write('Once I was a real turtle.', font=('arial', 20))
```

显示

Once I was a real turtle.

文本以海龟的当前颜色显示。海龟的当前方向不会影响文本，且保持不变。

font 参数是一个元组，包含字体名称和大小，其后可以按任何组合和顺序跟着'bold'、'italic'或'underline'。例如：

```
t = Turtle('turtle')
t.color('blue')
t.write('Once I was a real turtle.', font=('Arial', 20, 'bold', 'italic'
))
```

Once I was a real turtle.

可用的字体名称是安装在操作系统中的字体名称。但在一个可移植的程序中，建议仅使用大多数系统中可用的常用字体，例如'Arial'、'Times'和'Courier'，或者只写 None 作为字体名称，表示使用默认字体。

默认情况下，文本基线的左端与当前的海龟位置一致。可选参数 align='center'或 align='right'，将基线的中心或右端置于当前位置。可选参数 move=True 会将海龟移动到基线的末尾（如果笔落下则绘制）。例如：

```
t.write('Once I was a real turtle.',
        font=('times', 20, 'italic'), align='center', move=True)
```

Once I was a real turtle.

> 如果文本字符串包含'\n'字符，那么 **write** 将正确显示多行。

第 9.3 节练习

1．画一个“汉堡包”按钮。

2．理论上，尼姆游戏是用成堆的石头进行的，但它通常用 1 排棍子来代替。请绘制 3 排棍子的格局。

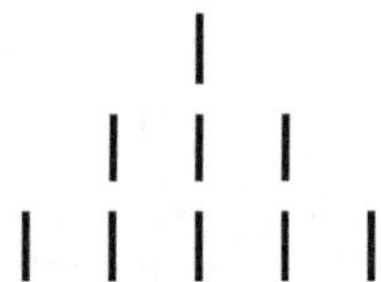

3．“尼姆游戏”的另一个“同构（数学上等价）”表示，是在矩形板上从左向右移动的标记。请用 3 个标记绘制尼姆格局。

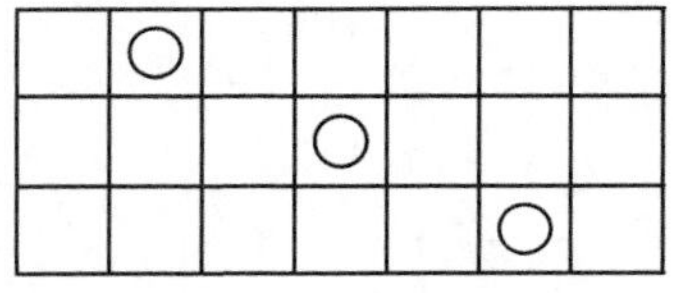

（它等价于前一道题中的 3 排棍子。）✓

4．▪画一个雪人。

5．在汉诺塔谜题中，你需要将一个盘片塔从一个桩子转移到另一个桩子，利用第三个桩子作为“辅助”。你一次只能移动一个盘片，并且只能将它放在较大的盘片上面或放在最底部。请绘制带有 5 个盘片的谜题的二维草图。

6． ■画一个停止标志。

不要担心准确的匹配字体——这个练习用 Arial 就行。✓

7． ■显示绘制六边形的代码，在它绘制的六边形右侧显示（参见上一节中的例 2)。代码使用 Courier 字体。

8． ■绘制一个相当平滑的抛物线 $y=x^2$，右边有一个标签。

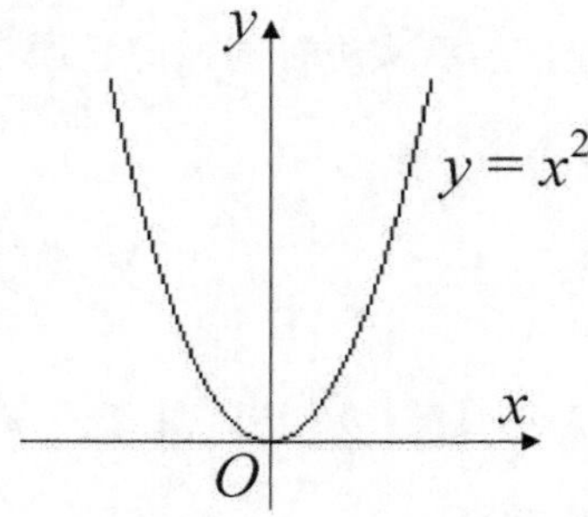

⋞ 提示：针对$-3 \leqslant x \leqslant 3$ 生成抛物线的片段，将图形缩放 30 或 40 倍。⋟✓

9． ◆绘制一个图形，展示“黄金比例”（实际上取自本书的第 10 章)。将方程式添加到矩形的右侧。

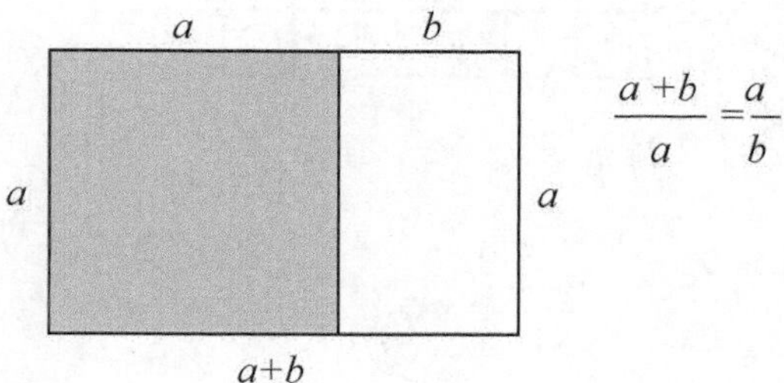

9.4 颜色

在海龟绘图中，虚拟海龟使用虚拟笔在虚拟纸上绘图。当然，没有笔存在。你在计算机屏幕上看到的内容，最终取决于“图形适配器”或图形处理器芯片上的视频随机存储器（VRAM）的内容。VRAM 表示像素矩阵。每个像素都有一种特定的颜色，可以表示为红色、绿色和蓝色成分的混合，每种成分都有自己的强度。典型的图形适配器用 8 位来表示红色、绿色和蓝色（RGB）值中的任意一个（范围从 0 到 255）。通过设置 VRAM 中每个像素的颜色，来生成屏幕上的图像。视频硬件连续扫描整个视频内存，并刷新屏幕上的图像。

图形处理器就是我们所说的“光栅”设备：每个像素可以与其他像素分开设置。这与矢量设备不同，例如绘图仪，它使用特定颜色的笔，在纸上直接从 *A* 点到 *B* 点绘制线条。要在光栅设备上绘制红线或圆圈，你需要将像素组设置为红色。这就是图形包的帮助作用，你当然不想自己编写这些函数来设置像素。

图形包必须提供设置颜色的函数。Python 的 `turtle` 继承了 Tkinter 包（Tk 接口）的屏幕和颜色处理，这是 Python 用于 GUI（图形用户界面）开发的标准工具包。Tkinter 使用分配给数百种选定颜色的名称。（这些名称是 Web 应用程序开发环境中的标准名称。）你可以在许多网站上找到一些命名的颜色，这些颜色带有十六进制或十进制形式的 RGB 分量。有关命名颜色的完整列表，请查阅相关网络资料。

表 9-4 总结了 `turtle` 的颜色处理函数。

表 9-4 turtle 的颜色处理函数

函数	动作

`color(c)`
`color(c1, c2)`
`color()`
	设置笔和填充的颜色为 c；
	将笔的颜色设置为 c1，填充颜色为 c2；
	返回海龟当前笔的颜色和填充颜色（每个以 RGB 元组或名称返回）

`pencolor(c)` `pencolor()`	设置笔的颜色； 返回海龟当前笔的颜色
`fillcolor(c)` `fillcolor()`	设置填充颜色； 返回海龟当前填充颜色
`pensize(w)`	将笔画宽度设为 w；默认值为 1
`Screen().colormode(256)`	将 RGB 元组数值范围设置为 0～255

`color` 函数有两种形式：`color(c)` 将颜色 c 设置为笔的颜色和填充颜色；`color(c1, c2)` 将 c1 设置为笔的颜色，将 c2 设置为填充颜色。

参数 c 可以是保存颜色名称的字符串。它也可以是 3 个值的元组、RGB 分量，或者“#”后跟 6 个十六进制数的字符串，每个 RGB 分量占两个字符（RGB 值通常以十六进制数表示，因为每个分量使用两个十六进制数很方便）。例如：

```
>>> color('#25D3A0')
```

将红色分量设置为 0x25（十进制数 37），将绿色分量设置为 0xD3（十进制数 211），将蓝色分量设置为 0xA0（十进制数 160）。

'#000000'表示黑色，'#FFFFFF'表示白色。

turtle 模块使用两种模式在 3 个元素的元组中表示 RGB 值。在第一种模式中，这些值是实数，缩放至 0 到 1 的范围。这是默认模式。

要将这些值的范围设为通常范围的整数，即从 0 到 255，请使用：

```
Screen().colormode(255)
```

Screen()返回与绘图窗口关联的 screen 对象。它具有控制窗口大小、坐标单位和其他设置的功能。有关 screen 的函数列表，请参阅 turtle 的文档。

❖ ❖ ❖

还有另外两个设置颜色的函数，pencolor(c)和 fillcolor(c)，它们分别设置笔的颜色和填充颜色。这些函数中，参数 c 支持的格式与 color 相同。

color()如果不带参数调用，则返回当前笔和填充的颜色，或者是它的符号名称（如果它们被这样设置），或者是 RGB 值的元组（根据当前的 colormode）。

例 1

'dark salmon'的 RGB 值是多少？

解

根据网站资料可知，此颜色的 RGB 分量为 233、150、122。

例 2

'#ff69b4'的颜色是否有符号名称？

解

用谷歌搜索“#ff69b4”找到答案。

❖ ❖ ❖

Python 的 **turtle** 模块和 **screen** 对象还有更多函数，用于设置窗口尺寸、定义笔宽度、创建新的海龟形状、获取用户输入、创建动画、捕获鼠标单击和键盘事件等。

有关示例，请参阅 Python 官方文档。

第 9.4 节练习

1. 如果 3 个 RGB 颜色分量中的每一个都用 1 字节表示，那么有多少种不同的 RGB 颜色？ ✓

2. 如果屏幕分辨率为 1920 像素 × 1200 像素，每个像素使用 3 字节表示颜色，那么视频内存所需的大小是多少？

3. 1920 像素 × 1200 像素屏幕宽高比是否接近黄金比例？ ✓

4. 颜色`'maroon'`的 RGB 值是多少？

5. 绘制 27 种颜色的样本，它们的每个 RGB 分量由值 0、127 和 255 组合而成。

✓

6. 在浅灰色背景上绘制 7 种颜色的彩虹。

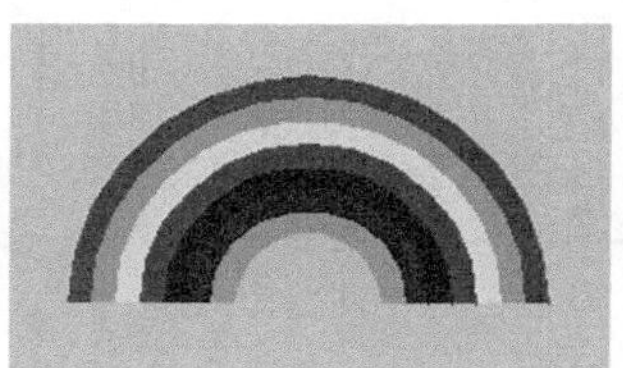

彩虹的颜色为红色（red）、橙色（orange）、黄色（yellow）、绿色（green）、蓝色（blue）、靛色（indigo）和紫色（violet）。

提示：

① `Screen().bgcolor(c)`设置图形窗口的背景颜色。

② 将环绘制为重叠填充的半圆，以最大的半圆开始，以背景颜色的最小半圆结束。

7. 显示从淡粉红色到鲜红色的平滑渐变。

现在，在中间添加一个单色的中等大小红色矩形，出现视觉错觉。

9.5 复习

本章介绍的术语。

Logo

海龟绘图

模块

虚拟

像素

光栅设备

图形适配器

本章介绍的一些 Python 特性。

```
from turtle import * # import everything
```

```
t = Turtle() 或 t = Turtle('turtle')
```

`turtle` 函数：

  speed、forward、backward、left、right、penup、pendown、
  begin_fill、end_fill；
  showturtle、hideturtle；
  setheading、goto、setx、sety、home。

`turtle` 颜色函数：

  color、pencolor、fillcolor、pensize。

```
Screen().colormode(255)
```

第 10 章　序列与和

10.1　引言

在数学上，“序列”是无限的值列表。序列的元素通常称为“项”。我们只处理数字序列，即那些项是实数的序列。序列的项用整数编号，从 1 开始，有时从 0 开始。

$$a_1, a_2, \cdots, a_n, \cdots$$

或

$$b_0, b_1, \cdots, b_n, \cdots$$

最简单的序列是正整数序列：1, 2, 3, 4, …。另一个简单序列是正奇数整数序列：1, 3, 5, 7, …。

有时候，如果只有前几个项，序列的定义并不明显。例如 1, 2, 5, 12, 27, …。事实表明，我们使用公式 $a_n = 2^n - n$ 来计算第 n 个项。因此，在序列描述中包括第 n 项的公式通常是有帮助的。例如 $1, 2, 5, \cdots, 2^n - n, \cdots$。或者我们可以简单地表达为序列 $\{a_n = 2^n - n\}$。第 n 项公式，例如 $a_n = 2^n - n$，被称为序列的“通项”。

你可以将一个实数序列看成一个函数，它的定义域是全体正整数（或所有非负整数），它的输出是实数，$f(i) = a_i$，i = 1, 2, 3，…，n，…像其他函数一样，我们可以用单词或公式来描述序列。有时，使用计算机生成较长序列更容易。例如，1000 以下的所有“质数”的序列为 $2, 3, 5, 7, 11, \cdots, 997$。（如果一个整数大于 1，且只能被 1 和它自身整除，则称为“质数”。）在这个序列中，我们可以寻找不能被前面任何一项整除的最小数字，从而找到每个项。另一个例子，π的数字的序列：3, 1, 4, … 。

因特网上有一个整数序列数据库，它被称为“在线整数序列百科全书”（The On-Line Encyclopedia of Integer Sequences，OEIS）。该数据库包含超过 300,000 个“有趣的”序列（即出现在一个或另一个数学问题中的序列）。每年大约增加 10,000 个新序列。

❖ ❖ ❖

如果一个序列在 n 增加时越来越接近某个数，我们就说该序列“收敛”到该数（称为序列的“极限”）。例如，序列 $\left\{a_n = \frac{1}{2^n}\right\}$ 收敛到 0。序列 1, −1, 1, −1, 1, …在零附近“弹来弹去”，但不会收敛到任何极限。序列 1, 2, 4, 8, 16, …不收敛，因为当 n 增加时，它的项会变得无穷大。如果序列不收敛，我们就说它“发散”。

10.2 算术序列和几何序列

在数学问题中经常出现两种类型的序列：“算术序列”和“几何序列”。

在算术序列中，任意两个连续项之间的差是相同的。

换句话说，在算术序列中，$a_n = a_{n-1} + d$，其中 d 是某个常数。d 被称为“公差”。因此，算术序列具有这样的形式：$a, a+d, a+2d, \cdots, a+(n-1)d, \cdots$。算术序列的通项可以写成 $a_n = a+(n-1)d$。最简单的算术序列也是所有正整数的序列。

例 1

$1, 3, 5, \cdots, 2n-1, \cdots, d=2$

$5, 15, 25, \cdots, 5+10(n-1), \cdots;\ d=10$.

$3, 0, -3, -6, -9, \cdots;\ d=-3$.

❖ ❖ ❖

在几何序列中，下一项与前一项的比率是恒定的。

换句话说，在几何序列中，$a_n = a_{n-1} \cdot r$。因此它具有这样的形式：$a, ar, ar^2, \cdots, ar^{n-1}$。常数 r 称为“公比”。几何序列的通项可以写成 $a_n = ar^{n-1}$。

例 2

$1, 2, 4, 8, 16, \cdots$ 和 $\frac{1}{2}, \frac{1}{4}, \frac{1}{8}, \frac{1}{16}, \cdots$ 是几何序列的例子。

❖ ❖ ❖

算术序列和几何序列的概念与“算术平均值”和“几何平均值”的概念有关。两个数字 a 和 b 的算术平均值（平均值）定义为 $\frac{a+b}{2}$。两个正数 a 和 b 的几何平均值定义为 $\sqrt{ab}$。

图 10-1 给出了算术平均值和几何平均值的几何解释，并证明了几何平均值从未超过算术平均值：对于非负数 a 和 b，$\frac{a+b}{2} \geqslant \sqrt{ab}$，它们只有在 $a=b$ 的情况下才相等。

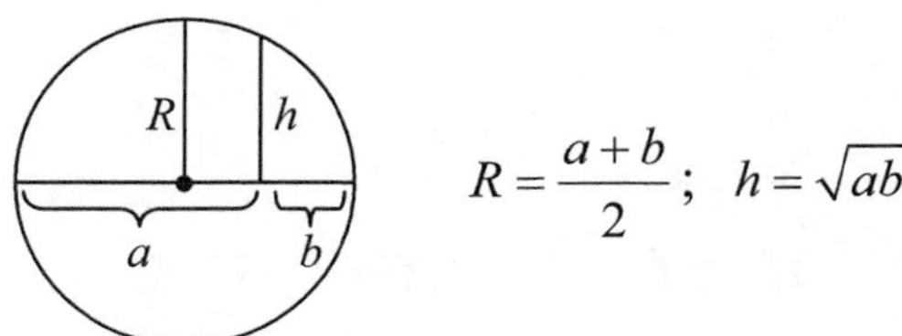

图 10-1　算术平均值和几何平均值的几何解释

第 10.2 节练习

1．用词语定义你自己的“有趣的”序列，指出它的第 n 项。

2．求以下序列的通项公式。

$$\frac{1}{2}, \frac{1}{6}, \frac{1}{12}, \frac{1}{20}, \frac{1}{30}, \frac{1}{42}, \cdots$$ ✓

3．证明如果 $a_0, a_1, a_2, \cdots$ 是算术序列，那么 $a_0, a_3, a_6, a_9, \cdots$ 也是算术序列。

4．假设算术序列的第 1 项是 3、第 7 项是 21。求第 12 项。✓

5．几何序列 $4, 12, 36, \cdots$ 的公比是什么？它的通项是什么？

6．假设几何序列的第一项为 1、第 11 项为 1024。求第 21 项。

7．证明在算术序列中，每一项（第一项除外）是其相邻项的算术平均值，即 $a_n=\frac{a_{n-1}+a_{n+1}}{2}$。✓

8．证明在具有正项的几何序列中，每一项（第一项除外）是其相邻项的几何平均值，即 $a_n=\sqrt{a_{n-1}a_{n+1}}$。

9．是否有某个序列既是算术序列，又是几何序列？✓

10．序列 $0, \frac{1}{2}, \frac{2}{3}, \frac{3}{4}, \frac{4}{5}, \cdots$ 的极限是什么？✓

11．■序列 $\left\{a_n=\frac{n-2}{n-5}\right\}$ 是否收敛？如果收敛，极限是什么？

12. ◆序列$\left\{a_n=\frac{n}{\sqrt{n^2-1}}\right\}$的极限是什么？

10.3 总和

在许多数学场景中，我们感兴趣的是序列的前 n 个项的总和。

一、算术序列的总和

我们已经在第 4 章中看过$1+2+\cdots+n=\frac{n(n+1)}{2}$。这个公式有一个简单的证明。

Q.E.D.定理：对于任意正整数 n，$1+2+\cdots+n=\frac{n(n+1)}{2}$。

证明：

设

$$s(n)=1+2+\cdots+(n-1)+n$$

以相反的顺序写这个和（我们知道加法的结果不依赖于操作数的顺序），

$$s(n)=n+(n-1)+\cdots+2+1$$

现在将两行加在一起（上面的项加上下面的项）。

$$\begin{array}{|c|c|c|c|c|c|c|c|c|c|c|}
s(n) & = & 1 & + & 2 & + & \cdots & + & (n-1) & + & n \\
s(n) & = & n & + & (n-1) & + & \cdots & + & 2 & + & 1
\end{array}$$

有，

$$2\cdot s(n)=\underbrace{n+1\quad+\quad n+1\quad+\quad\cdots\quad+\quad n+1\quad+\quad n+1}_{n\text{ 项}}$$

因此，$2\cdot s(n)=n(n+1)$，即$s(n)=\frac{n(n+1)}{2}$，证毕。（Q.E.D.来自拉丁语：Quod Erat Demonstrandum。）

理想情况下，数学证明应始于最基本的、大家同意的假定（即公设），或之前已经证实的事实（即定理）。但是，每一个证明都这样做太乏味了。因此，数学家经常跳过依赖于既定数学事实的早期步骤，以上证明就是一个例子。数学家知道，某个地方的某个人已经弄清楚了直到假设所需的步骤。

我们可以用类似的方式，求任意算术序列前 n 项的总和。

> 任意算术序列前 n 项的总和，是第一项和最后一项的平均值乘以项数。

一个更有趣的例子是序列 $\{a_n = n^3\}$ 前 n 项的总和，即 $1^3 + 2^3 + 3^3 + \cdots + n^3$。利用一点代数技巧就很容易证明，这个总和等于 $\left[\frac{n(n+1)}{2}\right]^2$。所以 $1^3 + 2^3 + 3^3 + \cdots + n^3 = (1+2+3+\cdots+n)^2$。事实证明，前 n 个立方数的总和，总是一个完全平方数！

❖ ❖ ❖

总和有一个特殊的“西格玛（Σ）”表示法，$a_1 + a_2 + \cdots + a_n$ 通常写成 $\sum_{i=1}^{n} a_i$。Σ 是希腊字母“Sigma”，使用大写字母书写。i 是一个变量，你可以使用 j、k 或任何其他字母。所以我们可以把前 10 个立方数的总和写成 $\sum_{k=1}^{10} k^3$。涉及前 n 个立方数之和的上述等式可以重写为 $\sum_{k=1}^{n} k^3 = \left(\sum_{k=1}^{n} k\right)^2$。

二、几何序列的总和

让我们从一个简单的几何序列开始，$1, 2, 4, \cdots, 2^{n-1}, \cdots$。我们希望求这个序列的前 n 个项的总和：

$$s_n = 1 + 2 + 4 + \cdots + 2^{n-1}$$

如果将两边乘以 2，我们得到：

$$2s_n = 2 + 4 + 8 + \cdots + 2^{n-1} + 2^n$$

这是两个非常相似的总和，几乎具有相同的项，除了第一个总和中的第一个项缺失并且 2^n 添加在右边。如果从第二个总和减去第一个总和，相同的项将被抵消，我们得到 $2s_n - s_n = s_n = 2^n - 1$。

练习题 6 要求你推导出一般几何序列之和的公式。

第 10.3 节练习

1．我们已经证明了 $1 + 2 + \cdots + n$ 的总和等于 $\frac{n(n+1)}{2}$，即第一个项和最后一个项的平均值 $\frac{1+n}{2}$，乘以项的数量 n。提供一个类似的证明，证明任何算术序列都是如此。

2．以不同的方式推导算术序列前 n 项之和的公式 $\sum_{i=1}^{n}\left[a_1+(i-1)d\right]$，方法是将它归约为已知总和 $1+2+\cdots+(n-1)$。简化后，你的结果应与练习题 1 中的结果相同。 ⋞ 提示：$\sum_{i=1}^{n}c=nc$；$\sum_{i=1}^{n}\left[(i-1)d\right]=d\sum_{i=1}^{n}(i-1)$。 ⋟

3．第 4.3 节中的练习题 3 证明了 n 个奇数之和等于 n^2。证明这与算术序列之和的通用公式一致。

4．■求“套叠式”序列 $\frac{1}{1\times 2}+\frac{1}{2\times 3}+\frac{1}{3\times 4}+\cdots+\frac{1}{n\times(n+1)}$ 前 n 项的总和。 ⋞ 提示：例如，$\frac{1}{7\times 8}=\frac{1}{7}-\frac{1}{8}$。 ⋟ ✓

5．以图形方式证明 $\frac{1}{2}+\frac{1}{4}+\cdots+\frac{1}{2^n}=1-\frac{1}{2^n}$。 ⋞ 提示：画一个正方形的“披萨”，边长为 1in。把它切成两半，再把其中一块切成两半，将其中新的一块切成两半，继续切下去…… ⋟

6．■推导 $s_n=a+ar+ar^2+\cdots+ar^{n-1}$ 的公式。应用于 $\frac{1}{2}+\frac{1}{4}+\cdots+\frac{1}{2^n}$ 来验证结果。 ⋞ 提示：回想一下，我们对 $1+2+4+\cdots+2^n$ 做了什么，并使用类似的方法。 ⋟ ✓

7．■求 $\sum_{d=1}^{6}d\cdot 10^d$。 ✓

8．■推导 $\sum_{k=1}^{n}\left(2^k-k\right)$ 的公式。

9．◆推导 $1^2+2^2+\cdots+n^2$ 的公式。

⋞ 提示：

$k(k+1)(k+2)-(k-1)k(k+1)=3k(k+1)=3k^2+3k$，所以 $\sum_{k=1}^{n}k^2=\frac{1}{3}\sum_{k=1}^{n}[k(k+1)(k+2)-(k-1)k(k+1)]-\sum_{k=1}^{n}k$。 ⋟ ✓

10.4 无限和

一个无限的总和 $a_1+a_2+a_3+\cdots+a_n+\cdots$ 有意义吗？这样的“总和”总是无限的吗？当遇到“无限”时，它总会引发无数的问题。

事实证明，有一种方法可以为表达式 $a_1+a_2+a_3+\cdots+a_n+\cdots$ 提供精确的数学意义。这样的表达称为“级数”。处理它的方法是使用一个总和序列 $s_1, s_2,\cdots, s_n,\cdots$，其中，

$$
\begin{aligned}
&s_1=a_1\\
&s_2=a_1+a_2\\
&\cdots\\
&s_n=a_1+\cdots+a_n\\
&\cdots
\end{aligned}
$$

对于任何特定的 n，这里的 s_n 是一个正常的有限和。它被称为级数的“部分和”。

> 给定一个级数 $\sum_{i=1}^{n} a_i$，如果它的部分和的序列收敛于一个数，则该数称为该级数的和，我们说该级数“收敛”。

你可能仍然不太相信：一系列部分和怎么会收敛？我们不是要在总和中添加越来越多的项吗？但是如果我们添加的数量越来越小，总和就有可能收敛。

例 1

对于几何级数 $\frac{1}{2}+\frac{1}{4}+\cdots+\frac{1}{2^n}+\cdots$，第 n 个部分和是 $s_n=\frac{1}{2}+\frac{1}{4}+\cdots+\frac{1}{2^n}=1-\frac{1}{2^n}$。随着 n 增加，s_n 接近 1（因为 $\frac{1}{2^n}$ 接近 0）。部分和从未达到 1，但随着 n 增加，它们越来越接近 1，并且我们说整个级数的总和是 1（见第 10.3 节练习中的练习题 5）。

❖ ❖ ❖

级数通常用“西格玛”表示法写出，像这样：$\sum_{i=1}^{\infty} a_i$ 或 $\sum_{k=0}^{\infty} b_k$。∞ 是用于表示无限的符号。所以 $\sum_{i=1}^{\infty}\frac{1}{2^n}=1$。

> 级数要收敛，它的项必定越来越小，收敛到 0。

“反过来”是真的吗？也就是说，如果一个级数的项越来越小，接近 0，那么该级数是否必然会收敛？事实证明这不是真的。

例 2

级数 $1+\frac{1}{2}+\frac{1}{3}+\frac{1}{4}+\cdots+\frac{1}{n}+\cdots$ 称为“调和级数”。让我们证明调和级数是发散的。思

路是将它分成非重叠的有限片段，使每个片段的总和超过固定数（例如$\frac{1}{2}$）。下面是具体做法。

$$\frac{1}{2}=\frac{1}{2}$$

$$\frac{1}{3}+\frac{1}{4}>\frac{1}{4}+\frac{1}{4}=\frac{2}{4}=\frac{1}{2}$$

$$\frac{1}{5}+\frac{1}{6}+\frac{1}{7}+\frac{1}{8}>\frac{1}{8}+\frac{1}{8}+\frac{1}{8}+\frac{1}{8}=\frac{4}{8}=\frac{1}{2}$$

$$\frac{1}{9}+\frac{1}{10}+\cdots+\frac{1}{16}>\underbrace{\frac{1}{16}+\frac{1}{16}+\cdots+\frac{1}{16}}_{8\text{项}}=\frac{8}{16}=\frac{1}{2}$$

$$\cdots$$

以此类推。片段越来越长，但我们并不关心，我们可以提供无限项让你使用！因此，我们可以找到该级数的一个部分和，对于任意 k，它大于$\underbrace{\frac{1}{2}+\frac{1}{2}+\cdots+\frac{1}{2}}_{k\text{项}}$，因此调和级数发散。

图 10-2 展示了基于调和级数的特殊结构。砖塔放在一块砖上，尽可能向右延伸，没有任何其他支撑！如果你（想象）在底部添加第$(n+1)$块砖，并且有$\frac{1}{n}$的位移，不难证明顶部 n 块砖的重心落在添加砖的右边界上。

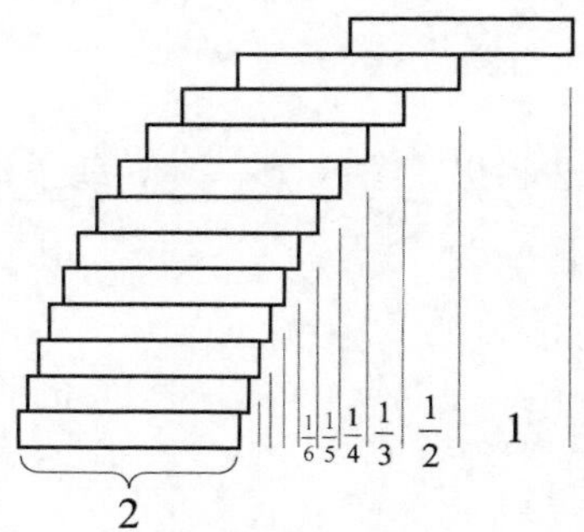

图 10-2　基于调和级数的特殊结构

例 3

级数$1+\frac{1}{4}+\frac{1}{9}+\frac{1}{16}+\cdots+\frac{1}{n^2}+\cdots$收敛。而且，它的总和令人惊喜，$\frac{\pi^2}{6}$。π似乎突然出现在这里，但有一种深刻的数学联系。

❖ ❖ ❖

总的来说，级数是一个吸引人的话题，揭示了许多优美的数学知识。级数是在微积分中研究的，微积分强大的方法有助于判断特定级数是否收敛。

第 10.4 节练习

1. 求套叠式级数 $\frac{1}{1\times 2}+\frac{1}{2\times 3}+\frac{1}{3\times 4}+\cdots+\frac{1}{n\times(n+1)}+\cdots$ 的总和。⟨ 提示：见第 10.3 节中的练习题 4。⟩

2. 级数 $\sum_{n=1}^{\infty}\frac{n+1}{100n}$ 收敛吗？请说明。如果收敛，那么它的总和是多少？✓

3. 如果 $\{d_0, d_1, d_2,\cdots\}$ 是 π 的数字序列，即 $\{3,1,4,\cdots\}$，那么 $\sum_{n=0}^{\infty}\frac{d_n}{10^n}$ 会收敛吗？如果收敛，总和是多少？

4. ■对于哪些 r 值，几何级数 $1+r+r^2+\cdots$ 收敛？✓

5. 级数 $1+\frac{1}{3}+\frac{1}{5}+\cdots+\frac{1}{2n-1}+\cdots$ 收敛吗？解释你的推理。✓

6. 使用内置函数 `sum`，针对 `n = 1000` 和 `n = 1000000`，编程显示 n 和 $6\left(1+\frac{1}{4}+\frac{1}{9}+\frac{1}{16}+\cdots+\frac{1}{n^2}\right)$。将输出和 π^2 进行比较。⟨ 提示：`from math import pi` ⟩

7. ■级数 $\sum_{n=1}^{\infty}\frac{1}{n^3}$ 收敛吗？解释你的推理。✓

8. ◆下图说明了制作雪花的过程。

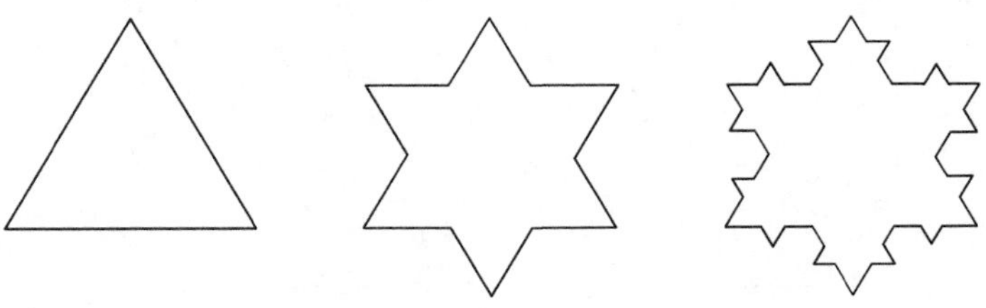

在每个步骤中，雪花周边的每个直线段都被替换为 —∧— 。如果我们不断重复这个过程，会得到一条名为“科赫雪花”的“曲线”。假设第一个三角形的周长是 P，其面积是 A（其中 $A=\frac{P^2\sqrt{3}}{36}$）。在 n 次迭代后，确定科赫雪花的周长和面积。科赫雪花的周长是否有限？

面积呢？✓

10.5 斐波那契数

序列 $\{1,1,2,3,5,8,13,\cdots\}$ 称为斐波那契数。在这个序列中，

$F_1=1$；$F_2=1$ 以及 $F_n=F_{n-1}+F_{n-2}$，对于任意 $n>2$。

这个序列以伦纳德·斐波那契（Leonardo Fibonacci，这个名字意思是 Bonaccio 的儿子）的名字命名，他生活在 13 世纪的比萨市（今天在意大利），但这些数字在印度已有 2000 多年的历史。斐波那契在简单假设下模拟兔子的种群增长时，发现了这些数字：从一对成年兔子开始；成年兔子每月生产两只小兔子；一只小兔子在一个月后成为成年兔子，并在两个月大时有第一个孩子；兔子永远不会死。在该模型中，n 个月后成年兔子对的数量是 F_n（见图 10-3）。

斐波那契数出现在数学和计算机科学的许多地方，也出现在自然界中（见图 10-4。对于其他例子，请在因特网上搜索“Fibonacci in nature”）。

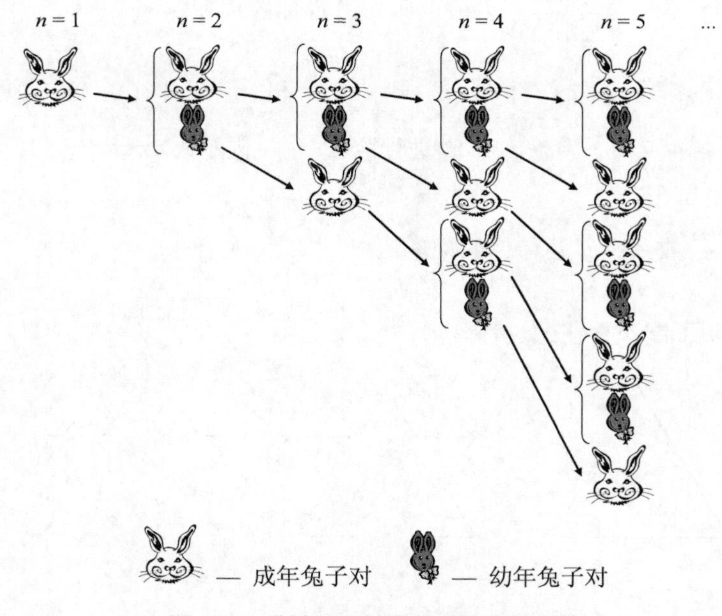

图 10-3 斐波那契模型中兔的种群增长

图 10-4 青宝塔菜，螺旋中的簇数形成斐波那契序列
（图片由 Madelaine Zadik 拍摄，由史密斯学院植物园提供。）

❖ ❖ ❖

定理：

前 n 个斐波那契数 $F_1+F_2+\cdots+F_n$ 的总和等于 $F_{n+2}-1$。

例：

$$1+1+2+3+5=13-1$$

证明：

$$F_1=F_3-F_2$$
$$F_2=F_4-F_3$$
$$\cdots$$
$$F_n=F_{n+2}-F_{n+1}$$

将相应的列加到一起得到，

$$F_1+F_2+\cdots+F_n=F_{n+2}-F_2=F_{n+2}-1$$

证毕。

另一种证明：

当 $n=2$ 时，定理的陈述为真。确实，1+1=3−1。假设对 n 的陈述为真，然后让我们证明 $n+1$ 也是如此。

$$F_1+F_2+\cdots+F_{n+1}=(F_1+F_2+\cdots+F_n)+F_{n+1}=(F_{n+2}-1)+F_{n+1}=(F_{n+1}+F_{n+2})-1=F_{n+3}-1$$

所以对 $n+1$ 定理的陈述也为真。如果对 $n=2$ 定理的陈述为真，那么对 $n=3$ 定理的陈述就为真。如果对 $n=3$ 定理的陈述为真，那么对 $n=4$ 定理的陈述就为真。以此类推，对于所

有 n 定理的陈述都为真。证毕。

这种证明被称为“数学归纳法”。数学归纳法在第 16.4 节中解释。

斐波那契数由“递归关系”定义。这意味着从序列中的某个点开始（在这种情况下从 F_3 开始），每个后项都是前一项的函数（在本例中，$F_n = F_{n-1} + F_{n-2}$）。算术序列和几何序列也可以通过递归关系来定义：对于算术序列是 $a_n = a_{n-1} + d$；对于几何序列是 $a_n = a_{n-1} \cdot r$。但是这两个简单的序列也可以用“封闭”的公式来描述，分别是 $a_n = a_1 + (n-1)d$ 和 $a_n = a_1 \cdot r^{n-1}$。事实证明，斐波那契数也有一个封闭形式的公式。

$$F_n = \frac{1}{\sqrt{5}}\left[\left(\frac{1+\sqrt{5}}{2}\right)^n - \left(\frac{1-\sqrt{5}}{2}\right)^n\right]$$

公式的部分是无理数，但矛盾的是，它们的组合给出了整数。

我们怎样才能得到这个公式？

二次方程 $x^2 = x + 1$ 有两个解，$x = \frac{1+\sqrt{5}}{2}$ 和 $x = \frac{1-\sqrt{5}}{2}$。我们称它们为 φ 和 $\overline{\varphi}$（原因我们很快就会解释）。请注意，$\varphi + \overline{\varphi} = 1$，$\varphi - \overline{\varphi} = \sqrt{5}$，而且 $\varphi^2 - \overline{\varphi}^2 = (\varphi + \overline{\varphi})(\varphi - \overline{\varphi}) = \sqrt{5}$。

$\varphi^2 = \varphi + 1 \Rightarrow \varphi^3 = \varphi^2 + \varphi \Rightarrow \varphi^4 = \varphi^3 + \varphi^2 \Rightarrow \cdots$，所以 $\varphi, \varphi^2, \varphi^3, \cdots$ 是一个奇特的序列，它既是一个几何序列又是一个斐波那契序列，只是它不是从 1,1 开始，而是从 φ, φ^2 开始。$\overline{\varphi}, \overline{\varphi}^2, \overline{\varphi}^3, \cdots$ 也是一个几何序列和一个斐波那契序列，它始于 $\overline{\varphi}, \overline{\varphi}^2$。如果我们将这两个序列与任意系数 A 和 B 结合起来，我们再次得到一个斐波那契序列：$A\varphi + B\overline{\varphi}, A\varphi^2 + B\overline{\varphi}^2, \cdots$。如果我们选择 $A = \frac{1}{\sqrt{5}}$ 和 $B = -\frac{1}{\sqrt{5}}$，我们将得到标准的斐波那契序列 $\{1,1,2,\cdots\}$。因此，$F_n = \frac{1}{\sqrt{5}}\left(\varphi^n - \overline{\varphi}^n\right)$。

❖ ❖ ❖

数字 $\frac{1+\sqrt{5}}{2} = 1.61803398875\cdots$ 被称为黄金比例。按惯例用希腊字母 φ（Phi）表示黄金比例。

为什么它是“黄金”比例？考虑一个边长为 $a+b$ 和 a 的矩形，这样如果我们从中切出一个正方形，剩下的较小的矩形是一个类似的形状。

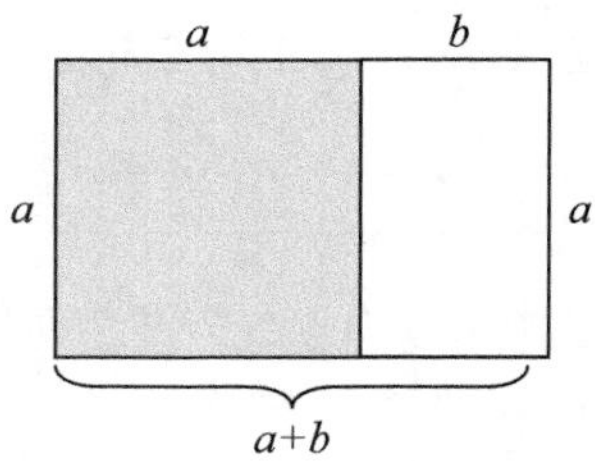

（人们认为眼睛看到这种形状会感到特别舒服。）

“相似形状”是指纵横比（长边与短边的比例）相同：$\frac{a}{b}=\frac{a+b}{a} \Rightarrow \frac{a}{b}=1+\frac{b}{a} \Rightarrow \left(\frac{a}{b}\right)^2=\frac{a}{b}+1$。所以 $x^2=x+1$，其中 $x=\frac{a}{b}$。这个二次方程有两个解：$\varphi=\frac{1+\sqrt{5}}{2}=1.612803398875\cdots$ 和 $\overline{\varphi}=\frac{1-\sqrt{5}}{2}=-0.612803398875\cdots$。

第 n 个斐波那契数的封闭公式是 $F_n=\frac{1}{\sqrt{5}}\left(\varphi^n-\overline{\varphi}^n\right)$。对于大的 n，φ^n 变得非常大，因为 $\varphi>1$，并且 $\overline{\varphi}^n$ 变得可以忽略不计，因为 $|\overline{\varphi}|<1$。因此，随着 n 的增加，F_n 越来越接近 $\frac{1}{\sqrt{5}}\varphi^n$，$\frac{F_n}{F_{n-1}}$ 越来越接近 φ。

更确切地说，$\frac{F_{n+1}}{F_n}=\frac{\frac{1}{\sqrt{5}}\left[\varphi^{n+1}-\overline{\varphi}^{n+1}\right]}{\frac{1}{\sqrt{5}}\left[\varphi^n-\overline{\varphi}^n\right]}=\frac{\varphi-\frac{\overline{\varphi}^{n+1}}{\varphi^n}}{1-\frac{\overline{\varphi}^n}{\varphi^n}}$。分子接近 φ，分母接近 1，因此 $\frac{F_{n+1}}{F_n}$ 的极限为 φ。

两个连续斐波那契数的比率极限是黄金比例！

例如，$\frac{13}{8}=1.625$ 和 $\frac{89}{55}=1.61818\cdots$。

第 10.5 节练习

1．F_{1000} 是奇数还是偶数？请说明。 ✓

2．设 $S(n)$ 为不包含连续两个 1 的 0 和 1 的字符串序列。查看 $S(1)$、$S(2)$、$S(3)$、$S(4)$ 和 $S(5)$，形成关于该序列的猜想（假设），并证明你的猜想。 ≨ 提示：$S(n)$ 中的所有字符串要么以'0'结尾，要么以'01'结尾。 ≩

3．设 $T(n)$是由 1 × 1 和 2 × 1 的瓷砖构成的长度为 n 的所有条带的数量序列。例如：

查看 $T(1)$、$T(2)$、$T(3)$、$T(4)$和 $T(5)$，形成关于该序列的猜想，并证明你的猜想。≤ 提示：任何条带中最右边的是 1 × 1 或 2 × 1 的瓷砖…… ≥

4．在下图中，沿箭头从点 A 和点 B 到点 C_n 的路径数量是多少？

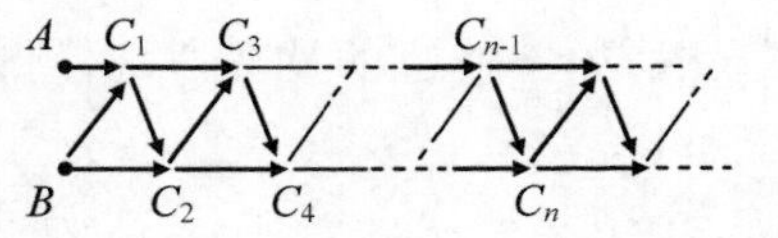

✓

5．（a）在以下函数中填空。

```
def fibonacci_list(n):
    """ Return a list f of length n+1 in which f[0] is 0
        and f[k] is the k-th Fibonacci number for 1 ≤ k ≤ n.
    """
    f = (n+1)*[0]
    f[1] = f[2] = 1
    for ________________________________:

        __________________
    return f
```

测试你的函数。✓

（b）填写另一个版本的 fibonacci_list 中的空白。

```
def fibonacci_list(n):
    """ Return a list f of length n+1 in which
        f[0] is 0 and f[k] is the k-th Fibonacci number.
    """
    f = [0, 1, 1]
    while _________________________________:
        f.append(________________)

    return f
```

测试这个版本的函数。

(c)■编写并测试一个函数 `fibonacci(n)`，返回第 n 个斐波那契数，不使用任何列表。« 提示：`f1, f2 = f2, f1+f2.` » ✓

6. 对于不同的 n，用奇数索引的斐波那契数的总和 $F_1+F_3+\cdots+F_{2n-1}$ 进行实验。为该总和想出一个简单的公式，并证明它。« 提示：`sum(f[k] for k in range (1, 2 *n, 2))`。 » ✓

7. ■证明在 $F_1=1, F_2=1$ 的斐波那契序列 $\{F_n\}$ 中，F_n 是最接近 $\frac{\varphi^n}{\sqrt{5}}$ 的整数。 ✓

8. ◆证明在 $F_1=1, F_2=1$ 的斐波那契序列 $\{F_n\}$ 中，对于任何 $n\geqslant 1$，$F_{2n+1}=F_n^2+F_{n+1}^2$。首先编写一个程序，测试 n 为 1 到 100 的这个猜想（见练习题 5（a）或（b）），然后提供数学证明。« 提示：请参阅练习题 3，了解由 1 × 1 或 2 × 1 的瓷砖形成的条带。取一条长度为 $2n$ 的条带，并在中间画一条线。有两种可能性：要么线穿过 2 × 1 的瓷砖，要么线落在两块瓷砖之间。 »

9. ◆证明在 $F_1=1, F_2=1$ 的斐波那契序列 $\{F_n\}$ 中，对于任何 $n>1$，$F_{2n}=F_n^2+2F_nF_{n-1}$。« 提示：利用练习题 8 的结果。 » ✓

10. 有一个序列 $\{x_n\}$，其中 $x_1=1$，对于 $n>1$，$x_n=1+\frac{1}{x_{n-1}}$。编写一个程序，输出该序列的前 100 个项。这个序列会收敛吗？如果收敛，它的极限是什么？ ✓

11. ◆导出序列 $\{a_n\}$ 的封闭公式，其中 $a_1=1$，$a_2=5$；对于 $n>2$，$a_n=5a_{n-1}-6a_{n-2}$。$\frac{a_{n+1}}{a_n}$ 的极限是多少？

10.6 复习

本章介绍的术语和符号。

序列	部分和	$\sum_{k=1}^{n} a_k$
项（序列）	收敛级数	
收敛序列	发散级数	$\sum_{k=1}^{\infty} a_k$
序列的限制	级数的总和	
算术序列	斐波那契数	

几何序列

递归关系

西格玛表示法

封闭公式

级数

黄金比例

本章介绍的一些 Python 特性。

```
f1, f2 = f2, f1+f2
```

第 11 章　奇偶校验、不变量和有限策略博弈

11.1　引言

假设你在杂货店买一盒麦片。收银员让盒子通过扫描仪，扫描仪从中读取 UPC（通用产品代码）。有时会发生错误，收银员必须再次扫描相同的物品。但系统如何知道发生了错误？如果它不正确地读取 UPC，它可能会向你收取一罐金枪鱼的钱，而不是一盒麦片。幸运的是，事实证明并非全部 12 位数字都是有效的 UPC。实际上，如果更改 UPC 中的任何一位数字，都会得到与任何产品都不匹配的无效代码。这是因为 UPC 中并非所有数字都携带信息，最后一个数字是“校验位”，取决于前面的数字。如果更改 UPC 中的一位数，那么校验位就不再与代码匹配。我们可以说 UPC 具有内置“冗余”，即信息没有以最佳效率表示。校验位是冗余的，因为它可以从其他数字计算得出。冗余可以检测错误，甚至有时纠正错误。

当我们存储或传输二进制数据时，我们可以规定每 1 字节中的 1 的数量是偶数（或奇数）。然后每 1 字节中只有 7 位携带信息，第 8 位将用作一种校验数字，它被称为“奇偶校验位”。我们将在 11.2 节讨论奇偶校验和校验数字。

假设数据以“偶校验”的字节编码，这意味着每 1 字节中设置为“1”的总位数是偶数。如果数量或属性在整个过程中保持不变，那么这种数量或属性称为“不变量”。任何三角形中的角度之和为 180 度，这是一个不变量。如果在 `while` 循环中你将 `1` 加到 `m` 并从 `k` 中减去 `1`，那么在每次迭代后，`m+k` 之和保持不变，这是一个不变量。我们将在 11.3 节讨论不变量，以及它在数学和计算机科学中的作用。

“组合博弈”，我们称为“有限策略博弈”，它是具有有限数量的可能格局的博弈。根据博弈规则，两名玩家轮流从一个格局前进到下一个格局，格局永远不会重复。也就是说，无法返回之前访问过的格局。一些格局被指定为获胜格局，第一个到达获胜格局的玩家获胜。如果两名玩家都没有做出有效的动作并且都没有到达获胜格局，那么这就是平局。井字棋就是这种博弈的一个例子。

在这种策略博弈中，第一个或第二个玩家总是有一个获胜策略，或者两者都有一个导致平局的策略。在不可能平局的博弈中，通常需要使用一些不变量描述获胜策略，即所有获胜格局的共同属性，以及获胜玩家可以到达的所有安全格局。失败的玩家总是被迫放弃“安全的”格局，并进入一个“不安全的”格局。尼姆游戏就是这种博弈的一个例子，我们将在第 11.4 节详细讨论，并查看有限策略博弈及相关示例（包括尼姆游戏）。

11.2 奇偶校验和校验和

存储二进制数据或通过通信线路发送信息，可能会发生一些错误。检测错误的简单方法基于“奇偶校验”。通常，数据被分成相对较短的比特序列，称为“码字”或“分组”。

> 术语“奇偶校验”是指分组中设置为“1”的比特数的奇偶性。如果这个数字是偶数，我们说该分组有“偶校验”，否则我们说它有“奇校验”。

发送数据时，发送方计算数据的奇偶校验并添加一位（即奇偶校验位），使得包括奇偶校验位的分组的总奇偶校验是偶数。然后，如果接收方得到具有奇校验的分组，则报告错误。（或者发送方和接收方可以“同意”使用奇校验，而不是偶校验。）使用奇偶校验时，所有数据分组通常具有相同的长度。例如，7 个数据位加一个奇偶校验位，或 31 个数据位加一个奇偶校验位。

例 1

以下的 7 位代码序列用 ASCII 对“parity”一词进行编码。

```
1110000 1100001 1110010 1101001 1110100 1111001
```

我们希望在每个编码的末尾添加一个奇偶校验位，以便它获得偶校验。产生的 8 位分组是什么？

解

```
11100001 11000011 11100100 11010010 11101000 11110011
```

❖ ❖ ❖

当然，有可能在同一个分组中发生两个错误——两个位从 0 翻转到 1 或从 1 翻转到 0；然后分组的奇偶校验保持不变，并且错误未被检测到。奇偶校验方法依赖于相同分组中两个错误的可能性非常低的假设。如果错误频繁发生，那么即使是少量的位也需要奇偶校验位来进行错误检查。通信信道或存储系统越可靠，可以使用的数据分组就越长。

❖ ❖ ❖

如果我们在数据分组中交换两个连续的位，它的奇偶校验不会改变。幸运的是，当分组由计算机或其他设备生成时，这种“换位错误”非常罕见。与我们人类不一样，当我们输入单词或数字时，换位错误很常见。因此，当人类也参与工作时，奇偶校验类型的错误检测不能很好地工作。例如，如果收银员因无法从皱巴巴的薯片袋上读取 UPC，他会放弃扫描仪，采用手工输入。收银员可能输错数字或让两位数换位，需要有一种机制来检测这些错误，这种机制使用“校验和”和“校验数字”。

例 2

假设某地的驾驶执照有 6 个数字，第 6 个数字是校验数字。计算方法如下：我们将前 5 个数相加，将得到的和模 10（将和除以 10 时的余数），并用 10 减去该数。如果得到 10，我们将它替换为 0。例如，如果驾驶执照的前 5 个数是 95873，则校验位为：

```
10 - ((9 + 5 + 8 + 7 + 3) mod 10) = 10 - (32 mod 10) = 10 - 2 = 8
```

所以 958738 是该地的有效驾驶执照号码。请注意，如果添加所有 6 个数并将结果取模 10，会得到 0。此系统是否会检测到所有单个数字替换错误？会检测到所有换位错误吗？

解

此系统会检测所有单个数字替换错误，因为如果更改一个数字，则模 10 的数字之和不再为 0。但是，总和不依赖于数字的顺序，因此不会检测到换位错误。

❖ ❖ ❖

为了检测替换错误和换位错误，我们需要一个更精细的算法来计算校验数字。在将它们加到总和之前，我们可以将某些数字乘以某些系数。练习中描述了几种校验和算法。

第 11.2 节练习

1．以下哪个比特分组具有偶校验？哪个具有奇校验？（a）01100010；（b）11010111；（c）10110001。

2．多少字节（所有可能的 0 和 1 的 8 位组合）具有偶校验？多少字节具有奇校验？✓

3．编写并测试一个 Python 函数，该函数接收一串二进制数，返回它的奇偶校验（作为整数，`0` 表示偶，`1` 表示奇）。⋛ 提示：字符串有一个方法 `count`。⋚

4. 观察下面的二进制数表。

```
0 1 1 0 1 1
1 0 0 0 1 0
1 0 1 0 0 1
0 1 0 1 0 0
```

它应该在所有行和所有列中具有偶校验，但是发生了错误，有一个位被翻转。是哪一个？ ✓

5. ◆编写并测试一个 Python 函数 `correct_error(t)`，它接收一个表，如练习题 4 中所述（但不一定是 4 × 6 的表）。可能有一位错误，检查它是否有错误，如果有错误，请纠正它。表 `t` 表示为它的行的列表，每行表示为 `0` 和 `1` 的字符串（所有字符串具有相同的长度）。例如，练习题 4 的表格将表示为：

```
['011011', '100010', '101001', '010100']
```

⋞ 提示：寻找奇校验的行，如果找到，则寻找奇校验的列。在奇校验行的字符串中，将对应于奇校验列的位置，`0`“翻转”到 `1`，或 `1`“翻转”到 `0`。 ⋟ ✓

6. ▪在所有行和所有列中，有多少 4 × 6 的二进制数表具有偶校验？有多少具有奇校验？ ✓

7. UPC 有 12 位十进制数。如果 s 是表示 UPC 的字符串，则校验和计算如下：

```
3*s[0] + s[1] + 3*s[2] + s[3] + … + s[11]
```

从第一个开始，每隔一个数字乘以 3。在有效的 UPC 中，校验和必定可被 10 整除。例如，072043000187 是有效的 UPC，因为 $3\times0+7+3\times2+0+3\times4+3+3\times0+0+3\times0+1+3\times8+7=60$。编写并测试一个 Python 函数 `is_valid_UPC(s)`，它接收一个 12 位数的字符串，如果它代表一个有效的 UPC，则返回 `True`；否则返回 `False`。 ✓

8.（a）练习题 7 中描述的 UPC 校验和方法，可否检测到所有单个数字的替换错误？ ✓

（b）▪在练习题 7 中描述的 UPC 校验和算法中，奇数位数乘以 3。为什么是 3 而不是 2？ ✓

（c）◆练习题 7 中描述的 UPC 的校验和方法，可否检测到所有的换位错误？ ✓

9. ▪信用卡号码有 15 或 16 位数字。校验和计算如下：从末尾开始数，每个奇数位置（第一、第三等）的数字被加到校验和中；偶数位置（第二、第四等）的每个数字乘以 2，如果结果是 1 位数，则将它加到校验和中，如果是 2 位数，则将 2 位数之和加到校验和中。校验和必定可被 10 整除。示例：

```
4111 1715 1913 1178 有效，从右边开始，
8 + 5 + 1 + 2 + 3 + 2 + 9 + 2 + 5 + 2 + 7 + 2 + 1 + 2 + 1 + 8 = 60.
```

（第二个加数是 5，因为右边的第二个数字是 7，2 • 7=14，而 1+4=5。）

```
379 6262 1994 1007 有效，从右边开始，
7 + 0 + 0 + 2 + 4 + 9 + 9 + 2 + 2 + 3 + 2 + 3 + 9 + 5 + 3 = 60.
```

编写并测试一个 Python 函数，该函数检查给定的数字字符串是否代表有效的信用卡号。测试一些其他有效的号码（小心！不要使用你自己或家人真正的信用卡），测试一些无效的号码。

10. ■图书行业使用 ISBN（国际标准书号）来标识书籍。2007 年，该行业将 10 位数的 ISBN 转换为 13 位数的 ISBN。ISBN-10 和 ISBN-13 中的最后一位是校验位。但对于 ISBN-10 和 ISBN-13，用于计算校验位的算法是不同的。

在 ISBN-13 中，校验位的计算方式与 UPC 类似，左边的第一个数字加到总和中，左边的第二个数字乘以 3，以此类推。

ISBN-13 是从 ISBN-10 得到的，在开头附加'978'并重新计算校验位。

编写一个 Python 函数 `isbn_13_check_digit`，计算并返回给定 12 位数的字符串的 ISBN-13 校验位（单个字符），以及另一个函数 `isbn_10_to_13`，它将 ISBN-10（10 位数的字符串）转换为 ISBN-13，并返回 13 位数的字符串。测试你的函数，使用以下测试数据。

ISBN-10	ISBN-13
0982477503	9780982477502
0982477511	9780982477519
098247752X	9780982477526
0982477538	9780982477533
0982477546	9780982477540
0982477554	9780982477557
0982477562	9780982477564
0982477570	9780982477571
0982477589	9780982477588
0982477597	9780982477595

11. ■练习题 10 要求你编写两个有助于将 ISBN-10 转换为 ISBN-13 的函数。现在编写两个类似的函数，将 ISBN-13 转换为 ISBN-10。在 ISBN-10 中，校验位的计算如下：第一个数字乘以 1，第二个数字乘以 2，第三个数字乘以 3，以此类推。第九个数字乘以 9；这些乘积加在一起，结果除以 11，余数用作校验数字；如果余数为 10，则字母“X”用作校验“数字”。

11.3 不变量

如果我有几个棒棒糖，我给你一些，你给 Candy 一些，她给我和你一些，我们 3 个人中的棒棒糖总数保持不变（只要我们都不吃），棒棒糖总数是一个“不变量”。如果粒子沿着圆移动，它与圆心的距离保持不变，该距离是一个不变量。如果象沿着东北向西南对角线在棋盘上移动，象的行和列位置的总和（从左上角开始计算）保持不变，该总和是一个不变量。不变量的概念在物理学、数学和计算机科学中很有用。

例 1

如果你向空中抛一个小石子，它的能量由动能 $\frac{mv^2}{2}$ 和势能 mgh 组成，其中 m 是石子的质量，v 是它的速度，h 是地面以上的高度，g=9.8m/s 是由重力引起的加速度。如果石子从地面垂直向上抛，初始速度为 20m/s，那么石子会飞到离地面多高？

解

开始，$h_0 = 0$，$v_0 = 20 \text{ m/s}$。在顶部，$v_1 = 0$。比较地面和顶部的总能量，我们有 $\frac{m{v_0}^2}{2} = mgh_1 \Rightarrow h_1 = \frac{{v_0}^2}{2g} \approx 20.4 \text{ m}$。

❖ ❖ ❖

在数学中，不变量无处不在。不变量的一个应用是策略博弈。

例 2

一个房间有 1 张圆桌和 3 袋硬币，其中 1 袋有 25 美分硬币，1 袋有 10 美分硬币，1 袋有 5 美分硬币。两名玩家轮流从任何 1 个袋子中挑选 1 枚硬币，并将它放在桌子上的任何位置，且不与其他硬币重叠。每个袋子里有足够的硬币来覆盖整个桌子，放置最后 1 枚硬币而不留更多硬币空间的玩家获胜。第一个或第二个玩家是否有获胜策略？

解

在这个博弈中，桌子上有无数种可能的硬币格局。但博弈总是在几次出招后结束，因为桌子上只有有限数量的硬币，没有平局。

在这种类型的博弈中，找到策略的一种方法是提出一个不变条件，一种胜利者可以保持的“平衡”，胜利者总是进入一个满足条件的安全格局，并迫使对手放弃这个安全格局，失去“平衡”。在这个特殊的博弈中，相对于桌子中心的对称性成为一种有用的不变量。第一个玩家可以通过将第一个硬币放在桌子的中心来建立对称性。在随后的出招中，第一个玩家总是选择与对手相同大小的硬币，并将它对称地放置在第二个玩家刚刚放置的硬币上。第一个玩家总是保持相对于桌子中心的格局的对称性，即不变量。第二个玩家总是被迫打破对称。最后，第一个玩家将硬币放在最后剩下的位置。

在计算机科学中，不变量的概念应用于循环。与计算目的相关、并在循环之前和循环每次迭代之后保持为真的条件称为“循环不变量”。循环不变量对于证明代码的正确性很有用。

例 3

下面的代码有一个循环：

```
def add_numbers(n):
    '''Return 1 + 2 + … + n.'''
    s = 0
    k = 1
    while k <= n:
        s += k # add k to s
        k += 1 # increment k by 1
    return s
```

找到该循环的循环不变量。

解

循环的目的是计算 $1+2+\cdots+n$。在循环之前，$s=0$ 且 $k=1$。在循环的最后一次迭代之后，$k=n+1$ 且 $s=1+2+\cdots+n$。这里的循环不变量是 $s=1+2+\cdots+(k-1)$。

第 11.3 节练习

1．一张多米诺骨牌在棋盘上正好覆盖两个方格，因此可以用 32 个多米诺骨牌覆盖棋盘。现在假设我们在棋盘的对角处切掉两个白色方块，尝试用 31 个多米诺骨牌覆盖其余 62 个方格。可能吗？如果不可能，请解释原因。 ✓

2. 在国际象棋中，马在一个方向上移动两个方格，然后在垂直方向上移动一个方格。

马是否有可能在一个 8×8 的棋盘上恰好访问每个方格并返回到起始位置？如果有可能，请举例说明；如果没有可能，请解释原因。在 7×7 的“棋盘”上是否有可能？

3. ■考虑坐标平面上的矩形 $AOBC$，使得 O 是原点，AO 在 x 轴上，OB 在 y 轴上，C 在第一象限中。描述点 C 的轨迹（即所有点的集合），使得矩形的周长等于常数 p。✓

4. ■考虑坐标平面上第一象限中的矩形 $AOBC$，使得 O 是原点，C 沿着双曲线 $y=\dfrac{1}{x}$ 的分支移动。描述矩形的不变属性（超越 O 停留在原点的明显事实）。

5. ■从几何角度证明，在具有给定面积的所有矩形中，正方形具有最小的周长。⪡ 提示：见练习题 3 和 4。⪢✓

6. ■将一些加号和减号写成一行，例如+−−−++−−+++−。如果该行开头的前两个符号相同，则在末尾添加一个加号；如果它们不同，则添加减号。然后删除前两个符号。重复该操作直到仅剩下一个加号或减号。无论你是从左到右还是从右到左进行，剩余的符号是否始终相同？✓

7. ■艾琳和欧文共用一台计算机。他们想制定一个从中午到午夜单独使用计算机的时间表，他们决定把它变成一个博弈。在每次出招时，玩家可以随时开始预留连续的可用时间块，最长可达两小时，玩家轮流预约。他们扔了一枚硬币，艾琳先走。欧文是否有一个策略，无论艾琳做什么，可以让他获得至少与艾琳一样的总时间？

8. ◆下表列出了 4 个多面体中顶点、边和面的数量。

顶点、边和面 / 多面体	顶点	边	面
四面体	4	6	4
立方体	8	12	6
三棱柱	6	9	5
二十面体	12	30	20

描述连接顶点数 V、边数 E 和多面体中面数 F 的不变量，证明这确实是所有多面体的不变量。实际上，边和面不一定要是“直的”，只要边和面不相交，就会保持相同的不变量。

9．确定以下 while 循环中的循环不变量：

```
k = 0
p = 1
while k < n:
    p *= x
    k += 1
```

11.4　有限策略博弈

假设博弈具有有限数量的可能格局。根据博弈规则，两名玩家轮流从一个格局推进到下一个格局。格局永远不会重复，一次发生的格局永远不会再发生。当到达“终止”格局时，博弈结束。根据规则，最后一次出招的玩家赢或输，而一些终止格局可被指定为平局。或者，玩家可以在博弈过程中获得一些积分，得分较高的玩家获胜。这种类型的博弈称为组合博弈，即有限策略博弈。）在一些博弈中，例如在尼姆游戏中，到达终止格局（取得最后一个石子）意味着胜利，并且没有平局。我们稍后会讨论真正的尼姆游戏。首先，让我们思考一个非常简单的版本。

例 1

有一堆石子共 N 个。两名玩家轮流做出动作。在每次出招时，玩家可以从石堆中取出 1 个、2 个或 3 个石子，取出最后 1 个石子的玩家获胜。我们称这个博弈为“取 1-2-3”。第一个或第二个玩家是否有获胜策略？获胜策略是什么？

解

这个博弈相当于（一个数学家可能会说“同构”，就是具有相同的形式”）博弈时玩家沿线性棋盘从左到右推进一个标记。在每次出招时，玩家可以将标记推进 1 个、2 个或 3 个方格。

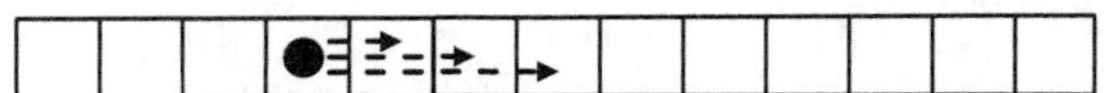

棋盘的长度是 $N+1$。棋盘上的格局对应石堆中剩余的石块数量：最左边的方格对应的是石堆中有 N 个石子，最右边的方格对应的是 0 个石子。（为了推理一个策略博弈，选择一个与该博弈同构但更容易想象和使用的模型，这使博弈变得很方便。）

要解决这个博弈问题，我们将使用一种反向思考的方法。让我们先用加号标记获胜位置。

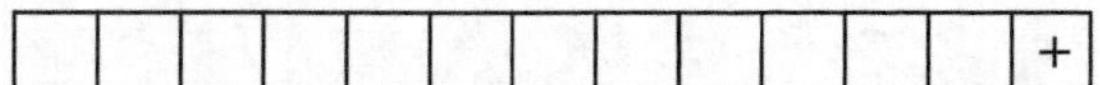

这个位置是安全的，它就是你希望最终到达的地方。现在让我们找到可以到达加号位置的所有位置。有一些位置对你来说是不安全的，如果你走到那里，你的对手可以跳到加号。让我们用减号标记每个不安全的位置。

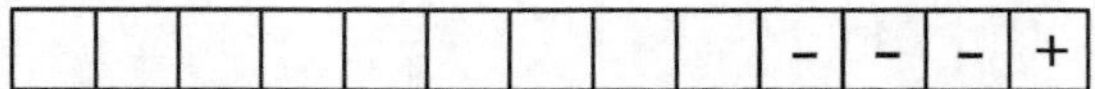

现在有一个位置，你的对手只能移动到减号（不安全的位置）。这个位置对你来说是安全的，所以让我们用加号标记它。

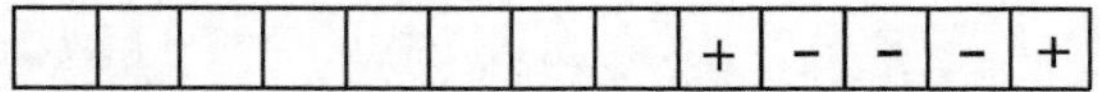

我们再次找到所有位置，从那里可以到达某个加号位置，并用减号标记。继续这个过程，我们最终会标记整个棋盘。

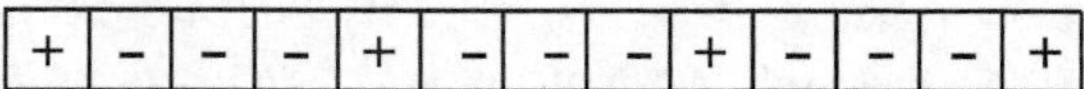

在“取 1-2-3”中，当初始石子的数量 N 可被 4 整除时，如果起始位置是安全的（用加号标记），则第一个玩家被迫放弃它，第二个玩家可以获胜，每个回合都移动到一个安全位置。在“取 1-2-3”中，当 N 不能被 4 整除时，如果起始位置不安全（标有减号），则第一个玩家可以立即移动到安全位置，并最终获胜。

❖ ❖ ❖

我们可以将博弈中的所有位置表示为点，并将每次移动表示为从一个位置到下一个位置的箭头。在第 17 章中，这种结构称为“有向图”。博弈位置永不重复意味着该图是“无环的”，也就是说，它没有环形路径。将博弈表示为图，对于形成组合博弈的数学理论是有用的。关于图已经有很多了解，但是分析特定博弈太麻烦了，甚至像“取 1-2-3”那样简单的博弈也很麻烦。最好是寻找足够简单的属性或公式，来描述所有安全位置。

在“取 1-2-3”博弈中有一个简单的安全位置公式，安全地移动到石堆中剩余的石子数量可被 4 整除的位置。因此无需记住所有安全位置的图表，使用这个公式要容易得多。

然而，并非每个博弈都有一个简单的公式。让我们思考一个更有趣的博弈，该博弈尚未找到安全位置的简单公式。

例 2

在“大嚼”博弈中，棋盘代表一个矩形网格（就像一块巧克力）。玩家轮流从网格中“咬一口”。“咬一口”由一个方格加上它右边和下面的所有方格组成。例如。

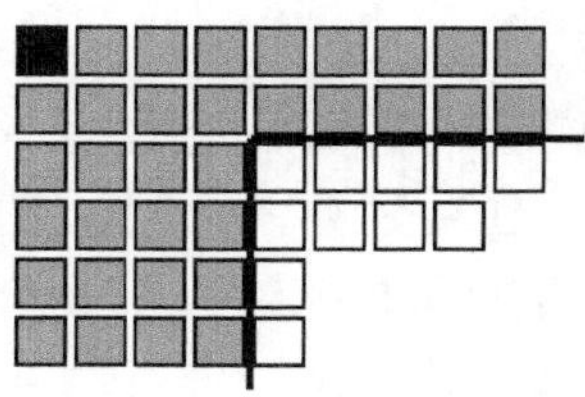

左上角的方格是“毒药”，被迫“吃掉”毒药的玩家将输掉博弈。

当然，可以将例 1 中描述的反向工作方法应用于“大嚼”，并提供所有安全位置的列表（参见练习题 7）。对于较大的棋盘来说，如果我们尝试手工分析，将非常烦琐。用计算机编程更好。到目前为止，除了两个特殊的棋盘尺寸：$n \times 2$ 和 $n \times n$（见练习题 6），没有人能够提出一个属性或公式，来描述“大嚼”中的所有安全位置。

关于“大嚼”的一个奇特之处在于，即使不了解任何策略，我们也可以证明第一个玩家总能获胜（只要棋盘大于 1×1）。下面是反证法证明。假设第二个玩家拥有获胜策略。那么，第二个玩家对第一个玩家的每个动作都有一个获胜的回应。如果在第一次出招时，第一个玩家只“咬掉”一个方块，在右下角。假设第二个玩家有一个获胜的出招作为回应，但是第一个玩家本来可以先出取胜这一招！这个证明是基于称为“策略窃取”的论证：在这个博弈中，第二个玩家不能拥有获胜策略，因为第一个玩家可以“窃取”它。

本节的最后一个例子是真正的尼姆游戏（nimm 是德语的“取”）。在尼姆游戏中，有几堆石子。每次出招，玩家必须至少取一个石子，但可以从石堆中取出任意数量的石子。取最后一个石子的玩家获胜。（还有另一个版本的尼姆游戏，其中取最后一个石子的玩家会输。在这个取最后石子输掉的尼姆游戏中，获胜策略与我们的尼姆游戏类似。）

尼姆游戏有时表现为排列为几排的卡片、标记或火柴。例如：

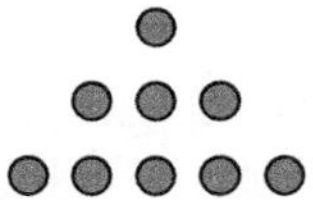

几张卡片、几个标记几根火柴。尼姆游戏的另一个同构模型，是在同一方向上移动的矩形棋盘上的几个标记。例如。

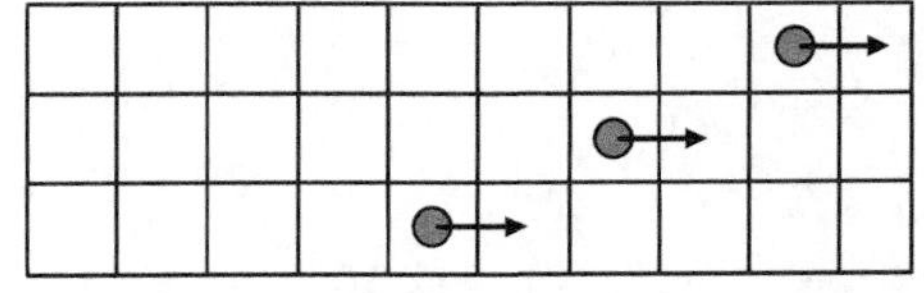

每个标记距最右边的方格的距离，表示相应堆中的石子数。

可以用反向思维来确定尼姆游戏的策略。但这并不是很有趣，而且当数字很大时相当烦琐。幸运的是，尼姆游戏基于其安全位置的属性，对获胜策略进行了非常简洁的描述。

假设 $N_1, N_2, \cdots, N_k$ 是石堆中剩余的石子数。获胜思路是让获胜的玩家始终在这些数字中保持某种“平衡”，失败的玩家被迫改变其中一个数字并打破平衡；然后获胜的玩家再次恢复平衡。但是是什么样的平衡？也许某种校验和可能有用。当其中一个数字发生变化时，校验和也会发生变化。获胜的玩家必须通过减少其中一个数字来恢复校验和。传统的校验和算法不能像那样工作，我们需要一些更巧妙的东西。

将 $N_1, N_2, \cdots, N_k$ 的二进制表示从上到下排列，最右边的数字对齐。例如，如果数字是 1、3、5、7，我们得到，

N_1	1
N_2	11
N_3	101
N_4	111

现在考虑每列二进制数的奇偶校验——列中的 1 的数量是偶数还是奇数。在最终获胜的格局，所有数字都为零，因此所有列的奇偶校验为偶。（让我们用这个属性声明所有格局的“安全性”：所有列的奇偶校验为偶，所有其他格局都“不安全”。）

列的奇偶校验可以被认为是一种“校验和”的二进制数。计算这个“校验和”相当于执行按位加法，或者对数字进行按位 XOR（异或）运算（见 8.3 节）。这个“校验和”称为“尼姆和”。在安全格局中，尼姆和必定为 0。例如：

	安全		不安全
N_1	1	N_1	1
N_2	11	N_2	1
N_3	101	N_3	101
N_4	111	N_4	111
	===		===
尼姆和	000		010

在计算机上计算尼姆和非常容易（见练习题 10）。

你被迫从安全格局转移到一个不安全格局。实际上，当玩家从第 j 堆中取出一个或几个石子时，N_j 会发生变化，因此其二进制数中至少一个会发生变化，保持该数字的列的奇偶

校验也将改变。例如，在 1-3-5-7 配置中，3 列中的位数为 2、2 和 4——全是偶数，因此这是一个安全格局。第一名玩家在第一步被迫放弃安全格局，所以第二名玩家可以获胜。

但是，你可以从任何不安全的格局随时转移到安全格局吗？换句话说，是否可以通过减少其中一个数字，来恢复所有列的偶校验属性？答案是肯定的。假设某些列具有奇校验，取其中最左边的一列。由于它的奇偶校验为奇，所以它至少有一个位设置为 1。取包含该位的一行，并翻转该行中所有在奇校验列中的位（从 1 到 0 或从 0 到 1）。所有列将恢复为偶校验。该行表示的新数字将小于原数字，因为最左边的翻转位（即最左边的二进制数翻转）已从 1 更改为 0。

例如，假设在 1-3-5-7 格局中，第一个玩家移除第 2 堆。数字变为 1、0、5、7：

N_1	1
N_2	0
N_3	101
N_4	111
	===
尼姆和	011

第 2 列和第 3 列的奇偶校验变为奇数，第 2 列是其中最左边的一列，第 4 行中的位设置为 1。我们取出该行，并翻转其中奇校验列中的位。这相当于用尼姆和对该行进行异或。我们得到：

N_1	1
N_2	0
N_3	101
N_4	1**00**
	===
尼姆和	000

所有列的偶校验恢复了，尼姆和再次为 0，N_4 变为 4。因此，为了恢复平衡，并从 1-0-5-7 格局返回到安全格局，第二个玩家应该从第 4 堆中取出 7 个石子中的 3 个石子，留下 4 个石子。

❖ ❖ ❖

尼姆游戏很重要，因为它有更多的通用版本（见练习题 11），许多博弈与尼姆游戏同构。

第 11.4 节练习

1．什么属性描述了“取 1-2-3-4”博弈中的安全格局，在这个博弈中你有一堆石子，并且每次出招都可以取走 1、2、3 或 4 个石子？ ✓

2．■编写一个 Python 程序，和用户一起玩“取 1-2-3”。从石堆中随机顺序数量的石子开始，比如 8 到 12。让人类玩家先走。提示人类玩家采取行动，仅接收有效输入（1、2 或 3，但不超过堆中剩余的石子总数）。解释无效的输入尝试，直到玩家有效地“出招”。轮到计算机出招并处于不安全的格局时，应该取一些石子并转移到安全格局。如果计算机处于安全格局，应该随机使用 1、2 或 3 个石子。你可能要将人类出招和计算机出招实现为单独的函数，这些函数返回取走的石子数量。当石堆中没有留下任何石子时，宣布胜利者。

3．在这个博弈中，两个玩家轮流在一个 8×8 的棋盘上移动标记。开始时，标记放在左下角。在每次出招时，标记可以向上、向右或沿对角线移动一格。

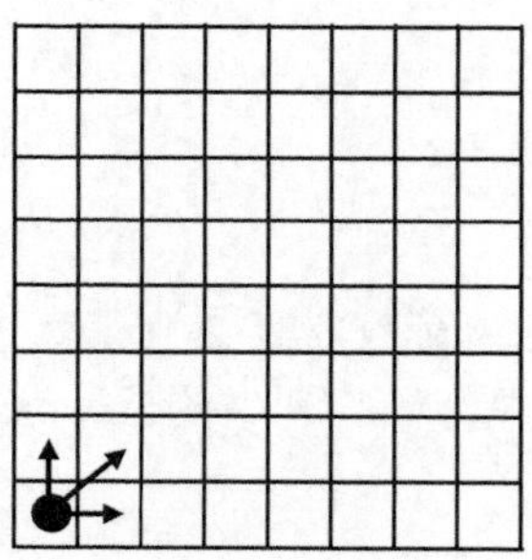

首先到达右上角的玩家获胜。找到这个博弈中的所有安全格局。第一个玩家能赢吗？ ✓

4．描述来自练习题 3 的博弈的同构版本，作为使用成堆的石子而不是棋盘的博弈。描述你的版本中的安全格局。 ✓

5．■假设练习题 3 中的博弈已被修改，现在该区域有一个有毒的沼泽，如下所示。

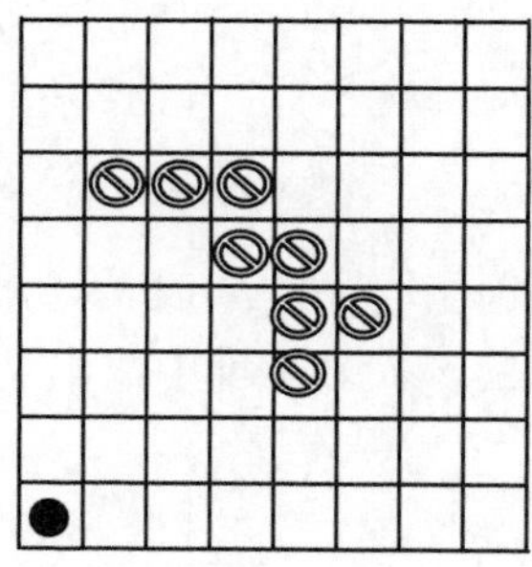

没有有效移动或被迫进入沼泽的玩家输。找到棋盘上的所有安全格局，并证明第一个玩家可以获胜。如果第一个玩家在第一次移动时沿对角线移动，那么正确的响应是什么？

6．（a）用 $n \times 2$ 的棋盘，为“大嚼”提出获胜策略。

（b）用 $n \times n$ 的棋盘，为“大嚼”提出获胜策略。

7．◆使用反向思维找出 4×3 的“大嚼”中的所有安全格局。在这个博弈中获胜的第一步是什么？ ✓

8．有 4 堆分别有 3、4、5、6 个石子的尼姆游戏格局是否安全？✓

9．如果 3 堆中分别有 6 个、8 个、11 个石子，那么尼姆游戏的正确出招是什么？ ✓

10．编写并测试一个 Python 函数，接收表示为非负整数列表的尼姆格局，并检查它是否安全。

11．◆考虑尼姆游戏的以下同构版本。在这个博弈中，一堆硬币被放在一维棋盘的一些方格上。

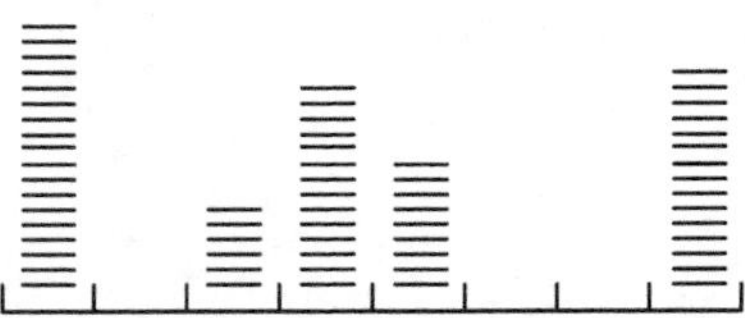

玩家可以从任何一堆硬币中取多个硬币（至少一个），并将它们加到右侧的下一堆中（如果该位置是空的，则在那里加一个新堆）。玩家不得从最右侧的一堆中取出硬币。移动最后一个硬币的人获胜。描述这个博弈中的安全格局。

12．◆桌子上有 6 堆硬币排成一排。

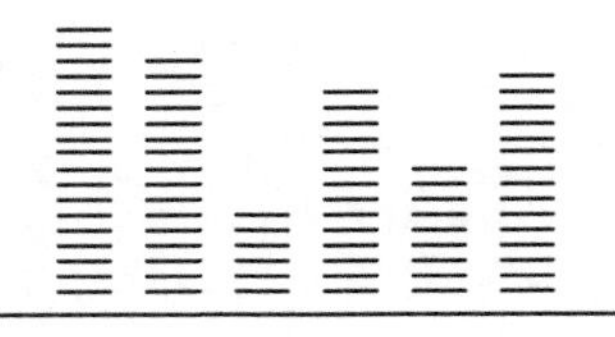

两名玩家轮流取硬币，玩家必须在左侧或右侧取走一整堆硬币。最终获得多数硬币的玩家获胜。想出一个策略，让第一个玩家确保他收集的硬币至少与对手一样多。⋵ 提示：设想这些硬币在棋盘上，或在交替颜色的方格上排列。 ⋺ ✓

13．■在这个博弈中，有 9 张牌，上面写着数字 1 到 9。两名玩家轮流取牌，每次取 1 张牌，首先收集 3 张牌加起来为 15 的玩家获胜。如果第一个玩家取 5，那么 3 或 4 是正确的回应吗？提出一个策略，确保第一个玩家获胜或平局。⋵ 提示：想象卡片排列在桌面上并形成一个 3×3 的幻方（每行、每列，以及两条对角线中的数字之和都相同）；玩家不是取一张牌，而是在上面写下自己的首字母缩写。

11.5 复习

本章介绍的术语。

冗余

奇偶校验

校验和

校验数字

替换错误

换位错误

不变量

循环不变量

组合博弈

安全和不安全的格局

策略窃取

尼姆游戏

尼姆和

第 12 章 计数

12.1 引言

“组合学”是数学的一个分支，它处理所有可能的组合、安排、序列或事物组的计数。例如冰淇淋可以选 2 种尺寸，3 种口味，5 种配料中的任何一种组合。你买冰淇淋可以有多少种不同的方式？简单地列出并计算所有可能的安排或组合，但这通常是不可行的。组合学提供更成熟的计数方法。其中许多方法并不复杂，基本上使用了 4 种算术运算。诀窍是知道何时乘、何时除、何时加、何时减。

计数方法在 17 世纪突显出来，当时布莱斯·帕斯卡（Blaise Pascal，1623—1662）和其他一些人对计算游戏的概率感兴趣。例如，当我们掷两个骰子时，获得 11 的概率是多少？为了找到答案，我们需要知道所有有利结果的数量和所有可能结果的数量。利用组合计数技术，我们可以分析纸牌游戏中不同安排和结果的可能性，这些游戏有扑克、二十一点、骰子游戏、如双骰子游戏等。我们还可以利用计数方法分析计算机算法的复杂性，以及计算机程序的运行时间和所需空间。

12.2 乘法规则

组合学中的关键操作是乘法。

> 假设一个事物由两个独立的属性描述。它们的值的可能组合的总数等于第一属性的可能值的数量乘以第二属性的可能值的数量。

乘法规则的示例如图 12-1 所示。

图 12-1 3 种嘴形和两种颜色形成 6 种可能的脸

如果一个事物有 3 个、4 个或 k 个属性，那么我们分别用 3 个、4 个或 k 个数字相乘。

例 1

有多少两位正整数？

解

我们可以用 9 种方式（1 到 9）选择十位数，用 10 种方式（0 到 9）选择个位数。答案是 $9 \times 10 = 90$。

例 2

若车牌号码是 3 位数后跟 3 个字母。假设允许所有数字和字母组合，可以组合的车牌号码总数是多少？

解

有 10 种方法可以选择第一个数字，第二个数字和第三个数字同样。有 26 种方法可以选择第一个字母，第二个字母和第三个字母同样。答案是 $10 \times 10 \times 10 \times 26 \times 26 \times 26 = 17{,}576{,}000$。

例 3

1 字节可以表示多少个不同的值？

解

设置第一位有两种方法，设置第二位有两种方法，依此类推。答案是 $2^8 = 256$。

❖ ❖ ❖

乘法规则解释了在组合问题中为何容易出现非常大的数字，或者说为什么买彩票很难中奖。

例 4

用白色棋子和黑色棋子覆盖整个 19 × 19 的围棋盘的方法有多少种？

解

2^{361}。超过 2×10^{120}，也就是说，比宇宙中的原子多出许多倍。

第 12.2 节练习

1. 组合锁有 3 个转轮，每个转轮上有数字 0～9。可能的组合总数是多少？ ✓

2. 冰淇淋可以选 2 种尺寸，3 种口味，5 种配料中的任何一种组合。你可以购买多少种不同的冰淇淋？

3. Python 中可能有多少个 3 字母名称，使得所有字母都是小写，中间字母是元音，另两个字母是辅音？ ✓

4. 一个实验掷 10 次硬币。结果记录为 10 个字母的字符串，每个字母分别是“H”或“T”。结果字符串有多少种不同的可能？

5. ▪我们可以通过多少种方式，把 10 个不同的弹珠分给两个孩子？ ⸨提示：见练习题 4。⸩

6. ▪对于 10 个元素的集合，所有可能子集的数量是多少，包括空集和全集？ ⸨提示：见练习题 5。⸩

7. 如果图形适配器生成一种颜色时，每个红色、绿色和蓝色分量使用 8 位，那么计算机屏幕上可显示的所有可能颜色的数量是多少？ ✓

8. ▪在汉诺塔谜题的 3 个桩子上，5 个不同大小的盘片的所有可能格局的数量是多少？请记住，不要在较小的盘片上放置较大的盘片。 ✓

12.3 排列

当我们想要计数事物的无重复的排列时，乘法规则也适用。

例 1

教练可以通过多少种方式从 7 名球员中选出 3 名球员，1 名控球后卫，1 名得分后卫和 1 名中锋？

解

如果他们来自 3 个不同的球队，我们可以有 7 种方式选择第一名球员，7 种方式选择第二名球员，以及 7 种方式选择第三名球员。但我们不能仅计算 $7\times7\times7$，因为 3 名球员来自同一支球队。一旦我们选择了第一名球员，只剩下 6 名球员，所以我们可以用 6 种不同的方式选择第二名球员。一旦我们完成了前面的步骤，只剩下 5 名球员，所以我们可以用 5 种不同的方式选择第三名球员。答案是 $7\times6\times5$。

例 2

有多少种方法可以让 6 个学生在有 20 张桌子的教室里就座？

解

我们可以将第一个学生安排在 20 张桌子中的任何 1 张，第二个学生在剩余的 19 张桌子中的任何 1 张，以此类推。答案是 $20\times19\times18\times17\times16\times15=27907200$。

❖ ❖ ❖

n 个不同事物或符号的排序称为“排列”。n 个事物的可能排列有 $n\cdot(n-1)\cdot\cdots\cdot2\cdot1=n!$ 种。

我们可以用 n 种方式为第一个位置选择事物，用 $n-1$ 种方式选择第二个位置的事物，依此类推，最后一个位置只剩下一个事物。

回想一下，$1\cdot2\cdots n=n\cdot(n-1)\cdots1$ 被称为“n 的阶乘”。它用 $n!$ 表示。

可以用不同的方式得出上述结果。设 P_n 为 n 个事物的排列数。让我们取 n 个事物，称其中一个为 x，并将它放在一边，其余 $n-1$ 个事物有 P_{n-1} 种排列。对于这些排列中的每一个，我们可以将 x 插在开头、任意两个事物之间或最后，从而创建 n 个不同事物的 n 种排列。因此，从 $n-1$ 个事物的每个排列，我们现在得到了 n 种 n 个事物的不同排列。所以，$P_n=nP_{n-1}$。此外，$P_1=1$，因为一个事物只有一种排列。现在很清楚了，$P_n=n!$。要更正式地证明，我们需要借助“数学归纳法”，该方法将在第 16 章中介绍。

例 3

有多少种方法，可以在 5 个人头上放置 5 顶不同的派对帽？

解

5! = 120

例 4

有多少种方法可以排列 52 张牌？

解

52! = 80658175170943878571660636856403766975289505440883277824000000000000

第 12.3 节练习

1．所有数字都不同的 3 位整数有多少个？ ✓

2．■包含 5 个字母但没有两个连续相同字母的“单词”有多少个？将任意字母组合计为“单词”。

3．在初中毕业的 30 名女生和 36 名男生中，针对“最有可能成功”“最佳运动员”“最佳舞者”“最佳着装”和“班级小丑”的每个分类，选择 1 名男孩和 1 名女孩，可以有多少种方式？同一个人不能入选两个分类。

4．连续用 8 把椅子容纳 6 人，可以有多少种方式？ ✓

5．■有多少种方法可以让 8 个人坐 6 把椅子，剩下 2 个人？ ⋞ 提示：将椅子分配给人，而不是人分配给椅子。 ⋟ ✓

6．输出字母“ABCDEFGHIJKL”的所有可能的排列需要多少页？将每种排列结果输出在单独一行上，一页有 60 行。

7．■阿米莉亚正在解决密码算术谜题，

```
  S E N D
+ M O R E
---------
M O N E Y
```

她的方法是针对不同的字母，尝试不同数字的所有可能的替换（对于'M'和'S'排除 0，因为数字不能以 0 开始）。如果她每次尝试需要 1 分钟（她的加法运算能力非常好），并且在尝试了所有可能的替换中的一半后找到了答案，那么阿米莉亚需要多长时间才能解决这个谜题？✓

8. ■如果两个单词由相同字母以不同顺序组成，则它们互称“颠倒字母而成的词”。例如，MANGO 和 AMONG。杰西决定编写一个程序，生成这几个字母的所有可能排列结果，并在单词列表（从一个文件中获得）中查找每个排列结果，来查找给定单词的所有“颠倒字母而成的词”。如果程序可以每秒生成并查找 360 个排列结果，那么查找“BINARY”的所有字符需要多长时间？“DECIMAL”呢？“CONVERSATION”呢？✓

12.4 使用除法

在许多组合问题中，先过度计数，多次计数每种排列，这比较容易。只要我们计数每种排列的次数相同，并且知道这个次数，我们就可以将总计数除以计数每个排列的次数，从而得到答案。

例 1

n 支球队正在参加循环赛，即每支球队对阵其他球队一次。会有多少场比赛？

解

针对一场比赛，有 n 种方法可以选择第一支球队，$(n-1)$种方法选择第二支球队，因此给出 $n(n-1)$。但通过这种方式，我们对每场比赛进行了两次计数，因为 A 队对阵 B 队的比赛与 B 队对阵 A 队的比赛相同。因此，答案是 $\frac{n(n-1)}{2}$。

例 2

我们可以用字母 A L A B A M A 生成多少 7 个字母的单词（假设所有字母排列都是“单词”）？

解

如果所有 7 个字母都不同，我们就会有 $7\times6\times5\times4\times3\times2\times1=7!$个单词。但是 4 个 A

是相同的字母，所以当我们置换它们时得到相同的词。我们对 7 个字母的每种排列的次数计数，等于 4 个 A 的排列数，即 4!次。答案是$\frac{7!}{4!}=5\times6\times7=210$。

例 3

抽屉里有 5 对相同的手套。如果你随机取出 2 只手套，它们成对的概率是多少？

解

我们可以用 10 种方式取出第 1 只手套，用 9 种方式取出第 2 只手套。如果顺序不重要，我们会将每种可能性计数两次。所以选择 2 只手套的方法总数是$\frac{10\times9}{2}=45$。我们可以用 5 种方式取出左手套，用 5 种方式取出右手套，所以取出一对的方法是$5\times5=25$。取出 2 只左手套的方法总数是$\frac{5\times4}{2}=10$，2 只右手套也一样。取出 2 只不成对手套的方法总数是$25+20=45$。请注意，取 2 只手套的方法总数是相等的，$25+20=45$。得到一对的概率是 25∶20=5∶4（我们说，“5 比 4”）。

❖ ❖ ❖

有时，可以通过除法或“锚定”事物的特定属性或安排，解决问题。

例 4

有多少种方法让老师和 6 名学生坐在圆桌旁？（只要每个人左手和右手的“邻居”相同，排列结果就认为是相同的。）

解

我们可以说总共有 7!种排列以及 7 种旋转桌子的方式，所以答案等于$\frac{7!}{7}=6!=720$。

另一种解法是将教师安排在桌子的任一位置，然后有 6!种排列学生的方法。

第 12.4 节练习

1. 从 12 只小狗中选择 2 只，可以有多少种方式？✓

2．冰淇淋可以选 2 种尺寸、3 种口味、5 种配料中的任意两种。可能有多少种不同的购买方式？

3．■通过重新排列字母 T E N N E S S E E 可以生成多少单词（假设所有字母排列都是"单词"）？

4．■在一张长方形餐桌上安排一组 6 人，有多少种排列方式？男主人和女主人坐在短边，每个长边坐 2 个客人。只要每个客人拥有相同的邻座，排列就认为是相同的。✓

5．■用 6 种不同颜色为正方体的 6 面进行着色，我们可以用多少种方法？正方体可以任意旋转，但通过旋转能与其他着色方案完全对应的着色被认为是相同的。✓

6．◆一家航空公司正在规划从美国东海岸到加勒比海的 3 个直飞航班。该航空公司服务于美国东海岸的 6 个主要城市和 12 个不同的加勒比海岛屿。多个航班可以前往同一个岛屿，但不能来自同一个城市。这 3 个航班有多少种不同的配置？✓

7．◆有多少种方法可以将 8 个车放在棋盘上，使得他们没有任何相互威胁？一个车可以垂直或水平移动任意数量的方格。(国际象棋棋盘上的 64 个方格被标记为"a1"到"h8"，并且被认为是不同的；8 个车被认为是相同的。) ✓

12.5 组合

组合是从给定的一组 n 个元素中选择 k 个元素（$0 \leqslant k \leqslant n$），忽略顺序。这个数字记作 $\binom{n}{k}$，读作"n 选 k"。

$\binom{n}{k}$ 是数学中的重要数字，它们有许多不错的属性。请注意有一种对称性，$\binom{n}{k}=\binom{n}{n-k}$。实际上，选择 k 个事物与留出剩余 $n-k$ 个事物的可选方案数量一样。注意 $\binom{n}{n}=1$。数学家已经同意 $\binom{n}{0}=1$，所以对称性是完整的。

❖ ❖ ❖

让我们利用乘法和除法规则，为 n 选 k 推导出一个公式（带有阶乘）。假设我们按如下方式选择 k 个事物。首先将全部 n 个事物排成一排，然后取前 k 个。安排总数是 $n!$。但是，如果我们重新安排前 k 个事物和剩余的事物，最终会得到相同的选择。重新安排前 k 个事物有 $k!$ 种方法，重新安排剩余的事物有 $(n-k)!$ 种方法。所以我们对每种选择计数了 $k!(n-k)!$ 次。因此，有如下公式。

$$\binom{n}{k}=\frac{n!}{k!(n-k)!}=\frac{n\cdot(n-1)\cdots(n-k+1)}{k\cdot(k-1)\cdots1}$$

将 0!定义为 1，使得该公式也适用于 $k=0$。

❖　❖　❖

记住针对 $k=0$、$k=1$、$k=2$、$k=3$ 时 $\binom{n}{k}$ 的公式，这很有用。

$$\binom{n}{0}=1$$

$$\binom{n}{1}=n$$

$$\binom{n}{2}=\left(\frac{n(n-1)}{2}\right)$$

$$\binom{n}{3}=\frac{n(n-1)(n-2)}{6}$$

例 1

两个孩子分享 4 支不同的铅笔，使得每人有两支铅笔，有多少种方式？

解

我们需要为第一个孩子选择两支铅笔，第二个孩子得到另外两支。

$$\binom{4}{2}=\frac{4\times3}{2}=6$$

例 2

有多少种方法可以从 52 张牌中选择 5 张牌？

解

$$\binom{52}{5}=\frac{52\times51\times50\times49\times48}{5\times4\times3\times2\times1}=2,598,960$$

例 3

一个字节中有多少种不同的位模式正好设置了 3 个位？

解

$$\binom{8}{3}=\frac{8\times7\times6}{3!}=56$$

❖ ❖ ❖

$\binom{n}{k}=\frac{n!}{k!(n-k)!}$ 是一个漂亮的公式，它确认了对称性 $\binom{n}{k}=\binom{n}{n-k}$。但是，对于某些计算来说，这是不实际的，因为因子很快就会变得非常大。对于计算机程序，将 $\binom{n}{k}$ 写为分数的乘积更方便。

$$\binom{n}{k}=\frac{n}{k}\cdot\frac{n-1}{k-1}\cdots\frac{n-k+1}{1}$$

第 12.5 节练习

1．购买一个披萨，从 5 种可能的配料中选 3 种，有多少种方法？✓

2．针对 $k=0$、$k=1$、$k=2$、$k=3$、$k=4$，写出 $\binom{4}{k}$。

3．帕特有 40 颗珠子，其中 35 颗是白色的，5 颗是黑色的。除颜色外，珠子是相同的。帕特可以用所有 40 颗珠子制作多少种不同的手链？手链的两端是不对称的，一端有钩子，另一端有孔眼。✓

4．■编写一个 Python 函数 `n_choose_k`，计算 $\binom{n}{k}$ 并返回一个 `int`。该函数应该适用于 `0≤k≤n`。⦃提示：使用浮点数作为分数的乘积，然后用内置函数 `round` 将它转换为 `int`。舍去有助于避免计算机运算中的微小的不准确值。⦄

5．■3 个人分 9 张不同的贴纸，每人 3 张，有多少种方法？✓

6．■有多少种不同的井字棋网格有 3 个 X 和 3 个 O？⦃提示：见练习题 5。⦄

7．◆有多少种方法可以从 52 张牌中得到一手“满堂红”？满堂红是 3 张牌面大小一样的牌带另外一对牌面大小一样的牌。✓

8．◆如果计算出 $\underbrace{(x+1)\cdots(x+1)}_{n\text{项}}$，得到的多项式 $c_nx^n+c_{n-1}x^{n-1}+\cdots+c_1x+c_0$ 的系数 c_0, c_1, …, c_n 是多少？

9．◆考虑以下布尔表达式。

$$((P \text{ and } Q) \text{ or not } (P \text{ or } Q)) \text{ and } ((P \text{ and not } Q) \text{ or not } P)$$

它有 3 个“与”和 3 个“或”运算符。假设我们重新调整这 6 个运算符来生成新的表达式。证明在以这种方式获得的所有不同表达式中，至少有两个将具有相同的真值表。≶ 提示：不要执行逻辑，只计数。≷ ✓

12.6 使用加法和减法

对于所有可能的事物或排列的集合，如果比较容易分成两个或多个不相交的集合，加法就有用。分别计数这些不相交的集合中每个集合的排列，然后将结果加起来。

例 1

从 5 种冰淇淋配料中选择 1 种或 2 种，有多少种方法？

解

1 种配料与 2 种配料不同！有 5 种方法选择 1 种，有 $\frac{5\times4}{2}=10$ 种方法选择 2 种。答案是 $5+10=15$。

例 2

如果测验不能在同 1 天或连续 2 天中进行，那么在一周 5 天内，有多少种方法安排两次测验？

解

如果第一个测验是在第 1 天，第二个测验可以在第 3 天、第 4 天或第 5 天，即 3 种可能性。如果第一个测验是在第 2 天，则第二个测验可以在第 4 天或第 5 天，即 2 种可能性。如果第一个测验是在第 3 天，则第二个测验必须在第 5 天，即一种可能性。答案是 $3+2+1=6$。

❖ ❖ ❖

如果你无法计数满足特定条件的事物或排列，你可以尝试计数所有可能的排列，然后计数不满足条件的排列，并从总数中减去它们的数量。

例 3

让 2 个成年人和 4 个孩子连续坐在电影院里，要使 2 个成年人不会彼此相邻，有多少种方法？

解

可能的排列总数是 6! = 720。我们计数成年人坐在一起的排列数量：为成年人选择两个连续座位的方式有 5 种；在这些座位上安排成年人座位的方式是 2 种；在其余 4 个座位上安排孩子的方式是 4!。所以成年人坐在一起的排列数量是 $5 \times 2 \times (4!) = 240$。答案是 $720 - 240 = 480$。

第 12.6 节练习

1. 下图中有多少个三角形？

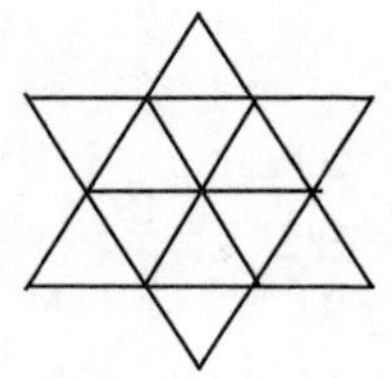

⋞ 提示：分别计数不同大小的三角形。⋟ ✓

2. 用 25 美分、10 美分和 5 美分硬币，有多少种方法可以凑出 50 美分？

3. 对于整数 m 和 n（$2 \leqslant m < n \leqslant 12$），有多少对（$m, n$）是相对质数？相对质数是指除了 1 之外，没有公因数。✓

4. 回想一下，Python 中的有效名称可以由大写和小写的字母、数字和下划线组成，但不能以数字开头。有多少长度为 3 或更短的有效 Python 名称？

5. ▀假设男女混合室内足球联赛需要一个由 7 名成员组成的团队，其中至少有 2 名女性。Pythons 俱乐部有 8 名男性和 5 名女性。Pythons 俱乐部有多少种方式组成联赛球队？

6. ◆给定 4 种花色（总共 36 张牌）中的牌面数字有 2 到 10，有多少种方法可以选择 3 张牌，它们的牌面数字加起来是 21？ ⋞ 提示：分别考虑 3 张牌具有相同牌面数字，2 张牌具有相同牌面数字，以及 3 张牌具有不同牌面数字的情况。⋟ ✓

7. 有多少 4 位数字中至少有一个 7？⋞ 提示：计数没有 7 的数字。⋟ ✓

8. 1000 以下的正整数有多少不能被 6 整除？

9. ◆在下图中，从 A 到 B 的路径有多少条？

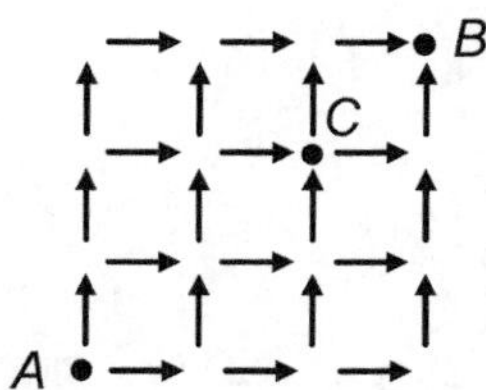

有多少条路径不经过 C 点？ ✓

10． ◆一种密码可以包含大写和小写的字母以及数字，它必须包含至少一个大写字母和至少一个数字。可以有多少个不同的 4 个或 5 个字符的密码？ ✓

12.7 复习

本章介绍的术语和符号。

组合学	$1\cdot 2\cdots n = n!$
乘法规则	$\binom{n}{k}=\frac{n!}{k!(n-k)!}$
排列	
阶乘	
组合	
n 选 k	

第 13 章 概率

13.1 引言

当我们掷一对骰子时，得到 11 点的可能性是多少？7 点或 11 点，哪个更有可能？如果我们掷一对骰子 100 次，我们大概会得到多少次 11 点？概率论可以帮助回答这些问题。

事件的概率是介于 0 和 1 之间的数字，用于描述当我们多次重复实验时发生该事件的可能性。0 意味着事件永远不会发生，1 表示事件总是发生，0.5 表示事件大约在一半情况下发生。

要询问和回答有关概率的问题，我们首先需要正式描述事件是什么，然后我们可以找出一种计算事件概率的方法。

假设我们有一个实验产生一些结果（一个数字、一个事物或一个特定的事物组合）。所有可能结果的集合称为实验的“概率空间”。在本书中，我们仅处理具有有限数量的可能结果的实验。换句话说，概率空间是有限集。例如，当我们掷出表面上有 1、2、3、4、5 和 6 点的骰子时，有 6 种可能的结果，因此概率空间是一组 6 个元素的集合，{1, 2, 3, 4 , 5, 6}。

“事件”被定义为概率空间的子集，它由满足特定标准的所有“有利”结果组成。我们可以定义以下事件：骰子上的点数为 3 或更大。此事件可以描述为集合{3, 4, 5, 6}。事件的其他例子：骰子上的点数是偶数，{2, 4, 6}；点数是 6，{6}。在后一个例子中，事件是仅有一个元素的概率空间的子集。

13.2 通过计数计算概率

> 如果概率空间中的所有结果可能性相等，事件的概率被定义为有利结果的数量与所有可能结果的数量的比值。

> 事件的概率= $\dfrac{\text{有利结果的数量}}{\text{所有可能结果的数量}}$

例 1

当我们掷出表面上有 1、2、3、4、5 和 6 点的骰子时，获得 3 点或更大点的概率是多少？

解

有 6 种可能的结果，6 种结果的可能性都是相等的。其中 4 种结果点数为 3 或以上，即 $\{3, 4, 5, 6\}$。因此，获得 3 点或更大点的概率是 $\frac{4}{6}=\frac{2}{3}$。

当我们掷一对骰子时，情况稍微复杂一些。这种情况下我们如何定义概率空间？第一个骰子和第二个骰子上的任何点组合都是不同的结果。那么概率空间将由 36 个元素组成（见图 13-1）。同样，36 种不同结果中的每一种的可能性都是相等的。

图 13-1 掷出两个骰子的可能结果的概率空间有 36 个元素，第一个和第二个骰子上所有可能的点的组合

例 2

当我们掷一对骰子时，骰子上的点总和是 11 的概率是多少？总和是 7 的概率是多少？

解

得到 11 的概率可以计算为 2/36 = 1/18，因为正好有 2 个可能的结果产生总和 11 点，即 5 + 6 和 6 + 5。得到 7 的概率是 6/36 = 1/6，因为有 6 个可能的结果得到总和 7 点 1 + 6、2 + 5、3 + 4、4 + 3、5 + 2 和 6 + 1（见图 13-2）。

❖ ❖ ❖

> 当整个概率空间被分成几个非重叠事件时，这些事件的概率和总是 1。

图 13-2 展示了一个例子。

Sum =
2 3 4 5 6 7 8 9 10 11 12

$$\frac{1}{36}+\frac{2}{36}+\frac{3}{36}+\frac{4}{36}+\frac{5}{36}+\frac{6}{36}+\frac{5}{36}+\frac{4}{36}+\frac{3}{36}+\frac{2}{36}+\frac{1}{36}=\frac{36}{36}=1$$

图 13-2 在一对骰子上获得一定点数的概率

你可能想知道：如果我们对两个骰子上的点数之和感兴趣，为什么不选择一个只包含 11 个元素的简单概率空间，可能的总和为 2,3,⋯,12？从技术上讲，我们可以这么做，但这样的概率空间不会非常有用。因为正如我们所看到的，这个概率空间中的不同结果具有不同的概率。这个概率空间无助于我们计算每个结果的概率，也无法计算各种其他事件的概率。

> 当我们为问题构造概率空间时，总是尝试选择一个所有结果具有相同概率的空间。

在所有结果具有相同概率的空间中，每个结果的概率是 $1/n$，其中 n 是所有可能结果的数量。然后，我们可以简单地计数满足事件标准的结果数量，并将该计数除以 n，从而求出事件的概率。

❖ ❖ ❖

有时我们可以针对相同的情况，以不同的方式定义概率空间，但对于相同事件的概率，我们应该得到相同的结果。

例 3

如果我们从 52 张牌中随机抽出 2 张牌，抽到 2 张 A 的概率是多少？

解

我们可以将概率空间定义为所有牌对的集合（忽略牌对中两张牌的顺序）。有 $\binom{52}{2}=\frac{52\times 51}{2}$ 种方法可以从 52 张牌中选择一对牌。有 $\binom{4}{2}=\frac{4\times 3}{2}$ 种方法可以从 4 个 A 中选择一对 A（有利的结果）。答案是 $\frac{4\times 3}{2}\Big/\frac{52\times 51}{2}=\frac{4\times 3}{52\times 51}=\frac{1}{221}$。

另解：我们可以将概率空间定义为所有有序牌对的集合。这个空间中的元素数量是 52×51，有序的 A 对的数量是 4×3。我们得到了同样的答案：$\frac{4\times3}{52\times51}=\frac{1}{221}$。

例 4

如果我们抛 3 次硬币，那么出现刚好 2 次正面朝上的概率是多少？

解

这里的概率空间是{HHH, HHT, HTH, HTT, THH, THT, TTH, TTT}，期望的结果是{HHT, HTH, THH}。答案是 3/8。

第 13.2 节练习

1．如果随机猜测 5 个答案选项的多项选择题，猜中正确答案的概率是多少？ ✓

2．如果你掷 2 个骰子，那么点数的总和大于 7 的概率是多少？

3．你必须在 36 个方格的网格上标记正确的 6 个方格。你标记正确的概率是多少？ ✓

4．如果你抛硬币 5 次，出现至少 4 次反面的概率是多少？

5．轮盘中有 36 个槽的编号为 1～36，另有 2 个槽，标记为 0，表示对于获胜。36 个槽 18 个红色和 18 个黑色交替，0 是绿色。如果你选择 17 号槽，获胜的概率是多少？如果你选择“红色”，获胜的概率是多少（如果球击中任何红色位置你就赢了）？ ✓

6．从前 50 个正整数中随机选择的数字，被 3 整除的概率是多少？

7．随机选择两位正整数（即 10 到 99 之间的整数），两个数字相同的概率是多少？

8．■编写一个 Python 程序，计算在掷 3 个骰子时获得不同点数总和（3～18）的概率。什么点数总和出现概率最高？ ⪡ 提示：初始化一个计数列表，全部设置为 0，然后在三个骰子上生成所有可能的点组合，并为每个组合增加适当的计数。 ⪢

13.3 更多通过计数的概率

我们知道，要计算事件的概率，必须计算所有“有利”结果的数量，并将它除以所有可能结果的数量。当我们进行计数时，可以回顾在第 12 章的组合学问题中学到的所有技巧。

例 1

如果 5 张牌是从 52 张牌中随机发出的，获得“两对”的概率是多少（即一对牌有一样的牌面数字，另一对牌有一样的牌面数字，剩下那张牌有不一样的牌面数字）？

解

发 5 张牌的方法总数是$\binom{52}{5}=\frac{52\times51\times50\times49\times48}{5\times4\times3\times2\times1}=52\times51\times10\times49\times2$。为了形成“两对”，让我们首先从 13 种牌面大小中选择 2 种作为对子，有$\frac{13\times12}{2}=78$种办法。对于每一种牌面数字，有 6 种方法可以从 4 张牌中选择 2 张。最后有 44 种方法可以选择剩下的牌（从剩下的 11 种牌面数字选择）。答案是$\frac{78\times6\times6\times44}{52\times51\times10\times49\times2}=\frac{198}{4165}\approx0.048$。

例 2

袋中有 60 个果冻豆，其中，15 个是红色，15 个是蓝色，15 个是绿色，15 个是黄色。丹尼已经拿出 1 个红色的果冻豆和 1 个蓝色的果冻豆，袋子里还剩 58 个果冻豆。如果丹尼随机再拿出 3 个果冻豆，他最终得到 3 个颜色相同的果冻豆的概率是多少？

解

我们将使用计数的加法和乘法规则。对于有利的结果，有 4 种相互排斥的可能性：丹尼最终会得到 3 个红色、3 个蓝色、3 个绿色或 3 个黄色的果冻豆。要得到 3 个红色的果冻豆，他需要选择袋子里剩下的 14 个红色果冻豆中的 2 个，有$\binom{14}{2}=\frac{14\times13}{2}=91$种办法。然后他需要再选择一个不是红色的果冻豆，有$58-14=44$种办法。因此，有$91\times44=4004$种方法拿 5 个果冻豆，其中 3 个是红色。拿出 3 个蓝色果冻豆的方法总数相同。要获得 3 个绿色果冻豆，丹尼需要在 15 个绿色果冻豆中选择 3 个，有$\binom{15}{3}=\frac{15\times14\times13}{3\times2}=455$种方法。同样，有 455 种方法可以选择 3 个黄色果冻豆。有利结果的总数是$4004+4004+455+455=8918$。所有可能结果的总数是从 58 个果冻豆中选择 3 个果冻豆的方法的数量，即$\binom{58}{3}=\frac{58\times57\times56}{3\times2\times1}=30856$。获得 3 个相同颜色的果冻豆的概率是$\frac{8918}{30856}\approx0.289$。

❖　❖　❖

> 当我们将概率计算为有利结果的数量与所有可能结果的数量的比率时，概率空间中的所有可能结果具有相等的概率是非常重要的。如果不是这样，那么简单比率方法将导致答案错误。

例 3

考虑两个玩家之间的游戏。每个玩家最多掷 3 次硬币，谁先获得正面谁胜。如果他们第一次得到硬币的同一面，就会进行一个决胜局；如果再次得到相同的一面，他们会进行另一个决胜局。第一个玩家获胜的概率是多少？

解

在一个不成熟的方法中，我们会考虑所有可能的游戏过程：

玩家 A 获胜：

A:	H	HH	TH	HHH	HTH	THH	TTH
B:	T	HT	TT	HHT	HTT	THT	TTT

7

玩家 B 获胜：

A:	T	HT	TT	HHT	HTT	THT	TTT
B:	H	HH	TH	HHH	HTH	THH	TTH

7

平局：

A:	HHH	HHT	HTH	HTT	THH	THT	TTH	TTT
B:	HHH	HHT	HTH	HTT	THH	THT	TTH	TTT

8

有 7 种可能的方式玩家 A 会赢，有 7 种可能的方式玩家 B 会赢。游戏有 8 种可能的方式以平局结束。

似乎玩家 A 获胜的概率是 $\frac{7}{7+7+8}=\frac{7}{22}$。答案错误！上面列出的 22 种可能的游戏过程，不是等可能的。为了看到这一点，让我们允许每个玩家掷 3 次，无论发生何种情况，最后才决定胜利者。

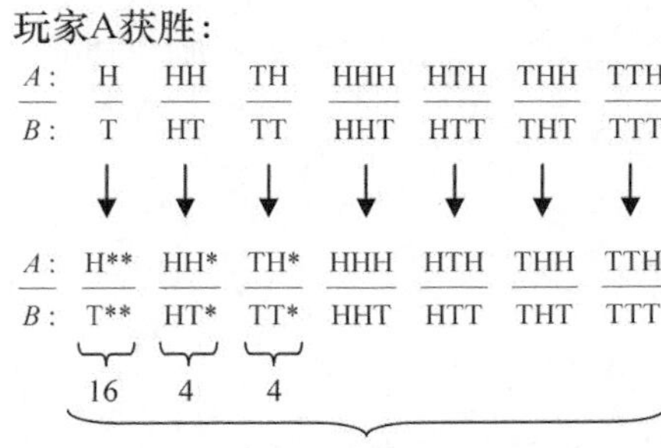

这里*是一个通配符，可以代表硬币的任何一面。这个新的概率空间定义恰当，所有结果都是等可能的，旧的概率空间没有这个属性。正如我们现在所看到的，H/T 游戏的获胜概率实际上是 HH/HT 的游戏的 4 倍，是 HHH/HHT 游戏的 16 倍。

新概率空间可能的结果总数是 $2^6 = 64$，正确的答案是 $\frac{28}{64} = \frac{7}{16}$。

在这个例子中，我们不必计算所有获胜组合数。根据玩家的对称性，有一个快捷方法：结果总数是 2^6，平局游戏结果的数量是 2^3，所以玩家 A 获胜的结果数量是 $\frac{\left(2^6 - 2^3\right)}{2} = 28$。

第 13.3 节练习

1. 在一副牌（52 张）中获得“4 张同点”扑克牌的概率是多少（同一牌面大小的 4 张牌加上任意第五张牌）？✓

2. ■“皇家同花顺”是最好的牌，即同一花色的 A、K、Q、J 和 10。当你从一套标准的 52 张牌中随机发出 5 张牌时，获得皇家同花顺的概率是多少？✓

3. ■在“十点”基诺游戏中，你在一张有 80 个数字的卡片上标记 10 个“点”（数字），然后对手随机挑选 20 个数字。要赢得胜利，你需要让 10 个数字全被对手数字“击中”。赢得胜利的概率是多少？（基诺游戏给玩家带来了所有游戏中最小的获胜概率。）✓

4. ■一个袋子中有 3 个红色大理石和 5 个蓝色大理石。如果你随机抽出 4 个，得到 2 个红色和 2 个蓝色的概率是多少？

5. ◆从 52 张牌中抽牌，直到得到 2 张牌面数字相同的牌。不超过 3 张牌就结束的概率是多少？✓

6. ◆书中的页面编号为 1 到 96。我们剪下所有页码并将它们剪成单独的数字，从中随机选择两个数字，它们的和为 10 的概率是多少？

7. ◆将 16 个台球随机放入 6 个口袋中。（假设一个口袋可以容纳任意数量的球。）东北角口袋少于 3 个球的概率是多少？✓

8. ◆随机的 21 点的 3 张牌，值为 21 点的概率是多少？在 21 点中，每张数字牌按由 2 到 10 的面值计数；A 算作 1 或 11，你可以选择一种；其他“图片”牌（J、Q 或 K）计为 10。✓

13.4 乘法、加法和减法

还记得我们如何使用乘法、加法和减法来计数吗？当然，在计算“有利”结果和实验的所有可能结果的数量时，我们可以应用这些方法。但有一条捷径：我们可以直接对概率应用乘法、加法和减法运算。让我们从乘法开始。

> 假设我们有两个相互独立的实验。假设事件 A 可以在第一个实验中发生，事件 B 可以在第二个实验中发生。A 和 B 在各自实验中发生的概率是 A 的概率乘以 B 的概率。

例 1

如果我们连续掷两次骰子，获得两个 6 的概率是多少？

解

第一次掷骰子得到 6 的概率是$\frac{1}{6}$，第二次得到 6 的概率是$\frac{1}{6}$。连续获得两个 6 的概率是$\frac{1}{6}\times\frac{1}{6}=\frac{1}{36}$。注意，掷两次骰子与同时掷两个一样的骰子相同。

例 2

我有 3 个信封。其中两个有 1 美元，第 3 个是空的。你可以带走任意两个信封。你最终得到两美元的概率是多少？

解

拿第一个信封时，获得 1 美元的概率是$\frac{2}{3}$。如果你得到第一个 1 美元，从剩下的两个信封获得第二个 1 美元的概率是$\frac{1}{2}$。获得 2 美元的概率是$\frac{2}{3}\times\frac{1}{2}=\frac{1}{3}$。如果我们假设第一个实验在第二个实验之前是成功的，乘法规则仍然有效。这类似于计数组合而没有重复，正如我们在 12.3 节中讨论的那样。

❖　❖　❖

> 概率可以在两种情况下相乘：当事件彼此独立时，如上面的例 1 所示；当基于第一事件已经发生的假设成立计算第二事件的概率时 ，如上面的例 2 所示。

例 3

在加勒比海的尼维斯岛上，平均每年降雨 45 天。连续两天下雨的概率是多少？

解

这是一个棘手的问题。你可能想应用乘法规则，并说概率是$\frac{45}{365}\times\frac{45}{365}$或$\frac{45}{365}\times\frac{44}{364}$。但是，乘法规则要求事件彼此独立地发生，天气情况不是这样，在尼维斯岛，雨季是 9 月和 10 月，在这两个月里连续两天降雨很有可能。为了论证这一问题，假设在某个神秘岛上，45 个雨天总是在 9 月 1 日到 10 月 15 日之间，并且在一年中的其余时间里根本不会下雨。那么，如果我们随机选择一年中连续两天，则两天都会下雨的概率是$\frac{44}{365}$。如果没有关于全年雨天分布的更多信息，我们无法回答最初关于尼维斯岛的问题。

❖ ❖ ❖

当我们需要找到可以分成两个无重叠事件的事件概率时，使用加法。

例 4

在掷骰子的游戏中，你掷两个骰子。如果你掷到 7 或 11，你就赢了；如果你掷到 2、3 或 12，就输了；其他情况游戏继续。在第一次掷骰子上赢或输的概率是多少？

解

在第一次掷骰子时获胜的概率是$\frac{6}{36}+\frac{2}{36}=\frac{2}{9}$（见图 13-2)；在第一次掷骰子时失败的概率是$\frac{1}{36}+\frac{2}{36}+\frac{1}{36}=\frac{1}{9}$。(但这不是游戏的结束，获胜规则是这样的：最终在游戏中赢得超过一半的比赛。)

例 5

在“随机行走”中，你可以随机选择下一步行走的方向（前进、后退、左或右)，它们具有相同的概率。两步后返回起始位置的概率是多少？

解

有以下 4 个序列在两步后可返回起始位置，{前,后}、{后,前}、{左,右}和{右,左}。每个序列发生的概率是$\frac{1}{4}\times\frac{1}{4}=\frac{1}{16}$。4 个序列中的任何一个发生的概率是$\frac{1}{16}+\frac{1}{16}+\frac{1}{16}+\frac{1}{16}=\frac{1}{4}$。

❖ ❖ ❖

如果事件发生的概率为 p，则不发生同一事件的概率为 $1-p$。

例 6

戴夫击出本垒打的概率是 0.13。戴夫不会击出本垒打的概率是多少？

解

$$1-0.13=0.87$$

例 7

艾米莉平均每 15 次用飞镖击中“靶心”1 次。艾米莉在 3 次尝试中至少会击中靶心 1 次的概率是多少？

解

假设艾米莉击中靶心的概率为 p，错过靶心的概率是$1-p$。则艾米莉连续 3 次错过靶心的概率是$(1-p)^3$，3 次尝试中至少 1 次击中靶心的概率是$1-(1-p)^3$。这里$p=\frac{1}{15}$。答案是$1-\left(1-\frac{1}{15}\right)^3=\frac{631}{3375}\approx 0.19$。

第 13.4 节练习

1．连续 3 次掷骰子都得到 3 的概率是多少？ ✓

2．在 Scrabble 中，有 98 个写有字母的方块。有 2 个 B、9 个 A 和 6 个 T。如果你从盒子中随机拿出 3 个方块，每次将方块放回到盒子中，按顺序获得 B、A、T 的概率是多少？

3．掷 3 次骰子而从未得到 6 的概率是多少？至少得到一次 6 的概率是多少？ ✓

4．■如例 5 所述，在随机行走时，你在 4 步后返回起始位置的概率是多少？

5．■在壁球比赛中，一连串连续的击球被称为 1 个回合。当你发球时，要得分，你需要赢得该回合。如果你的对手发球，赢得 1 个回合只是给你下一个发球的权利。如果艾莉在她发球时，平均赢得 10 个回合中的 4 个；在她的对手发球时，赢得 10 个回合中的 3 个。那么从对手发球开始，2 回合后，艾莉得一分（一球一分）的概率是多少？ ✓

6．◆练习题 5 描述了壁球得分的规则。不管是谁发球，苏珊平均在 3 个回合中有 2 个回合击败吉米。如果苏珊开始发球，她在 3 个回合中赢得下一分的概率是多少？在 5 个回合中苏珊最终会赢得下一分的概率是多少？ ⪡ 提示：在情况下，我们得到一个无穷极数，但我们已经知道如何处理它…… ⪢ ✓

7. ◆如果选手发球，并且选手的对手和选手水平相当（也就是说，每个选手赢得一个回合的概率是 0.5，无论谁发球），那么选手在壁球中赢得下一分的概率是多少（参见练习题 6）？

8. ◆一个飞镖靶有 20 个外部扇区，20 个内部扇区和一个叫“靶心”的中心。如果平均而言，在 30 次尝试中击中靶心一次，内部扇区 5 次（在它们中间等可能），外部扇区 20 次，完全错过了 4 次。那么连续两次击中同一扇区（或靶心）的概率是多少？✓

9. ◆在某抽奖活动中，你可以从 42 个数字中选择 6 个数字。如果你的数字与计算机抽出的数字相匹配，那么你将获得累积奖金。计算机还抽出第七个“鼓励”数字。如果你没有中奖，但是你的 6 个数字与电脑抽取的 7 个数字（包括鼓励数字）中的任意 6 个数字相匹配，你将获得 10000 美元的安慰鼓励奖。还有其他奖品，但它们相对较小。只有当你的“平均赢额”（中奖概率乘奖金的大小，加上安慰鼓励奖的概率乘以鼓励奖金的大小）超过票价时，你才决定玩游戏。如果一张票的价格为 1.00 美元，那么累积奖金达到多少才值得你玩？

10. ◆一个棋子从棋盘左下角的黑色方格开始移动。在每次移动中，棋子以相同的概率向上或向右移动一个方格，它到达右边或顶边时停止。棋子最后在黑色方格上的概率是多少？ ⋞ 提示：扩展棋盘，使它形成一个等边直角三角形，直角在左下角，并将所有路径延伸到它的斜边，使所有路径的长度相等。 ⋟

13.5 伪随机数

计算机应该是可预测的，从相同的位置开始，执行相同的步骤，你应该得到相同的结果。但有时我们希望计算机随机行动。例如，在游戏和随机过程的计算机模拟中，随机行动是有用的。

典型的编程语言具有生成“随机”数字的库函数。这些数字是利用某种算法在软件中生成的，因此它们并非真正随机，但它们近似于随机行为。这些数字称为“伪随机数”。

Python 库有一个 `random` 模块，它有许多生成和返回随机数的函数。要获取随机整数 `r`，`a`≤`r`≤`b`，请将函数 `randint` 导入 `random` 模块，并调用 `randint(a, b)`。例如：

```
>>> from random import randint
>>> randint(1,3)
2
>>> randint(1,3)
3
>>> randint(1,3)
3
```

```
>>> randint(1,3)
1
>>> randint(1,3)
2
```

（你的显示可能会有所不同，因为 randint 会返回伪随机数。）

来自同一模块的 random 函数返回一个浮点型数 x，0.0≤x<1.0。例如：

```
>>> from random import random
>>> random()
0.21503763019111777
>>> random()
0.80958843480468412
```

另一个 choice 函数从字符串（或元组、列表或任何其他“序列”中的元素）中选择随机字符并返回。例如：

```
>>> from random import choice
>>> choice('ABC')
'B'
>>> choice('ABC')
'A'
>>> choice('ABC')
'A'
```

shuffle 函数以随机顺序重新排列列表的元素。例如：

```
>>> from random import shuffle
>>> lst = [1, 2, 3, 4, 5]
>>> shuffle(lst)
>>> lst
[5, 2, 3, 1, 4]
```

❖ ❖ ❖

有时，理论上的解决方案为我们提供了一个公式，但数字可能太大或难以计算。于是，计算机可以提供帮助，通过计算或对随机过程建模并观察结果。这种模型被称为“蒙特卡罗模拟”。

例

在 25 人中，更有可能的是有两个人同一天生日，还是每个人的生日在不同的一天？

解

我们假设一个生日可以是 365 天中的任何一天（忽略闰年）。一种方法是通过编程进行蒙特卡罗模拟，生成一组随机的 25 个生日，并检查是否有两个生日在同一天。比方说，重复 10,000 次，并计数有多少组有两人同一天生日，有多少组没有。这个程序留给你作为练习（见练习题 6）。

解决生日问题的另一种方法是使用我们学到的知识，在理论上计算概率。第一个人的生日可以是 365 天中的任意一天，第二个人也是，依此类推。利用乘法规则，我们发现有 365^{25} 种生日的可能排列。利用没有重复的乘法规则，我们得出结论，当所有 25 个人生日都不同时，有 $365 \times 364 \cdots 341$ 种排列。因此，所有人生日不同的概率是 $p = \frac{365 \times 364 \cdots 341}{365^{25}}$，而至少两个人生日相同的概率是 $1 - p$。

现在让我们针对 n 个人的情况解决同样的问题。不需额外的工作，我们就能够得到“交叉点”：当概率大于 1/2 时的人数。请尝试猜测这个数字，这只是为了检查一下你的直觉！

似乎我们必须处理分子和分母非常大的数字。例如，365^{25} 有 65 位数字。（我们用 Python 发现了这个数字。）Python 支持大整数，其中一个数字可以有任意长度，仅受计算机内存大小的限制。当常规的 4 字节 `int` 值超出范围时，Python 会自动切换到使用更长的值。所以在 Python 中，我们可以直接计算分数的分子和分母，取其比值并完成。然而，在其他语言中，处理非常大的数字可能涉及更多工作。幸运的是，我们可以更简便地处理这个问题，不用大整数。请注意，我们可以将比率分成单个分数的乘积：$\frac{365 \times 364 \cdots 341}{365^{25}} = \frac{365}{365} \times \frac{364}{365} \cdots \frac{341}{365}$。这样很容易将每个分数计算为一个浮点型数据。在练习题 5 中，你将完成这个程序。

第 13.5 节练习

1．编写并测试一个 Python 函数，该函数从 52 张牌中随机选择 5 张牌。每张牌由一对数据（一个元组）描述，保存牌的花色（“S”“H”“D”“C”表示黑桃、红桃、方块、草花）和牌面数字（1 到 13）。✓

2．假设你有一个 Python 函数 `random_letter`，它返回字母表的一个随机字母（26 个字母的概率大致相等）。`random_letter` 连续返回 3 个元音字母(AEIOU)的概率是多少？✓

3．编写一个 Python 函数 `random_letter`，如练习题 2 所述。运行 3 次以查看是否得到连续 3 个元音。重复 100,000 次，统计连续 3 个元音的次数，并估计这种事件发生的概率。将你的结果与你在练习题 2 中获得的理论概率进行比较。

4. 编写一个使用蒙特卡罗方法估算π 的程序。将一百万个随机（虚拟）点“投掷”到一个单位正方形中，并计数它们与原点的距离小于 1 的点的数量。

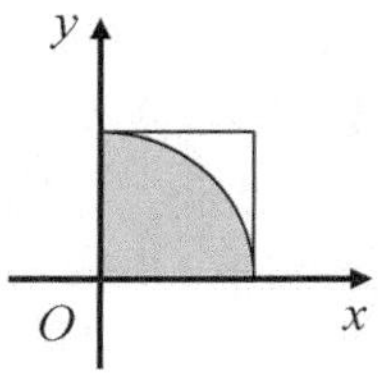

5. ■使用本节中描述的理论方法，编写一个程序，输出 n 个人中至少有两个人具有相同生日的概率，n 取值为 1 到 50，不使用太大的整数。这个程序只有几行代码。输出应如下所示：

```
 1: 0.000
 2: 0.003
 3: 0.008

...

48: 0.961
49: 0.966
50: 0.970
```

注意“OBOBs”(off-by-one bugs，差 1 错误)，当程序中的循环运行少一次或多一次时，我们就说发生了这种错误。根据输出结果确定，概率大于 0.5 的 n 的值。

6. ■编写一个程序，实现蒙特卡罗模拟。编写一个生成 n 个随机生日列表的函数（数字从 1 到 365），如果列表中的所有数字都不同，则返回 True。尽量多地调用此函数，以计算 n 中至少有两个人具有相同生日的概率。将你的结果与练习题 5 中获得的理论结果进行比较。 ⋵ 提示：找出生成的数字是否有重复的简单方法是，分配 365 个计数变量，并针对每个随机数递增适当的计数变量，然后检查是否有任何计数变量大于 1。 ⋻

7. ■在海龟绘图中，绘制一个以原点为中心的半径为 100 的圆，然后将海龟归回原点(到原点)。模拟随机行走，在每次移动中，将海龟的方向设置为 0 度、90 度、180 度或 270 度，以相等的概率随机选择，然后向前移动 20。保持笔落下以查看海龟的路径，计算并报告海龟离开圆圈所需的步数。 ⋵ 提示：turtle 的函数 distance (x,y) 返回从当前海龟位置到点(x, y)的距离。 ⋻

8. ■下面的函数从序列 s 中返回一个随机的正数：

```
def positive_choice(s):
    lst = [x for x in s if x > 0]
    if len(lst) > 0:
        return choice(lst)
```

列表中的每个正数有相同的概率被选中。重写此函数，不从 s 创建任何临时正数列表或集合，也不提前计算它们的数量。 ⋲ 提示：假设 r 保存从 s 的前 k 个正数中随机选择的一个正数，从 k = 0 和 r = None 开始。当你取得下一个正数 x 时，你可以保持 r 不变或用 x 替换 r。用 x 替换 r 的概率应该是多少？（你永远不会知道：x 可能是 s 中的最后一个正数。你需要给它一个公平的机会……） ⋻

在(−1, 1, 2, 0, 3, −2, 4, 5, −6)上运行你的 positive_choice 函数，比方说 10000 次，从而测试它，并计算每个数字 1、2、3、4、5 的返回次数。所有数字的返回次数应该在 2000 左右，计数与 2000 的差距不大于 120。 ✓

9．■本题探讨将多个随机数加在一起时会发生什么。写一个简短的程序，帮助你做到这一点。创建一个包含 100 个计数器的列表：counters = 100*[0]。运行以下程序：取 100 个随机数 r，0≤r<1（由 random 函数返回）的总和，将和截断为整数，得到 i，并递增计数器 counters[i]。重复这些步骤，比如重复 2000 次。然后在计数器中将值显示为海龟绘图中的垂直线段（一种简单的条形图）。生成的图是什么样的？

⋲ 提示：

```
for i in range(100):
    x = x_offset + x_scale*i
    y = y_scale*counters[i]
    ...
```

使用合理的偏移量和缩放比：

```
x_offset, y_offset = -200, -100
x_scale, y_scale = 5, 1
```

使用 goto(x, y)绘制。

13.6 复习

本章介绍的术语。

概率

概率空间

独立事件

概率的乘法规则

概率的加法和减法规则

蒙特卡罗模拟

随机行走

本章介绍的一些 Python 特性。

```
from random import randint, random, choice, shuffle
randint(m, n)
random()
choice(s)
shuffle(lst)
```

第 14 章　向量和矩阵

14.1　引言

“向量”是具有大小和方向的实体。向量广泛用于物理学。例如，如果要在任意给定时间点描述对象的运动，你可能会对其速率（速度有多快）和运动方向感兴趣。速度向量是结合这两个特征的表达方式（见图 14-1（a））。类似地，力施加到物体上时，将力表示为向量很方便，因为力的大小和方向共同表征了力。图 14-1（b）展示了作用在斜面上的小滑块的 3 个力：重力、支撑力和摩擦力。

（a）物体的速度是向量

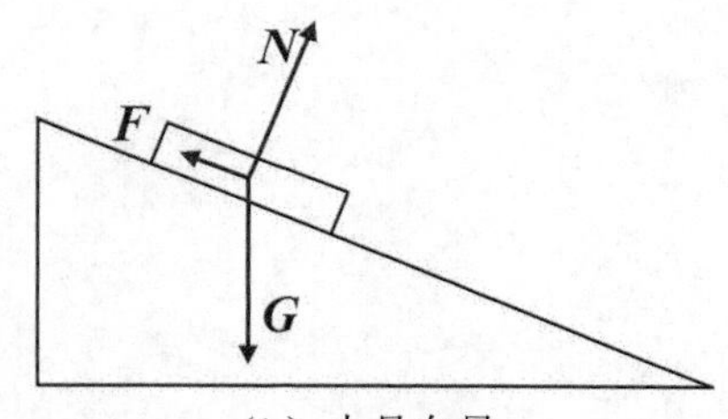

（b）力是向量

图 14-1　向量

向量的另一种表达方法更抽象。二维向量就是一对有序的实数（x, y），三维向量是数字的有序三元组（x, y, z）。n 维向量是“n 元组”（$x_1, x_2, \cdots, x_n$）。使用数字表示向量类似于通过其坐标表示点，这在计算和数学模型中很方便。

这两个向量视图之间存在一一对应的关系。例如，在平面几何中，向量可以看成从原点到平面上的点(x, y)的箭头（见图 14-2），或简单地看成一对数(x, y)。

在数学中，矩形数字表（见图 14-3）称为“矩阵”。我们可以用向量和矩阵做什么？起初看起来似乎并不多。表对于组织和呈现数据很有用。

当然，这不是全部。有一个非常丰富的数学分支，称为“线性代数”，处理向量和矩阵。线性代数不仅在数学方面起着重要作用，而且在物理学、工程学和许多其他科学领域（计算机图形学和 3D 建模）中，也起着重要作用。当你在设计程序或视频游戏中看到旋转的 3D

图像，或在电影中看到特殊效果时，你可以确定这涉及一些非常复杂的线性代数算法。甚至像海龟绘图中改变海龟的方向这种操作，也依赖于基本的线性代数。在本章中，我们将回顾一些关于向量和矩阵的基本操作。

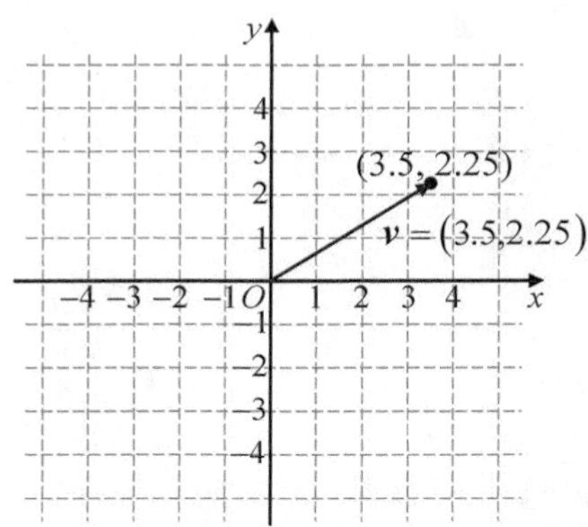

图 14-2　二维向量与平面上点坐标之间的对应关系

年份	2016	2017	2018	2019
1st Qtr	3,512	3,002	3,623	3,216
2nd Qtr	4,720	4,500	4,295	4,080
3rd Qtr	3,827	3,391	3,994	3,511
4th Qtr	5,008	4,856	4,659	4,388
Total	17,067	15,749	16,571	15,195

图 14-3　表的示例

14.2　向量的操作

笛卡儿坐标将平面上的点表示为一对数字。它们还允许我们将二维向量表示为一对数字，最简单的方法就是从原点绘制所有向量（见图 14-2）。因此，我们可以将任意二维向量表示为一对数字(x, y)，这对数字是当向量的起点位于原点时，向量末尾的坐标。零向量$\vec{0}=(0, 0)$对应原点。在这里，我们将关注二维向量，及其表示方法。

> x和y称为向量的“分量”。

> $|\boldsymbol{v}|$代表向量$\boldsymbol{v}$的大小（长度）。对于二维向量，向量的长度是通过毕达哥拉斯定理得到的，对于$\boldsymbol{v}=(x,y)$，$|\boldsymbol{v}|^2=x^2+y^2 \Rightarrow |\boldsymbol{v}|=\sqrt{x^2+y^2}$。

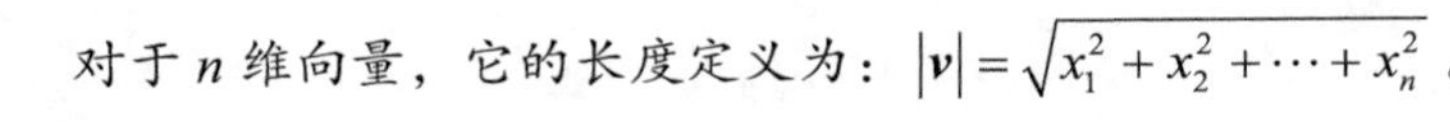

对于n维向量，它的长度定义为：$|\boldsymbol{v}|=\sqrt{x_1^2+x_2^2+\cdots+x_n^2}$。

模（长度）为 1 的向量称为“单位向量”。

对于任意非零向量 $\boldsymbol{u}$，$\dfrac{\boldsymbol{u}}{|\boldsymbol{u}|}$ 是单位向量。

❖ ❖ ❖

向量的分量表示，其美妙之处在于向量算法很简单。给定 $\boldsymbol{u}=(x_1, y_1)$ 和 $\boldsymbol{v}=(x_2, y_2)$，以及数 k。

$$\boldsymbol{u}+\boldsymbol{v}=(x_1+x_2, y_1+y_2)$$
$$\boldsymbol{u}-\boldsymbol{v}=(x_1-x_2, y_1-y_2)$$
$$k\boldsymbol{u}=(kx_1, ky_1)$$

换句话说，通过对向量的分量执行操作，可以将向量相加、相减，或乘以一个数。

$$(7, 3)+(1, 10)=(8, 13)$$
$$(4.5, -2)-(1, 6.2)=(3.5, -8.2)$$
$$2\times(2, 6)=(4, 12)$$

n 维向量上的按分量加法、减法以及乘以一个数，服从交换律和分配律。

$$\boldsymbol{u}+\boldsymbol{v}=\boldsymbol{v}+\boldsymbol{u}$$
$$\boldsymbol{u}+\boldsymbol{0}=\boldsymbol{u}$$
$$\boldsymbol{u}+(-\boldsymbol{u})=\boldsymbol{0}$$
$$k(\boldsymbol{u}+\boldsymbol{v})=k\boldsymbol{u}+k\boldsymbol{v}$$

任意集合，只要在它的元素上定义了这些操作，就称为数字上的“向量空间（线性空间）”。自然，n 维向量的集合是数字（如果分量是实数就是实数，如果分量被限制为整数就是整数）上的向量空间。所有不超过 n 阶的多项式是向量空间的另一个例子。但是，在 Python 中定义了加法和乘以一个数字操作的字符串集合，并不是向量空间，因为这些操作既不服从交换律也不服从分配律，也没有为字符串定义减法。

在 Python 中，n 维向量可以由列表或 n 个数字的元组表示。

例 1

```
def sum_vectors(_u, _v):
    """Return the sum of two n-dimensional vectors _u and _v."""
    return [_u[i] + _v[i] for i in range(len(_u))]

def k_times_vector(_u, k):
    """Return the n-dimensional vector _u multiplied by k."""
    return [k*u for u in _u]
```

❖ ❖ ❖

关于两个向量的另一个基本操作称为“点积”。

> u 和 v 的点积定义为：$\boldsymbol{u}\cdot\boldsymbol{v}=(x_1,y_1)\cdot(x_2,y_2)=x_1x_2+y_1y_2$。
> 两个向量的点积不是向量——它是一个数字。

例如：$(2,1)\times(-3,5)=2(-3)+1\times5=-1$。

请注意，对于向量 $\boldsymbol{u}=(x,y)$，$\boldsymbol{u}\cdot\boldsymbol{u}$ 等于 $\boldsymbol{u}$ 的长度的平方：$|\boldsymbol{u}|^2=(x,y)\cdot(x,y)=x^2+y^2$。

类似的点积定义适用于 n 维向量。

$$(u_1,u_2,\cdots,u_n)\cdot(v_1,v_2,\cdots,v_n)=u_1v_1+u_2v_2+\cdots+u_nv_n$$

同样，$(\boldsymbol{u}\cdot\boldsymbol{u})=|\boldsymbol{u}|^2=u_1^2+u_2^2+\cdots+u_n^2$。

例 2

```
def dot_product(_u, _v):
    """Return the dot product of two n-dimensional vectors _u and _v."""
    return sum(_u[i]*_v[i] for i in range(len(_u)))
```

❖ ❖ ❖

点积运算很重要，因为它有助于计算一个向量到另一个向量的投影，以及两个向量之间的角度。要证明 n 维空间中向量 $\boldsymbol{u}$ 和 $\boldsymbol{v}$ 的点积等于它们的长度乘以它们之间角度的余弦，这并不难。

> $\boldsymbol{u}\cdot\boldsymbol{v}=|\boldsymbol{u}|\cdot|\boldsymbol{v}|\cos\theta$

$\cos\theta$（θ 的余弦）是三角函数（见图 14-4）。

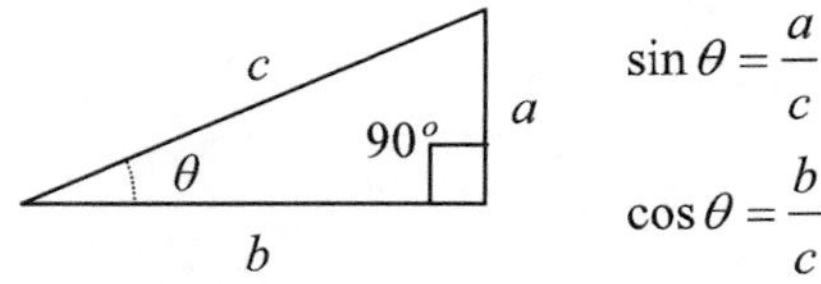

图 14-4 几何中 sin 和 cos 函数的定义

Python 的 `math` 模块包括 `sin` 和 `cos` 函数及其反函数 `asin` 和 `acos`。如果 `y = sin(theta)` 则 `theta = asin(y)`，如果 `y = cos(theta)` 则 `theta = acos(y)`。在这些函数中，θ 以“弧度”为单位。

> 360°=2π 弧度，所以 1°是 $\frac{\pi}{180}$ 弧度。

$\frac{\pi}{2}$ 弧度是 90°， $\cos\frac{\pi}{2}=0$ 。

> 所以两个正交（即彼此垂直，形成 90°角）向量的点积为 0。

例 3

$\boldsymbol{u}=(7,2)$ 和 $\boldsymbol{v}=(4,9)$ 之间的角度是多少？

解

$\boldsymbol{u}\cdot\boldsymbol{v}=|\boldsymbol{u}|\cdot|\boldsymbol{v}|\cos\theta \qquad \boldsymbol{u}\cdot\boldsymbol{v}=46$； $\boldsymbol{u}\cdot\boldsymbol{u}=53 \Rightarrow |\boldsymbol{u}|=\sqrt{53}$； $\boldsymbol{v}\cdot\boldsymbol{v}=97 \Rightarrow |\boldsymbol{v}|=\sqrt{97}$

$$\cos\theta=\frac{\boldsymbol{u}\cdot\boldsymbol{v}}{|\boldsymbol{u}|\cdot|\boldsymbol{v}|}=\frac{46}{\sqrt{53}\sqrt{97}}$$

```
>>> from math import sqrt, acos, degrees
>>> acos(46/(sqrt(53)*sqrt(97)))
0.8742723382105562
>>> degrees(0.8742723382105562)
50.09211512449896
```

角度约为 0.874 弧度，约 50°。

第 14.2 节练习

1.

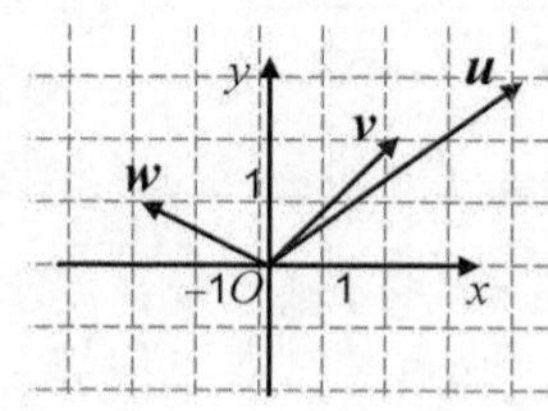

以分量形式表示上面显示的每个向量作为一对坐标。（网格上的一个方格是一个单位。）

这些向量的长度是多少？ ✓

2．如果 $\boldsymbol{v}=(x, y)$， $-\boldsymbol{v}$ 是什么？

3．准确指出以下向量的长度。 ✓

（a）(5, 12)　　（b）(1, 7)　　（c）(−3, 4)　　（d）■(3, 4, 12)

4．找到与(3, −4)方向相同的单位向量。 ✓

5．

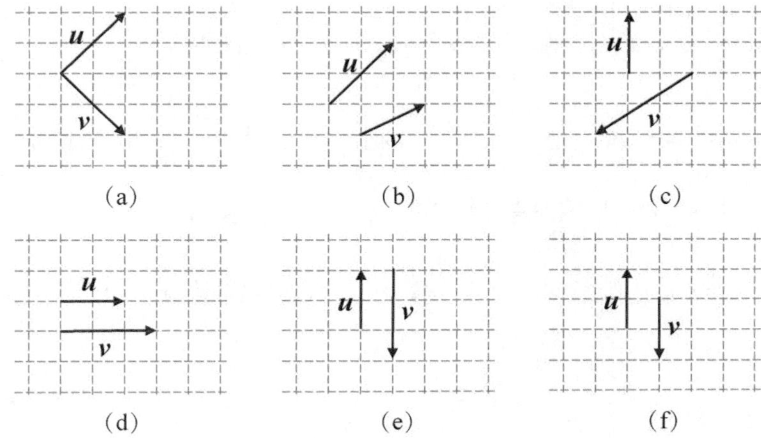

对于以上每对向量 $\boldsymbol{u}$ 和 $\boldsymbol{v}$，用分量的形式表示每个向量 $\boldsymbol{u}$ 和 $\boldsymbol{v}$，并说明它们的和 $\boldsymbol{u}+\boldsymbol{v}$ 与差 $\boldsymbol{u}-\boldsymbol{v}$。✓

6．利用点积和 Python 的 `math` 函数，确定以下向量之间的角度（以度和弧度为单位）。

（a）(3, 1)和(2, 5)。

（b）(3, 1)和(−2, 5)。

（c）(3, 1, 1)和(1, −2, 5)。

7．在坐标平面上，直线 $y=2x$ 和 $y=\frac{1}{2}x$ 之间的锐角用弧度表示是多少？ ✓

8．找到与(1, 5)正交且具有相同长度的二维向量。存在多少这样的向量？ ✓

9．在 Python 的海龟绘图窗口中，从原点的“`home`”位置开始，转动一个随机角度，并前进一个随机距离，同时绘制线条，保存海龟的位置。你已经绘制了一个从原点到海龟位置的向量。回到原点（不改变海龟的方向），逆时针或顺时针旋转 `90` 度，向当前方向移动另外某个随机距离，并保存海龟的位置。你已经绘制了另一个向量，它与第一个向量正交。计算并显示这两个向量的点积，它应该是 `0`，或非常接近 `0`。

10.（a）给出 2 个彼此正交的二维单位向量的例子。

（b）给出 3 个三维单位向量的例子，使得它们中的任意 2 个彼此正交。

（c）给出 n 个 n 维单位向量的例子，使得它们中的任意 2 个彼此正交。

11．■编写并测试一个 Python 函数，返回由顶点坐标给出的三角形的 3 个角度（以度为单位）。顶点在(0, 4)、(4, 5)和(5, 2)的三角形的角度是多少？这个三角形中的所有角度都是锐角（即小于 90°），还是有一个角度是直角或钝角？

12．■证明施瓦茨不等式。

$$(u_1v_1 + u_2v_2 + \cdots + u_nv_n)^2 \leqslant (u_1{}^2 + u_2{}^2 + \cdots + u_n{}^2)(v_1{}^2 + v_2{}^2 + \cdots + v_n{}^2)$$

13．◆假设 $x+y+z=1$。当 $x=y=z=\frac{1}{3}$ 时，$x^2+y^2+z^2=\frac{1}{3}$。证明在其余情况下，$x^2+y^2+z^2>\frac{1}{3}$。⸢提示：见练习题 12。⸥ ✓

14．◆$x+y+z=1$ 是三维空间中一个平面的方程，它包含点(1, 0, 0)、(0, 1, 0)和 (0, 0, 1)。

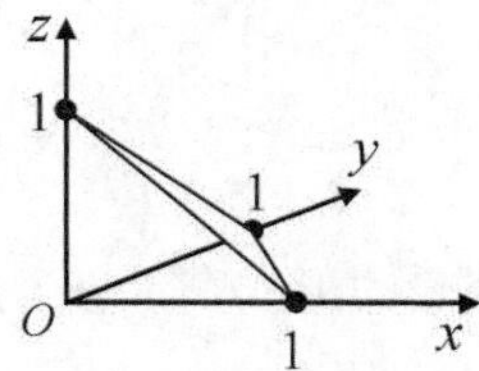

求从原点到此平面的最短距离。⸢提示：见练习题 13。⸥

14.3 矩阵

数学术语“矩阵”指的是矩形的数字表。矩阵的每个元素都可以通过两个下标来标识，即行号和列号，如下。

$$\boldsymbol{A} = \begin{pmatrix} a_{11} & a_{12} & a_{13} \\ a_{21} & a_{22} & a_{23} \end{pmatrix}$$

矩阵中的数字称为它的“元素”。

Python 中没有用于表示矩阵的特殊结构。通常，矩阵的每一行表示为列表（或元组），整个矩阵表示为列表（或元组）的列表，如下。

```
1  2  3
4  5  6
```

可以将其定义为：

```
m = [[1, 2, 3], [4, 5, 6]]
```

由于 Python 允许你将列表拆分为多行，因此最好写成：

```
m = [[1, 2, 3],
     [4, 5, 6]]
```

在数学中，下标通常从 1 开始。你必须将它们翻译成 Python 索引，从 0 开始。

如果 ***m*** 是一个矩阵，***m***[0]是它的第一行，***m***[1]是它的第二行，依此类推。***m***[r]指的是索引为 *r* 的行（即矩阵的第 *r*+1 行）。

索引为 *r* 的行中的元素是 ***m***[r][0]、***m***[r][1]、***m***[r][2]，依此类推。在上面的例子中，元素 ***m***[0][2]的值是 3。

> 如果 ***m*** 是一个矩阵，定义为它的行的列表，则 ***m***[r][c]指的是索引为 *r* 的行中索引为 *c* 的列的元素。`len(m)`给出行数，`len(m[r])`给出第 *r* 行中元素的数量，即矩阵中的列数。

在 Python 中，列表的列表表示为二维“数组”。此数组的各行不必具有相同的长度。例如，你可以创建一个“三角形”数组，第一行包含一个元素，第二行包含两个元素，依此类推。

例 1

编写一个 Python 函数，返回给定矩阵的所有元素的总和。

解

```
def sum_elements(m):
    """Return the sum of all the elements in the matrix m."""
    sum_m = 0
    for r in range(len(m)):
        for c in range(len(m[0])):
            sum_m += m[r][c]
    return sum_m
```

或：

```
def sum_elements(m):
    sum_m = 0
    for row in m:
        for a in row:
            sum_m += a
    return sum_m
```

或更短：

```
def sum_elements(m):
    sum_m = 0
    for row in m:
        sum_m += sum(row)
    return sum_m
```

或甚至更短：

```
def sum_elements(m):
    return sum(sum(row) for row in m)
```

Python 中的矩阵可以包含任何类型的对象。例如，你可以将国际象棋位置表示为 8×8 的矩阵，其中每个元素要么有一个棋子，要么没有。

> 你需要先创建一个矩阵，然后才能在其中存储值。

例 2

编写一个 Python 函数，该函数创建并返回一个具有给定行数和列数的矩阵，并用给定值 x 填充。

解

```
def empty_matrix(n_rows, n_cols, x=0):
    """Return an n_rows by n_cols matrix with all elements set to x."""
    m = []
    for r in range(n_rows):
        m.append(n_cols*[x])
    return m
```

我们从一个空的行列表（矩阵）m 开始，向它添加新行 n_rows 次。n_cols*[x]创建一行，这是 n_cols 个元素的列表，全部设置为 x。

在上面的例子中，你可能会发现多次重复 n_cols*[x]会很浪费。你可能想采用简洁的方式，创建一次行，然后将它追加到矩阵 n_rows 次，如下所示：

```
def empty_matrix(n_rows, n_cols, x=0):  # buggy code!
    m = []
    row = n_cols*[x]
    for r in range(n_rows):
        m.append(row)
    return m
```

一开始，一切似乎都没问题：

```
>>> m = empty_matrix(2, 3)
>>> m
[[0, 0, 0], [0, 0, 0]]
```

但这样试试：

```
>>> m[0][0] = 1
>>> m
```

你会得到：

```
[[1, 0, 0], [1, 0, 0]]
```

这是因为矩阵中的行实际上是指向同一个列表！

矩阵定义了 n 维向量上的“线性变换”（线性映射或函数）。这是线性代数中矩阵的主要功能（功能和函数是同一个单词 function）。给定如下 $n\times n$ 矩阵：

$$\boldsymbol{A}=\begin{pmatrix} a_{11} & a_{12} & \cdots & a_{1n} \\ a_{21} & a_{22} & \cdots & a_{2n} \\ \vdots & \vdots & & \vdots \\ a_{n1} & a_{n2} & \cdots & a_{nn} \end{pmatrix}$$

和如下 n 维向量。

$$\boldsymbol{u}=\left(u_1, u_2, \cdots, u_n\right)$$

$\boldsymbol{Au}$ 是一个新的向量 $\boldsymbol{h}=\left(h_1, h_2, \cdots, h_n\right)$，使得 $h_i=a_{i1}u_1+a_{i2}u_2+\cdots+a_{in}u_n$。换句话说，$h_i$ 是矩阵的第 i 行和 $\boldsymbol{u}$ 的点积。

例 3

$$\boldsymbol{A}=\begin{pmatrix}1 & 3\\ 2 & 5\end{pmatrix},\ \boldsymbol{u}=(4,7)\ \Rightarrow\ \boldsymbol{Au}=\left((1,3)\times(4,7),(2,5)\times(4,7)\right)=(25,43)$$

> 我们说变换 $\boldsymbol{u}\to\boldsymbol{Au}$ 是线性的，因为对于任意向量 $\boldsymbol{u}$ 和 $\boldsymbol{v}$ 和任意数字 k，有 $\boldsymbol{A}(\boldsymbol{u}+\boldsymbol{v})=\boldsymbol{Au}+\boldsymbol{Av}$ 和 $\boldsymbol{A}(k\boldsymbol{u})=k\boldsymbol{Au}$。

❖ ❖ ❖

假设我们有两个 $n\times n$ 矩阵。

$$\boldsymbol{A}=\begin{pmatrix}a_{11} & a_{12} & \cdots & a_{1n}\\ a_{21} & a_{22} & \cdots & a_{2n}\\ \vdots & \vdots & & \vdots\\ a_{n1} & a_{n2} & \cdots & a_{nn}\end{pmatrix},\quad \boldsymbol{B}=\begin{pmatrix}b_{11} & b_{12} & \cdots & b_{1n}\\ b_{21} & b_{22} & \cdots & b_{2n}\\ \vdots & \vdots & & \vdots\\ b_{n1} & b_{n2} & \cdots & b_{nn}\end{pmatrix}$$

矩阵 $\boldsymbol{C}$ 中 $c_{ij}=a_{i1}b_{1j}+a_{i2}b_{2j}+\cdots+a_{in}b_{nj}$，它被称为 $\boldsymbol{A}$ 和 $\boldsymbol{B}$ 的积，表示为 $\boldsymbol{A}\cdot\boldsymbol{B}$，通常更简单地表示为 $\boldsymbol{AB}$。c_{ij} 是 $\boldsymbol{A}$ 中第 i 行和 $\boldsymbol{B}$ 中第 j 列的点积。

两个矩阵的乘积定义了两个线性变换的组合。

$$\left(\boldsymbol{AB}\right)\boldsymbol{u}=\boldsymbol{A}(\boldsymbol{Bu})$$

3 个矩阵的乘积服从结合律。

$$\boldsymbol{A}(\boldsymbol{BC})=(\boldsymbol{AB})\boldsymbol{C}$$

但矩阵的乘法不是可交换的。

$$\begin{pmatrix}3 & 1\\ 7 & 2\end{pmatrix}\cdot\begin{pmatrix}5 & 2\\ 3 & 1\end{pmatrix}=\begin{pmatrix}18 & 7\\ 41 & 16\end{pmatrix},\quad \begin{pmatrix}5 & 2\\ 3 & 1\end{pmatrix}\cdot\begin{pmatrix}3 & 1\\ 7 & 2\end{pmatrix}=\begin{pmatrix}29 & 9\\ 16 & 5\end{pmatrix}$$

❖ ❖ ❖

由矩阵定义的某些线性变换保留了所有向量的长度，这种变换只是围绕原点旋转所有向量。在平面上逆时针旋转向量的矩阵（通常以弧度表示）如下。

$$\begin{pmatrix} \cos\theta & -\sin\theta \\ \sin\theta & \cos\theta \end{pmatrix}$$

参见练习题 7 和练习题 8。

❖ ❖ ❖

矩阵和向量可用于描述和求解线性方程组。如下是 n 个变量的 n 个线性方程组的一般形式。

$$\begin{cases} a_{11}x_1 + a_{12}x_2 + \cdots + a_{1n}x_n = c_1 \\ a_{21}x_1 + a_{22}x_2 + \cdots + a_{2n}x_n = c_2 \\ \qquad\qquad\vdots \\ a_{n1}x_1 + a_{n2}x_2 + \cdots + a_{nn}x_n = c_n \end{cases}$$

用矩阵/向量的形式，它可以写成 $\boldsymbol{Ax} = \boldsymbol{c}$，其中 $\boldsymbol{A}$ 是 $n \times n$ 的系数矩阵，$\boldsymbol{x} = (x_1, x_2, \cdots, x_n)$，$\boldsymbol{c} = (c_1, c_2, \cdots, c_n)$。两个变量的两个方程如下。

$$\begin{cases} a_{11}x_1 + a_{12}x_2 = c_1 \\ a_{21}x_1 + a_{22}x_2 = c_2 \end{cases}$$

或者，使用 a、b、c、d 表示系数，x、y 表示变量，e、f 表示右侧的值，方程组如下。

$$\begin{cases} ax + by = e \\ cx + dy = f \end{cases}$$

这两个方程中的每一个都在坐标平面中定义了一条直线。有 3 种可能性：

- 两条线在一点相交，方程组有唯一解；
- 两条线重合，有无数解；
- 两条线相互平行，没有解。

方程组 $\begin{cases} ax + by = e \\ cx + dy = f \end{cases}$ 具有唯一解的必要和充分条件是矩阵 $\begin{pmatrix} a & b \\ c & d \end{pmatrix}$ 的“行列式”不等于 0。

行列式定义为 $ad - bc$，表示为 $\begin{vmatrix} a & b \\ c & d \end{vmatrix}$。

如果 $\begin{vmatrix} a & b \\ c & d \end{vmatrix} \neq 0$，上述两个方程组的解如下

$$x = \frac{\begin{vmatrix} e & b \\ f & d \end{vmatrix}}{\begin{vmatrix} a & b \\ c & d \end{vmatrix}}, \quad y = \frac{\begin{vmatrix} a & e \\ c & f \end{vmatrix}}{\begin{vmatrix} a & b \\ c & d \end{vmatrix}}$$

矩阵的行列式的定义被扩展为 $n\times n$ 矩阵，并且 n 个变量的 n 个线性方程组的解可以用类似的方式获得：要找到 x_i，用向量 c 替换矩阵 $\boldsymbol{A}$ 的第 i 列，取得该行列式，然后除以 $\boldsymbol{A}$ 的行列式。参见练习题 11。

第 14.3 节练习

1. 编写并测试一个 Python 函数，该函数返回矩阵（表示为列表的列表）的主对角线（左上角到右下角）的元素总和。（在线性代数中，这个总和称为矩阵的"迹"）。

2. 编写并测试一个函数，接收一个矩阵，并整齐地输出为一个矩形矩阵，所有列右对齐。假设矩阵中所有项都是正整数，且不超过两位数。✓

3. 编写一个程序，从文本文件中读取整数矩阵。文件中的每一行都包含矩阵对应行的整数值，用空格、逗号或制表符分隔。≤ 提示：要进行测试，请使用练习题 2 中的函数显示结果矩阵。≥

4. 编写并测试一个函数，将给定的 $n\times n$ 矩阵"转置"，并返回结果矩阵。在转置的矩阵中，所有元素按主对角线对称翻转，即行成为列，列成为行。如下。

$$\begin{pmatrix}1 & 2 & 3\\4 & 5 & 6\\7 & 8 & 9\end{pmatrix} \Rightarrow \begin{pmatrix}1 & 4 & 7\\2 & 5 & 8\\3 & 6 & 9\end{pmatrix}$$

5. 编写并测试一个函数，以 $n\times n$ 矩阵 $\boldsymbol{A}$ 和 n 维向量 $\boldsymbol{u}$ 作为参数，并返回向量 $\boldsymbol{Au}$。✓

6. ■编写并测试一个函数，接收两个 $n\times n$ 矩阵，并返回它们的乘积结果。

7. ◆创建一个文本文件，其中包含多边形顶点的坐标，每行一个坐标，x 和 y 用空格或逗号分隔。编写一个程序读取该文件，并创建一个多边形（表示为顶点坐标的列表）。然后程序应该在海龟绘图窗口中显示多边形 n 次，每次以 $\frac{360}{n}$ 度围绕原点旋转多边形，交替使用多种颜色或使用随机颜色。生成的图形可能看起来像下面这样（六边形旋转 18 次，每次旋转 20 度，画轮廓或填充）。

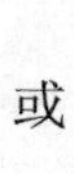

⩽ 提示：

① `[int(w) for w in line.replace(',', ' ').split()]`将 `line` 转换为 `[x, y]`；

② 利用绝对坐标和 `turtle` 的 `goto`（或 `setposition`）函数绘制多边形；

③ 利用旋转矩阵，旋转原点周围的每个顶点向量。

8．证明：如果二维旋转矩阵

$$\begin{pmatrix} \cos\theta & -\sin\theta \\ \sin\theta & \cos\theta \end{pmatrix}$$

应用于向量，向量的长度保持不变。⩽ 提示：$(\sin\theta)^2+(\cos\theta)^2=1$（见图 14-4）。⩾ ✓

9．◆（a）计算两个线性方程组的系数矩阵的行列式。

$$\begin{cases} 2x-7y=-11 \\ 3x-4y=3 \end{cases}$$

（b）用行列式求解(x, y)。

10．◆（a）编写一个 Python 函数，它返回给定 2×2 矩阵的行列式。

（b）编写一个函数，接收 2×2 矩阵 $\boldsymbol{A}$ 和一个二维向量 $\boldsymbol{c}$ 作为参数，并尝试用行列式求解两个线性方程的方程组 $\boldsymbol{Ax}=\boldsymbol{c}$。如果解存在且唯一，则函数应返回向量 $\boldsymbol{x}$；否则该函数应返回（None, None）。

11．◆给定如下矩阵。

$$\begin{vmatrix} a_{11} & a_{12} & a_{13} \\ a_{21} & a_{22} & a_{23} \\ a_{31} & a_{32} & a_{33} \end{vmatrix} = a_{11}a_{22}a_{33}+a_{12}a_{23}a_{31}+a_{21}a_{32}a_{13}-a_{13}a_{22}a_{31}-a_{12}a_{21}a_{33}-a_{11}a_{23}a_{32}$$

编写一个函数，解带有 3 个变量的 3 个线性方程的方程组。✓

14.4　复习

本章介绍的术语和符号。

向量	应用于向量的矩阵	$\boldsymbol{x}\cdot\boldsymbol{y}$

向量的大小和方向	矩阵的乘积	$\boldsymbol{Ax}$
向量的点积	线性变换	$\boldsymbol{C} = \boldsymbol{AB}$
矩阵	线性方程组	
矩阵的元素	行列式	

本章提到的一些 Python 特性。

```
m = [[1, 2, 3],
     [4, 5, 6]]
n_rows = len(m)
n_cols = len(m[0])
x =  m[i][j]

dot_product = sum(u[i]*v[i] for i in range(len(u))

m = []
for r in range(n_rows):
    m.append(n_cols*[x])

sum_elements = sum(sum(row) for row in m)
```

第 15 章　多项式

15.1　引言

有如下形式的表达式。

$$a_nx^n + a_{n-1}x^{n-1} + \cdots + a_1x + a_0$$

称之为“多项式”。数字 $a_n, a_{n-1}, \cdots, a_0$ 称为多项式的“系数”。$a_n \neq 0$ 是“首项系数”，a_0 称为“常数项”，n 称为“多项式的阶”。我们将考察系数为实数的多项式。例如，表达式 $2.4x^3 + 3x^2 + 1.5x + 4.9$ 是一个 3 阶多项式，其中首项系数为 2.4，常数项为 4.9。

在写多项式时，我们通常省略零系数的项。例如，$4x^2 + 0x + 1$ 简写为 $4x^2 + 1$。此外，当系数为 1 时，我们不写系数。例如，$1x^2 + 1x + 1$ 简写为 $x^2 + x + 1$。当多项式具有负系数的项时，该系数通常用负号代替加号而不用括号。例如，$x^7 + (-3)x^2$ 简写为 $x^7 - 3x^2$。

在计算机程序中，多项式可以表示为其系数的列表或元组。例如，在 Python 中 $1.8x^5 - 3x^2 + 2.35$ 可以表示为`p = [1.8, 0, 0, -3, 0, 2.35]`或`p = (1.8, 0, 0, -3, 0, 2.35)`。n 阶多项式由长度为 $n+1$ 的列表或元组表示。

有两种方式来看待多项式。首先，可以将多项式看成由公式 $P(x) = a_nx^n + a_{n-1}x^{n-1} + \cdots + a_1x + a_0$ 定义的函数 $P(x)$。针对任意实数 x，计算 $P(x)$ 的值。其次，可以将多项式看成抽象代数对象，对多项式进行加、减、乘和因式分解，可以用整数、有理数或实数等系数来研究多项式的性质。在许多重要的方面，多项式的代数性质与整数的某些性质相似。例如，任何正整数都可以进行因式分解，或表示为质数的乘积，并且这种表示是唯一的。类似地，任何多项式都可以唯一地表示为“质数”多项式的乘积（给出或取常数因子）。例如，$x^3 - 1 = (x-1)(x^2 + x + 1)$。

$a_2x^2 + a_1x + a_0$ 是二阶多项式。它也被称为“二次多项式”，二次多项式定义了“二次函数”。当我们处理二次多项式的一般形式时，通常用字母 a、b 和 c 作系数，形式如下。

$$ax^2 + bx + c$$

$ax+b$ 是一阶多项式，称为“线性多项式”或“线性函数”。零阶多项式就是一个常数。将 0 视为零阶多项式是很方便的。

多项式在数学和计算机技术中很重要，因为它们可用于近似表示其他函数和平滑曲线。例如，在计算机上的可缩放（TrueType）字体中，每个字符的轮廓由二次“样条曲线”（二次曲线段）组成。给定 x 就很容易计算多项式的值。多项式也可以作为抽象代数中的模型。

15.2 加法和减法

两个多项式的和是多项式。

$$(a_nx^n+\cdots+a_1x+a_0)+(b_nx^n+\cdots+b_1x+b_0)=(a_n+b_n)x^n+\cdots+(a_1+b_1)x+(a_0+b_0)$$

换句话说，要让两个多项式相加，我们只需将相应的系数相加。如果一个多项式的阶数低于另一个多项式的阶数，则低阶多项式中的缺失项被认为具有零系数。

例 1

$$(3x^3+2x^2+7x+2)+(4x^2+3x+6)=3x^3+6x^2+10x+8$$

$$\begin{array}{r} 3x^3+2x^2+7x+2 \\ +\qquad 4x^2+3x+6 \\ \hline 3x^3+6x^2+10x+8 \end{array}$$

❖ ❖ ❖

在两个多项式相加时，正确组合相似项（即 x 的指数相同的项）非常重要。

例 2

$$(3x^3+2x^2+7x+2)+(4x^2+1)=3x^3+6x^2+7x+3$$

$$\begin{array}{r} 3x^3+2x^2+7x+2 \\ +\qquad 4x^2\qquad\quad+1 \\ \hline 3x^3+6x^2+7x+3 \end{array}$$

通过一些练习，你可以学会在头脑中快速合并同类项，不用写下中间步骤，就写出得到的和。

例 3

$$(3x^3 - 2x^2 - 7x + 2)\ +\ (4x^2 - 1)\ =$$
$$3x^3 + (-2 + 4)x^2 - 7x + (2 - 1)\ =$$
$$3x^3 + 2x^2 - 7x + 1$$

更好的方法是在你头脑中快速执行所有中间步骤，只写出最终结果。类似这样：对于 x 的立方项，3 加 0，即 $3x^3$；对于 x 的平方项，$-2+4$，即 $+2x^2$；对于 x 的一次项，$-7+0$，即 $-7x$；对于常数项，+(2−1)，即+1。”

要否定多项式，需要否定它的所有系数。$P_1 - P_2$ 等同于 $P_1 + (-P_2)$。

例 4

$$(x^2 - 1)\ -\ (2x^3 + x^2 - 5x + 1)\ =$$
$$(x^2 - 1)\ +\ (-2x^3 - x^2 + 5x - 1)\ =$$
$$-2x^3 + 5x - 2$$

第 15.2 节练习

1．简化 $\left(x^4 + 3x^2 + 1\right) + \left(x^3 + x^2 + 8\right)$。 ✓

2．简化 $\left(2x^4 + x^3 + 4\right) - \left(x^4 + 2x^3 + 5\right)$。

3．简化 $\left(2.5x^4 - 1.2x^3 + 3\right) - \left(-2x^3 + 1\right)$。

4．编写并测试一个 Python 函数 `negate(p)`，否定由系数列表 `p` 表示的多项式，并返回一个新的多项式（表示为一个列表）。 ✓

5．编写并测试函数 `add(p1, p2)`，它将多项式 `p1` 和 `p2`（表示为列表）相加，并返回它们的和（表示为列表）。当加或减多项式时，结果中的几个首项系数可能变为零，别忘了删掉它们。

提示：

① 和的阶不超过 `p1` 和 `p2` 的最大阶；

② 找到结果列表的第一个非零元素，并从该元素开始返回列表的切片。

6．编写并测试一个 Python 函数 `eval_polynomial(p, x)`，返回 $P(x)$的值，其中 P 是一个多项式，由它的系数列表 `p` 表示。例如，`eval_polynomial([1, 0, 3], 2)`应

返回 $1\cdot2^2+0\cdot2+3=7$。利用单个 while 循环。 ⟨ 提示：追踪 x^k。 ⟩

7. ■根据公式 $a_nx^n+a_{n-1}x^{n-1}+\cdots+a_1x+a_0=\left(\cdots\left(\left(a_n\right)x+a_{n-1}\right)x+\cdots+a_1\right)x+a_0$，编写并测试 eval_polynomial(p, x)的另一个版本。使用一个 while 循环。 ⟨ 提示：从 $y=a_n$ 开始，$y\leftarrow y\cdot x+a_{n-1}$，依此类推。 ⟩

8. 利用图形计算器或函数绘图应用程序，在同一屏幕上绘制 $y=\sin(x)$ 和 $y=x-\frac{x^3}{6}$。对于哪些 x 值，多项式 $x-\frac{x^3}{6}$ 给出了 $\sin(x)$的合理近似值？ ✓

15.3 乘法、除法和根

要将多项式乘以一个数字，可将每个系数乘以该数字。要将多项式乘以 x^k，可对每个指数加 k。

例 1

$$\left(3x^3-x^2+2x-6\right)\cdot3x^2=9x^5-3x^4+6x^3-18x^2$$

❖ ❖ ❖

如果在 Python 程序中，多项式表示为其系数的列表，那么乘以 x^k 相当于在列表末尾加上 k 个零：

```
p += k*[0]
```

例 2

x^2-5x+6 表示为[1, -5, 6]。什么列表表示 $x^3\cdot\left(x^2-5x+6\right)$？

解

```
[1, -5, 6, 0, 0, 0]
```

❖ ❖ ❖

要用多项式乘以另一个多项式，我们将第一个多项式的每个项乘以第二个多项式的每个项，然后合并同类项（带上适当的符号）。

例 3

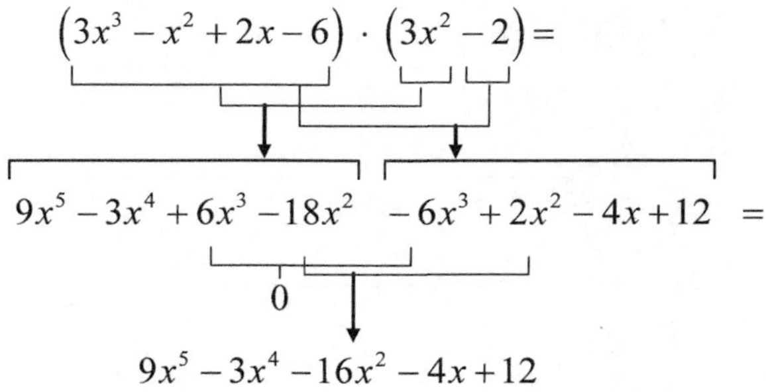

在合并同类项之前，乘积中的项数等于第一个多项式中的项数乘以第二个多项式中的项数（这里有$4 \cdot 2 = 8$项）。

❖ ❖ ❖

许多代数教科书提到所谓的“FOIL”（First-Outer-Inner-Last，首先—外部—内部—最后）方法和助记规则，用于两个线性多项式相乘。例如，$(2x-1)(3x+5) = 6x^2 + 10x - 3x - 5$。FOIL 仅在两个线性多项式相乘时有用。当一个或两个因式是二阶多项式或更高阶的多项式时，它可能会误导你。为了求$P \cdot Q$，最好将P的每个项乘以Q的第一项，然后将P的每个项乘以Q的第二项，以此类推。在上面的例子中，我们会得到$(2x-1)(3x+5) = 6x^2 - 3x + 10x - 5$。这对于线性多项式来说并不是什么大问题（人们可以习惯于任何一种顺序），如果 FOIL 不存在，情况就会更清楚，并且从一开始你就学会了更通用的方法。在任何一种情况下，你都必须在最后合并同类项如下。

$$(2x-1)(3x+5) = 6x^2 - 3x + 10x - 5 = 6x^2 + 7x - 5$$

❖ ❖ ❖

给定两个正整数，我们可以将一个（被除数）除以另一个（除数）并得到一个商和一个余数。例如，当我们用 17 除以 3 时，商为 5，余数为 2，即$17 = 5 \times 3 + 2$。$2 < 3$余数必须小于除数。可以对具有实系数的多项式执行类似带有余数的除法。例如，如果我们用$x^5 - 6.9x^4 + 5.3x^3 - 4x^2 + 3x + 1.2$除以 $2x^2-x+0.2$，则商为 $0.5x^3-3.2x^2+x-1.18$，余数为 $1.62x+1.436$。

$$x^5 - 6.9x^4 + 5.3x^3 - 4x^2 + 3x + 1.2 = (0.5x^3 - 3.2x^2 + x - 1.18)(2x^2 - x + 0.2) + (1.62x + 1.436)$$

余数多项式的阶小于除数多项式的阶。

我们可以对整数使用相同的“长除法”算法（见图 15-1）。如你所见，这可能会非常烦琐。幸运的是，CAS（计算机代数系统）软件和计算器可以执行此类任务。很快你就可以编写自己的 Python 函数，来实现多项式的长除法算法（参见练习题 5）。

$$
\begin{array}{r}
0.5x^3 - 3.2x^2 + x - 1.18 \\
2x^2 - x + 0.2 \,\big)\, \overline{x^5 - 6.9x^4 + 5.3x^3 - 4x^2 + 3x + 1.2} \\
x^5 - 0.5x^4 + 0.1x^3 \qquad\qquad\qquad\quad \\
\hline
- 6.4x^4 + 5.2x^3 - 4x^2 + 3x + 1.2 \\
- 6.4x^4 + 3.2x^3 - 0.64x^2 \qquad\qquad \\
\hline
2x^3 - 3.36x^2 + 3x + 1.2 \\
2x^3 - x^2 + 0.2x \qquad \\
\hline
-2.36x^2 + 2.8x + 1.2 \\
-2.36x^2 + 1.18x - 0.236 \\
\hline
1.62x + 1.436
\end{array}
$$

图 15-1 多项式的长除法示例

❖ ❖ ❖

用多项式除以 $(x-c)$ 时，余数是零阶多项式，即一个常数，如下

$$P(x) = Q(x)(x-c) + r$$

对于任何 x，r 都是不变的。不用除法，也很容易找到余数 r：如果在上述等式中用 c 代替 x，那么 $(x-c)$ 就变为零，你就得到 $P(c) = r$。这个事实被称为“余数定理”，即 $P(x) = Q(x)(x-c) + P(c)$。

❖ ❖ ❖

使得 $P(x) = 0$ 的 x 的值，称为多项式 $P(x)$ 的一个“根”（或一个“零点”）。

> 找到多项式的所有根等同于求解方程 $P(x) = 0$。

线性多项式 $ax+b$ 有一个根 $x = \frac{-b}{a}$。二次多项式最多可以有两个实根，即 $x_1 = \frac{-b-\sqrt{b^2-4ac}}{2a}$ 和 $x_2 = \frac{-b+\sqrt{b^2-4ac}}{2a}$（当 $b^2 - 4ac \geqslant 0$）。通常，具有实系数的 n 次多项式，最多可以有 n 个实根。

余数定理表明 $P(x) = Q(x)(x-c) + P(c)$。当且仅当 $P(c) = 0$ 时，$(x-c)$ 可整除 $P(x)$。这是余数定理的“推论”（直接来自于该定理）。

上述推论也被称为因式定理：当且仅当 $(x-c)$ 是 $P(x)$ 的因式，c 是多项式 $P(x)$ 的根。当我们说因式时，我们基本上假设具有实系数的多项式可以表示为质多项式因式的乘积，并且这种表示是唯一的（取决于常数因子）。这确实是事实。此外，质因式都是线性或二次多项式。例如，$x^4 + 1 = (x^2 + \sqrt{2}x + 1)(x^2 - \sqrt{2}x + 1)$。

但是证明并不容易，它使用了复数并遵循“代数的基本定理”：任何具有复系数的 n 次多项式（$n>1$），都可以表示为 n 个线性因子（具有复系数）的乘积，因此正好有 n 个复根（不一定都是不同的）。例如，$x^2+1=(x-i)(x+i)$，其中 i 是“虚数”，$i=\sqrt{-1}$。具有实系数的任意奇阶多项式至少有一个实根。

如果 $P(x)$ 是具有实系数的 n 阶多项式 $a_nx^n+\cdots+a_1x+a_0$，并且它有 n 个根 $c_1, c_2, \cdots, c_n$，那么 $P(x)=a_n(x-c_1)(x-c_2)\cdots(x-c_n)$。

第 15.3 节练习

1. 当求解方程时，方便的做法是将多项式的所有系数除以首项系数，使得首项系数变为 1。编写并测试一个函数，执行此操作。⋸ 提示：将剩余系数乘以首项系数的倒数，然后将首项系数设置为 1，这比较容易。⋺ ✓

2. 编写并测试函数 `multiply_by_one_term(p, a, k)`，将给定多项式 `p`（由它的系数列表表示）乘以 ax^k，返回乘积（一个新列表）。

3. ■编写并测试函数 `multiply(p1, p2)`，它返回两个多项式的乘积。使用一个循环，调用练习题 2 中的 `multiply_by_one_term` 以及 15.2 节练习题 5 的 `add(p1, p2)`。

4. ■编写一个更高效的 `multiply(p1, p2)` 函数，不调用其他函数。从适当长度的列表 `product` 开始，用零填充。对于所有适用的 `i` 和 `j`，将 `p1[i]*p2[j]` 添加到 `product[i+j]`。✓

5. ◆写入并测试函数 `divide(p1, p2)`，它将多项式 `p1` 除以多项式 `p2`，返回商和余数（组合成一个元组）。使用长除法算法。

6. ■编写一个 `eval_polynomial(p, x)` 函数，利用练习题 5 中的 `divide` 函数和余数定理，计算 $P(x)$ 的值。

7. ■编写一个程序，提示用户输入正整数 `n`，并输出 $(x+1)^n$ 的展开系数以及它们的和。✓

8. ■多项式 $P(x)=x^3-4x^2-x+12$ 的一个根是 3，求另外两个根。⋸ 提示：$(x-3)$ 除 $P(x)$，利用长除法（或练习题 5 中的 Python 函数）求商。⋺

9. ■二次多项式 $p(x)=2x^2+bx+c$ 的根是−2 和 6。求 b 和 c。⋸ 提示：展开 $2(x-x_1)(x-x_2)$，其中 x_1 和 x_2 是 p 的根，并将结果的系数与 p 的系数进行比较。⋺

10. 给定 $u+v=p$，$uv=q$，用 p 和 q 表示 u 和 v。⋸ 提示：写一个二次方程，使得 u 和 v 是它的根。⋺ ✓

15.4 二项式系数

如果展开 $(x+1)^n$，会得到一个多项式。它的系数是多少？你可以在第 12.5 节和上一节的练习题 7 中看到它们：x^k 的系数是 $\binom{n}{k}$（n 选 k）。如果展开 $(x+y)^n$，则得到项 $a_k x^k y^{n-k}$ 的总和。同样，$a_k=\binom{n}{k}$。$(x+y)$ 是“二项式”，并且系数是数字 $\binom{n}{k}$，这一事实被称为“二项式定理”。

> 二项式定理表示如下。
> $$(x+y)^n=\binom{n}{0}x^n+\binom{n}{1}x^{n-1}y+\cdots+\binom{n}{n}y^n=\sum_{k=0}^{n}\binom{n}{k}x^{n-k}y^k$$

这就是为什么 $\binom{n}{k}$ 通常被称为“二项式系数”。该公式由艾萨克·牛顿发现，并于 1676 年公布。

二项式定理的证明如下。

$$(x+y)^n=\underbrace{(x+y)\cdot(x+y)\cdots(x+y)}_{n}$$

展开时，形成 x 和 y 的积。

$$\underbrace{x\cdot y\cdot x\cdot x\cdots y\cdot x}_{n}=x^{n-k}y^k$$

我们从每组括号中选择 x 或 y，并将它们相乘。在合并同类项时，得到 $x^{n-k}y^k$ 项的系数。所以问题是：有多少种方式可以形成 $x^{n-k}y^k$？为了获得这样的项，必须取 k 次 y 和 $(n-k)$ 次 x。因此，系数等于可以从 n 个事物（所有括号）中选择 k 个事物（这里是我们选择 y 的括号）的方式的数量。

$\binom{n}{k}$ 就是二项式系数，这一事实对于建立它们的许多惊人的属性是有用的（见练习题 2、练习题 6）。

例 1

展开 $(x+y)^4$。

解

$$(x+y)^4 = x^4 + 4x^3y + 6x^2y^2 + 4xy^3 + y^4$$

例 2

$(x+y)^{18}$ 的展开式中，x^8y^{10} 的系数是多少？

解

$$\binom{18}{10} = \frac{18!}{10! \times 8!} = 43758$$

❖　❖　❖

> 记住以下等式是非常有用的，这些是二项式定理的特例。
> $(x+y)^2 = x^2 + 2xy + y^2$　$(x-y)^2 = x^2 - 2xy + y^2$
> $(x+y)^3 = x^3 + 3x^2y + 3xy^2 + y^3$　$(x-y)^3 = x^3 - 3x^2y + 3xy^2 - y^3$

我们可以将 $\binom{n}{k}$ 巧妙地排列成如下所示的三角形表。

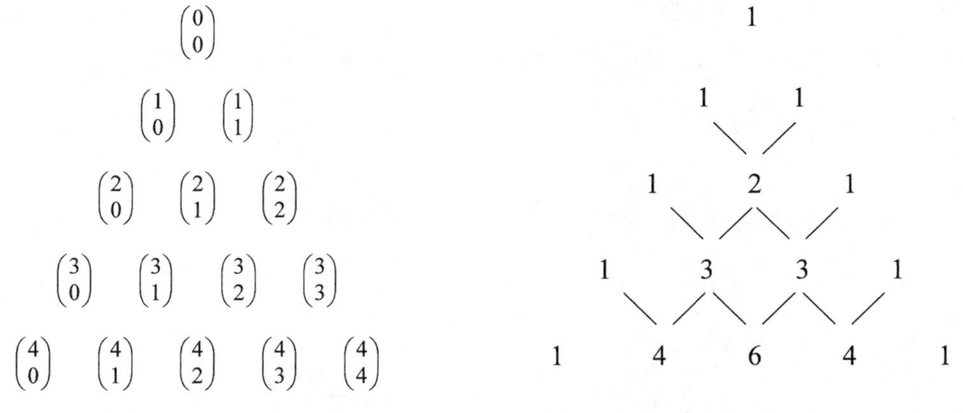

这两个三角形是轴对称的，右边的三角形的左边界和右边界的数字是 1，三角形里面的每个数字都是它上面两个数字的和，即 $\binom{n}{k} = \binom{n-1}{k-1} + \binom{n-1}{k}$。从顶部开始，我们可以根据需要构建三角形的行。

这个三角形表被称为“帕斯卡三角形”，以纪念法国数学家和哲学家布莱斯·帕斯卡（Blaise Pascal，1623—1662）。根据 Donald Knuth 的 *The Art of Computer Programming*（《计算机程序设计艺术》）中的简短历史记录，帕斯卡在 1653 年的 *Traité du Triangle Arithmétique* 中公布了这张表。这是关于概率论的最早著作之一。然而，帕斯卡不是第一个描述$\binom{n}{k}$或该三角形的人。根据 Knuth 的说法，该三角形出现在 1303 年由中国数学家朱世杰撰写的著作《四元玉鉴》中。大约 1150 年，印度数学家婆什迦罗（Bhāskara）对$\binom{n}{k}$进行了非常明确的解释。

对于$\binom{n}{k}=\binom{n-1}{k-1}+\binom{n-1}{k}$，有一个简单的组合证明。假设你有 n 个事物并希望选择其中的 k 个。将其中一个称为 x，并将它放在一边。n 中选 k 个事物的组合要么包括 x，要么不包括 x。包含 x 的那些组合的数量是$\binom{n-1}{k-1}$（我们需要从$n-1$中选择剩余的$k-1$），不包含 x 的组合的数量是$\binom{n-1}{k}$。这两个项的和是从 n 个事物中选择 k 个的方式的总数。

第 15.4 节练习

1. 编写一个程序，提示用户输入正数 n，并输出二项式系数列表$\binom{n}{0},\binom{n}{1},\cdots,\binom{n}{n}$。

提示：见 12.5 节中的练习题 4。

2. 如果集合 A 有 n 个元素，则其子集的总数（包括空集和整个集合 A）是$\binom{n}{0}+\binom{n}{1}+\cdots+\binom{n}{n}$。利用这个事实，推导出这个总和的公式。✓

3. 利用二项式定理，以不同的方式推导出$\binom{n}{0}+\binom{n}{1}+\cdots+\binom{n}{n}$的公式（参见练习题 2）。

提示：考虑$(1+1)^n$。

4. 证明

$$\sum_{k=0}^{n}2^k\binom{n}{k}=\binom{n}{0}+2\binom{n}{1}+4\binom{n}{2}+\cdots+2^n\binom{n}{n}=3^n \quad ✓$$

5. 证明

$$\sum_{k=0}^{n}(-1)^k\binom{n}{k}=\binom{n}{0}-\binom{n}{1}+\binom{n}{2}-\cdots+(-1)^n\binom{n}{n}=0$$

6. ■证明

$$\binom{n}{0}^2+\binom{n}{1}^2+\cdots+\binom{n}{n}^2=\binom{2n}{n}$$

⸨ 提示：$(x+y)^{2n}$ 等同于多项式 $(x+y)^n(x+y)^n$。当你展开这两种表示时，比较 $x^n y^n$ 的系数。⸩

7. ◆编写并测试一个函数，生成并返回帕斯卡三角形的前 n 行。该三角形表示为列表的列表，即第一个列表有一个元素，第二个列表有两个元素，依此类推。不要在这个程序中乘任何多项式，只需使用 $\binom{n}{k}=\binom{n-1}{k-1}+\binom{n-1}{k}$，从三角形的前一行构建下一行。✓

8. ■证明对于任意 $n\geqslant 1$，$\binom{2n}{n}\leqslant\binom{2n}{n-1}+\binom{2n}{n+1}$ ⸨ 提示：利用帕斯卡三角形。⸩ ✓

9. ◆将帕斯卡三角形切成对角条带，如下图所示。

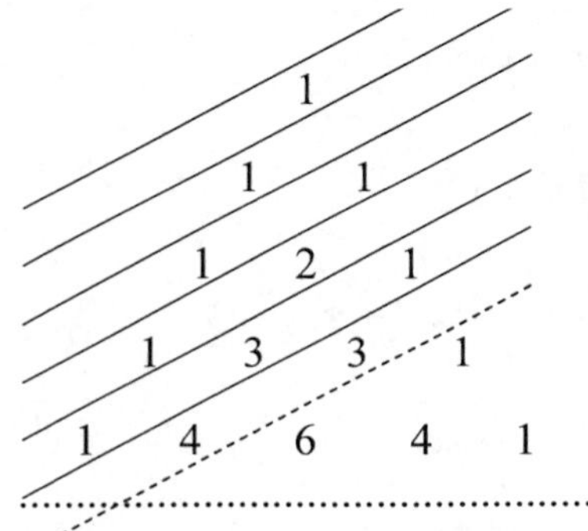

我们取每个条带中二项式系数的总和。猜猜这些总和形成了什么序列，并证明你的猜测是正确的。

15.5 复习

本章介绍的术语和公式。

多项式

多项式的系数

多项式的阶

线性多项式

二次多项式

长除法（针对多项式）

余数定理

因式定理

二项式系数

二项式定理

帕斯卡三角形

$$P(x)=Q(x)(x-c)+P(c)$$

c 是 $P(x)$的根，当且仅当$(x-c)$是 $P(x)$的因式。

如果 $a_nx^n+\cdots+a_1x+a_0$ 有 n 个根 $c_1, c_2, \cdots, c_n$，那么，

$$a_nx^n+\cdots+a_1x+a_0=a_n(x-c_1)(x-c_2)\cdots(x-c_n)$$

$$(x+y)^2=x^2+2xy+y^2$$

$$(x-y)^2=x^2-2xy+y^2$$

$$(x+y)^3=x^3+3x^2y+3xy^2+y^3$$

$$(x-y)^3=x^3-3x^2y+3xy^2-y^3$$

$$(x+y)^n=\binom{n}{0}x^n+\binom{n}{1}x^{n-1}y+\cdots+\binom{n}{n}y^n=\sum_{k=0}^{n}\binom{n}{k}x^{n-k}y^k$$

第 16 章　递归关系和递归

16.1　引言

在第 3 章中，我们讨论了定义函数的不同方法：语言描述、表格、图表或公式。还有一个非常重要的方法：我们也可以递归地描述一个函数，尤其是正（或非负）整数上的函数。下面是一个例子。假设你声明了一个函数 f，定义域是所有正整数，它定义如下。

$$f(n)=\begin{cases}1, & n=1\\ n\cdot f(n-1), & n>1\end{cases}$$

这个定义并没有直接告诉我们如何求 $f(n)$ 的值。$f(n)$ 是以 $f(n-1)$ 的方式来描述的（除了一个简单的“基本情况”：$n=1$）。我们可以针对任意正整数 n，求出 $f(n)$ 的值。首先，我们知道 $f(1)=1$，接下来，$f(2)=2\times f(1)=2\times 1=2$；其次，$f(3)=3\times f(2)=3\times 2=6$；再次，$f(4)=4\times f(3)=4\times 6=24$；以此类推。只有一个函数满足上述定义。在这种情况下，可以轻松找到描述此函数的公式，它是我们的老朋友 $f(n)=n!$（n 的阶乘）。

递归是定义函数的强大工具。计算机硬件和编程语言的设计者确保编程语言也支持递归。

16.2　递归关系

回想一下，在所有正整数集上定义的函数，都可以表示为函数值的序列，即 $a_1, a_2, \cdots, a_n, \cdots$。为了递归地定义这样的函数，我们通过序列的每一项与前一项的关系，来定义序列的每一项，除了第一项（或者，可能是前几项）。对于每个 n，联系第 n 项与一个或多个先前项的关系通常是相同的，它被称为“递归关系”。如下。

$$\begin{cases}a_1=1, & n=1\\ a_n=na_{n-1}, & n\geqslant 2\end{cases}$$

我们再次得到了 $a_n = n!$。这与 $n!$ 的递归定义相同，只是以稍微不同的方式重写了。

利用计算机，可以轻松计算通过递归关系定义的序列的值。回想一下，我们在第 4 章中关于 $s(n)=1+2+\cdots+n$ 的计算。我们注意到 $s(0)=0$ 和 $s(n)=s(n-1)+n(n\geqslant 2)$。这就有了以下 Python 代码。

```
n_max = 10
sum_n = 0
for n in range(1, n_max+1):
    sum_n += n
    print(n, sum_n)
```

这里的 sum_n 代表 $s(n)$。通过 for 循环的迭代等效于连续计算 $s(n)$的值。

第 16.2 节练习

1．考虑如下函数。

$$f(n)=\begin{cases}1, & n=1\\ 2\cdot f(n-1)+1, & n>1\end{cases}$$

$f(4)$是什么？ ✓

2．一个在正整数上的函数描述如下。

$$f(n)=\begin{cases}1, & n=1\\ f(n-1)+2, & n>1\end{cases}$$

通过简单的非递归公式重新定义它。

3．通过递归定义 $f(n)=2^n$，利用 $f(n-1)$，对于所有整数 $n\geqslant 1$。 ✓

4．编写的函数的递归定义，该函数具有这些属性：$f(1)=10$，$f(2)=30$，并且值 $f(1), f(2), \cdots, f(n), \cdots$ 形成算术序列。 ✓

5．条件与练习题 4 相同，但是形成几何序列。

6．■使用简单的“闭合形式”公式（无递归）描述练习题 1 中的函数。

7．■不用阶乘，对于整数 $n\geqslant 3$，通过递归定义函数 $f(n)=\dfrac{n!}{(n-3)!}$。 ✓

8．给定 $a_1=1,\ a_n=a_{n-1}+n\ (n\geqslant 2)$，用 n 表示的简单闭合形式（非递归）公式描述 a_n。

9．◆找到满足等式 $a_n=8a_{n-1}-15a_{n-2}(n>2)$的序列。同时，它是一个几何序列且 $a_1=1$。有

多少这样的序列？

16.3 程序中的递归

现在回到 $s(n)=1+2+\cdots+n$。正如我们所看到的，$s(n)$ 的递归定义是 $s(n)=\begin{cases}1, & n=1\\ s(n-1)+n, & n>1\end{cases}$。出于好奇，现在假设我们直接在 Python 函数中实现了这个定义：

```
def add_numbers(n):
    '''Return 1 + 2 + … + n.'''
    if n == 1:
        return 1
    else:
        return add_numbers(n-1) + n
```

这能行吗？add_numbers(5)会返回什么？如你所知，在程序中，函数会翻译成一段代码，可以从程序的不同位置调用。调用者向函数传递一些参数值和一个返回地址，即函数完成其工作后返回控制的指令的地址。那么当一段代码将控制权传递给自己时，这怎么能行呢？程序不会搞糊涂吗？

然而它确实可行！试试吧：

```
>>> add_numbers(5)
15
```

因为递归是编程中非常有用的工具，所以 Python（和其他编程语言）的开发人员已经做了一些特别的工作，确保它能运行。还有一些 CPU 指令可以帮助实现递归调用。

下面是所发生事情的类比。假设有一天你收到朋友的短信：$1+2+\cdots+100$ 是多少？但你不知道。你需要发短信去问一个非常聪明的人。高斯[①]会知道，但他没有智能手机，而且不管怎样，他已经过世了 150 年。那你在哪里找到一个聪明人？就像经常发生的情况一样，周围最聪明的人就是你！（但你真的能给自己发短信吗？我们已经试过了，确实可以！）但如果你问自己同样的问题，那么你就会陷入死循环而无处可去。

然后你会有一个想法：如果我问一个更简单的问题，$1+2+\cdots+99$ 是多少，会怎样？然后我可以在答案中添加 100，就搞定了。所以你再次发短信给自己。不幸的是，你仍然没有任何线索。所以你给自己发一个更简单的问题，$1+2+\cdots+98$ 是多少？希望如果得到答案，只需要加上 99，然后再加 100。但仍然没有线索。你不断给自己发短信问题，直到最后你

① Carl Friedrich Gauss（1777—1855），德国著名数学家。

收到：1+2是多少？啊，我知道，3。到现在为止，你有一大堆自己的短信。你很高兴地回应最后一个：1+2是3。然后你加3，得到和为6，这意味着1+2+3是6。然后你加4并得到和为10，这意味着1+2+3+4是10。以此类推。

最终你发现1+2+⋯+99是4950。你加100，得到5050，并回复你的朋友：是5050。现在你的朋友将确定你是最聪明的人！（希望你的手机套餐包括无限制的短信，否则你的父母可能不同意。）

请注意，你永远不会搞混所有的短信，因为它们整齐地排列在栈中，并且你以“后进先出（LIFO）”方式处理它们。

这看起来像是很多短信，但这样的过程对于电脑很容易。在Python中，你的活动可以精确地表示为上面的递归函数 `add_numbers`。

Python为递归函数的调用分配了一个特殊的内存块，称为“栈”。CPU有一个“压入”指令，将数据项放在栈的顶部。互补的“弹出”指令移除并返回顶部数据项。（Python的列表方法 `append` 和 `pop` 以类似的方式工作。）函数保存其所有参数、局部变量和栈上的返回地址。当它调用自身（或任何其他函数）时，在栈上分配新“帧（空间块）”，并在那里保存新参数和返回地址。通过这种方式，在函数完成时不会混乱应该完成什么工作和应该返回什么位置。

❖ ❖ ❖

> 要使递归函数起作用，必须具有一个简单的“基本情况”，它不需要递归调用。

在上面的代码中，$n = 1$ 是基本情况。

> 当一个函数被递归调用时，必须针对越来越小的任务调用它，最终会收敛到基本情况（或其中一种基本情况）。

每次以递归方式调用函数 `add_numbers` 时，我们使用比前一次小1的参数调用它。

递归有开销：首先，你需要在栈上有足够的空间；其次，代码花费额外的时间压入和弹出数据，并调用相同的函数。迭代通常更有效。但是某些应用程序，尤其是那些处理嵌套结构或分支进程的应用程序，无论如何都需要一个栈，而递归有助于编写非常简洁明了的代码。

例 1

编写一个递归函数，针对非负整数 n，计算 10^n。

解

```
def pow10(n):
```

```
    """Return 10^n."""
    if n == 0:  # base case
        return 1
    else:
        return pow10(n-1) * 10
```

例 2

编写一个递归函数，返回非负整数中的各数字之和。

解

```
def sum_digits(n):
    """Return the sum of the digits in n."""
    if n < 10: # Base case
        return n
    n, d = divmod(n, 10)  # n is now n//10
    return sum_digits(n) + d
```

例 3

编写一个递归函数，接收一个字符串，返回一个反向字符串。

解

```
def reversed(s):
   """Return s reversed."""
   if len(s) > 1:
     s = reversed(s[1:]) + s[0]
   return s
```

这里的基本情况是隐含的：当字符串为空或只包含一个字符时，不需要做任何事情。

计算机编程书籍和教程中有一个非常流行的递归示例，即“汉诺塔”谜题。我们有 3 个桩子和 n 个尺寸越来越大的盘片。最初，所有盘片都堆叠在其中 1 个桩子上的塔中（见图 16-1）。目标是将塔移动到另 1 个桩子，一次移动一个盘片，始终不在较小的盘片上放置较大的盘片。

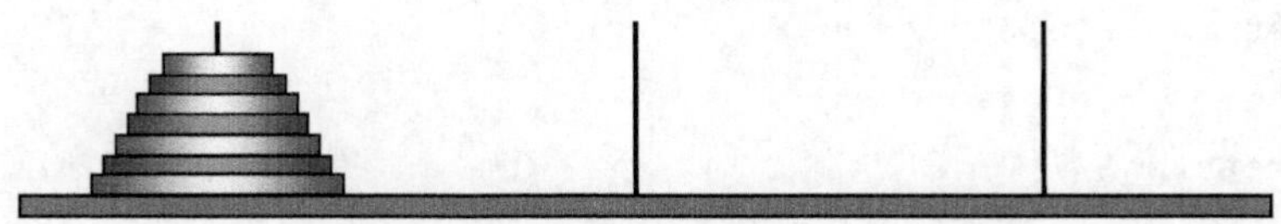

图 16-1 汉诺塔谜题

解题的关键是，为了移动整个塔，首先需要将 $n-1$ 个盘片的较小的塔移到备用桩子，然后将底部盘片移动到目标桩子，再将 $n-1$ 个盘片的塔从备用桩子移到目标桩子（见图 16-2）。

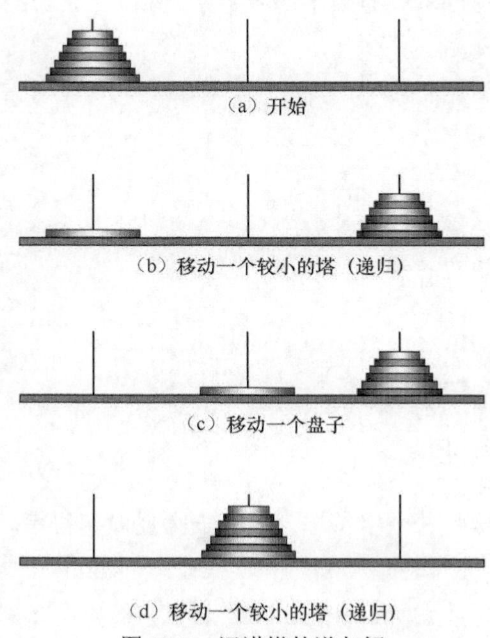

（a）开始

（b）移动一个较小的塔（递归）

（c）移动一个盘子

（d）移动一个较小的塔（递归）

图 16-2 汉诺塔的递归解

例 4

编写一个递归函数，解决 n 个盘片的汉诺塔谜题。

解

```
def move_tower(n, from_peg, to_peg):
    """Print the solution to Tower of Hanoi."""
    # (This code just prints out each move.)
    spare_peg = 6 - from_peg - to_peg  # See Question 5
    if n > 1:
        move_tower(n - 1, from_peg, spare_peg)
    print('From', from_peg, 'to', to_peg)
    if n > 1:
```

```
        move_tower(n - 1, spare_peg, to_peg)
```

如果我们想要将一个塔（比方说 7 个盘片）从第 1 个桩子移动到第 2 个桩子，则最初的调用将是 move_tower(7, 1, 2)。

❖ ❖ ❖

请注意，在上面的示例中，函数不返回值（更准确地说，它返回 None），因此它是一个“递归过程”。在没有递归的情况下，对这个任务编程将更加困难。

第 16.3 节练习

1. 编写并测试一个递归函数，返回 n!。不要使用任何循环。 ⪡ 提示：回想一下，0! 定义为 1。 ⪢ ✓

2. 假设 Python 的 bin 函数不存在，编写一个递归函数 to_bin(n)（没有任何循环），接收一个正整数，返回其二进制数的字符串。例如，to_bin(5)应该返回'101'。 ⪡ 提示：基本情况是 n=0 和 n=1。 ⪢

3. 根据公式 $a_n x^n + a_{n-1} x^{n-1} + \cdots + a_1 x + a_0 = x\left(a_n x^{n-1} + a_{n-1} x^{n-2} + \cdots + a_1\right) + a_0$，编写并测试 eval_polynomial(p, x)的递归版本。✓

4. (a) 编写并测试函数 print_digits(n)，它显示一个由数字组成的 n 行三角形。例如，print_digits(5)应显示：

```
55555
4444
333
22
1
```

文档字符串下的函数代码应该是 3 行。 ✓

(b) 条件与练习题 4 (a) 相同，但返回反转的三角形，使得 print_digits(5)输出：

```
1
22
333
4444
55555
```

5. 解释例 4 中的语句 spare_peg = 6 - from_peg - to_peg。 ✓

6．确定例 4 中 `move_tower` 函数的基本情况。✓

7．不运行例 4 中的代码，确定调用 `move_tower(3, 1, 2)` 时的输出。

8．汉诺塔谜题是由法国数学家爱德华·卢卡斯（Édouard Lucas）于 1883 年发明的。伴随着这个谜题有一个“传说”：在印度有一座圆顶的寺庙。寺内的神父在 3 根钻石针之间移动金色圆盘。一开始时，在 1 根针上放置了 64 个金盘，当神父将所有 64 个盘片移动到另一根针上时，宇宙将结束。移动 2 个盘片的塔所需的移动总数是多少？3 个盘片呢？4 个盘片呢？*n* 个盘片呢？ 假设每秒移动一次，请估计“宇宙的寿命”。✓

9．(a) 编写一个递归函数，有效计算 $x^n=\left(x^k\right)^2$，利用以下属性：若 $n=2k$，$x^n=\left(x^k\right)^2$；若 $n=2k+1$，$x^n=\left(x^k\right)^2\cdot x$。

(b) ■利用 n 的二进制表示，编写同一个函数的迭代版本。⋞ 提示：假设 $n=b_0+b_1\cdot 2+b_2\cdot 2^2+\cdots+b_k\cdot 2^k$，其中 $b_0,b_1,b_2,\cdots,b_k$ 是 *n* 的二进制数，那么 $x^n=x^{b_0}\cdot(x^2)^{b_1}\cdot(x^4)^{b_2}\cdots(x^{2^k})^{b_k}$。将结果设置为 1，如果 *n* 中的第 *k* 位已设置（最右边的位数计为 $k=0$），就将结果乘以因子 $f=x^{\left(2^k\right)}$。所以 *f* 最初设置为 *x*，然后在每次迭代时进行平方运算。⋟

10．◆◆求 $F_{10^{12}}$ 的最后 9 位数，索引为 10^{12} 的斐波那契数，假设 F_1=1，F_2=1。

⋞ 提示：

① 可以使用矩阵计算由线性递归关系定义的序列，例如斐波那契数。回想一下，当矩阵 $\boldsymbol{A}=\begin{pmatrix}a_{11} & a_{12}\\ a_{21} & a_{22}\end{pmatrix}$ 应用于向量 $\boldsymbol{v}=\begin{pmatrix}x\\ y\end{pmatrix}$ 时，结果是一个新向量，$\boldsymbol{Av}=\begin{pmatrix}a_{11}x+a_{12}y\\ a_{21}x+a_{22}y\end{pmatrix}$。如果 $\boldsymbol{A}=\begin{pmatrix}0 & 1\\ 1 & 1\end{pmatrix}$，那么 $\boldsymbol{A}\begin{pmatrix}F_{n-1}\\ F_n\end{pmatrix}=\begin{pmatrix}F_n\\ F_{n+1}\end{pmatrix}$。如果再次应用 $\boldsymbol{A}$，你将得到下一对斐波那契数字。如果你在 $\begin{pmatrix}F_1\\ F_2\end{pmatrix}$ 应用了 $(n-1)$ 次 $\boldsymbol{A}$，你会得到 $\begin{pmatrix}F_n\\ F_{n+1}\end{pmatrix}$。换一种说法，$\begin{pmatrix}F_n\\ F_{n+1}\end{pmatrix}=\boldsymbol{A}^{n-1}\begin{pmatrix}F_1\\ F_2\end{pmatrix}$。

② 练习题 9 的有效 x^n 函数适用于计算矩阵的 *n* 次方，并且对于 2 × 2 的矩阵可以非常快速地工作。矩阵相乘时，仅跟踪记录最后 9 位数。

16.4 数学归纳法

设 d_n 是汉诺塔谜题中移动 *n* 个盘片所需的移动次数。很明显，因为要移动 *n* 个盘片的塔，我们需要首先移动 *n* − 1 个盘片的塔，移动一个盘片，然后再移动 *n* − 1 个盘片的塔。如果你在上一节中完成了练习题 8，那么你可能已经正确地猜到 $d_n=2^n-1$。我们怎样才能更严谨地证明这一事实？在这类问题中，我们可以使用称为“数学归纳法”的证明方法。

假设你有两个序列，$\{a_n\}$ 和 $\{b_n\}$。假设：

（1）$a_1 = b_1$（基本情况）；

（2）对于任意 $n > 1$，你设法建立以下事实，如果 $a_{n-1} = b_{n-1}$，那么 $a_n = b_n$。

对所有 $n \geqslant 1$，$a_n = b_n$ 为真吗？

我们已知 $a_1 = b_1$，并且，如果 $a_1 = b_1$，那么 $a_2 = b_2$。下一步：我们已知 $a_2 = b_2$，并且，如果 $a_2 = b_2$，那么 $a_3 = b_3$。……以此类推。可以针对所有 $n \geqslant 1$ 做出结论，$a_n = b_n$。在以后，我们不必每次都重复这一推理步骤。只是根据数学归纳法，结论是正确的。

例 1

证明对于 n 个盘片，汉诺塔谜题的移动数量为 $d_n = 2^n - 1$。

解

d_n 满足以下关系。

$$\begin{cases} d_1 = 1, & n = 1 \\ d_n = 2d_{n-1} + 1, & n > 1 \end{cases}$$

针对所有 $n \geqslant 1$，证明 $d_n = 2^n - 1$。

（1）首先让我们建立基本情况，$n = 1$。$d_1 = 1$ 且 $2^1 - 1 = 1$，所以 $d_1 = 2^1 - 1$。成立。

（2）现在我们继续进行“归纳步骤”。假设 $d_{n-1} = 2^{n-1} - 1$，那么 $d_n = 2d_{n-1} + 1 = 2(2^{n-1} - 1) + 1 = 2^n - 2 + 1 = 2^n - 1$。所以，对于所有 $n > 1$，我们能够证明：如果 $d_{n-1} = 2^{n-1} - 1$，那么 $d_n = 2^n - 1$。

根据数学归纳法，对所有 $n \geqslant 1$，$d_n = 2^n - 1$，证毕。

❖ ❖ ❖

数学归纳法适用于所有命题序列 $\{P_n\}$。假设我们知道 P_1 为真，并且可以证明对于所有 $n > 1$，如果 P_{n-1} 为真那么 P_n 为真。于是，根据数学归纳法，对所有 $n \geqslant 1$，P_n 都为真。（在上面的例子中，P_n 是命题 $d_n = 2^n - 1$。）

有时需要使用更一般的数学归纳法版本，有几种基本情况和更一般的归纳步骤。假设：

（1）$P_1,\cdots,P_k$ 为真（基本情况）；

（2）对于所有 $n>k$，我们可以证明，如果 $P_1,P_2,\cdots,P_{n-1}$ 都为真，那么 P_n 为真。

然后，根据数学归纳法，对所有 $n\geqslant 1$，P_n 都为真。

例 2

证明第 n 个斐波那契数 $F_n\geqslant\left(\frac{3}{2}\right)^{n-2}$。

解

（1）我们可以建立如下两个基本情况。

$$F_1=1\geqslant\frac{2}{3}=\left(\frac{3}{2}\right)^{-1}=\left(\frac{3}{2}\right)^{1-2}$$

$$F_2=1\geqslant\left(\frac{3}{2}\right)^{0}=\left(\frac{3}{2}\right)^{2-2}.$$

（2）现在是归纳步骤。假设对于所有 $m<n$，$F_m\geqslant\left(\frac{3}{2}\right)^{m-2}$。特别是，对于 $n>2$，$F_{n-1}\geqslant\left(\frac{3}{2}\right)^{n-3}$ 且 $F_{n-2}\geqslant\left(\frac{3}{2}\right)^{n-4}$。那么，

$$F_n=F_{n-1}+F_{n-2}\geqslant\left(\frac{3}{2}\right)^{n-3}+\left(\frac{3}{2}\right)^{n-4}=\left(\frac{3}{2}\right)^{n-4}\left(\frac{3}{2}+1\right)=$$

$$\left(\frac{3}{2}\right)^{n-4}\times\frac{5}{2}>\left(\frac{3}{2}\right)^{n-4}\times\frac{9}{4}=\left(\frac{3}{2}\right)^{n-2}$$

所以这个命题对于两种基本情况都是正确的，如果它对于 $n-1$ 和 $n-2$ 为真，那么对于 n 也为真。根据数学归纳法，对所有 $n\geqslant 1$，都为真，证毕。

第 100 个斐波那契数是 $F_{100}=354224848179261915075$。上述结果解释了为什么斐波那契数增长如此之快。

第 16.4 节练习

1．用数学归纳法证明$1+3+5+\cdots+(2n-1)=n^2$。✓

2．■思考以下函数：

```
def tangle(s):
    n = len(s)
    if n < 2:
        return ''  # empty string
    else:
        return tangle(s[1:n]) + s[1:n-1] + tangle(s[0:n-1])
```

证明 `tangle('abcde')`返回一个既不包含“a”也不包含“e”的字符串。

3．◆证明对于长度为 n 的字符串 s，在练习题 2 中定义的 `tangle(s)`返回一个长度为 $L_n=2^{n-1}-n$ 的字符串。⋚ 提示：首先获得 L_n 的递归关系，然后用数学归纳法证明它。⋛ ✓

4．◆假设在一个平面上有 n 条直线，使得没有 2 条线相互平行，没有 3 条线经过同一个点。证明这些线切割平面的区域数量仅取决于 n，而不取决于线条的特定格局。找到该数字的公式，并用数学归纳法证明它。⋚ 提示：当你添加一条线时，原有的线将它切成片段。新线的每个部分将所在区域切割成两个区域，增加一个新区域。

5．◆考虑序列 $a_0=2,\ a_1=2,\ a_n=2a_{n-1}+3a_{n-2}\,(n\geqslant 2)$。编写一个 Python 程序，输出该序列的前 n 项。检查这种模式，为 a_n 提出一个闭合形式的公式，然后用数学归纳法证明你的猜测是正确的。⋚ 提示：比较 a_n 和 3^n。 ⋛

6．◆思考返回第 n 个斐波那契数的函数的递归版本：

```
def fibonacci(n):
    """Return the n-th Fibonacci number."""
    if n == 1 or n == 2:
        return 1
    return fibonacci(n-1) + fibonacci(n-2)
```

用 `n = 6` 和 `n = 20` 进行测试，现在用 `n = 100` 进行测试。计算机不会立即返回结果，也许递归版本需要更长时间……用数学归纳法证明，对 `fibonacci` 函数的调用总数，包括最初的调用和所有递归调用在内，不小于第 n 个斐波那契数。我们已在上面证明，$F_n\geqslant\left(\frac{3}{2}\right)^{n-2}$。假设你的计算机每秒可执行一万亿次调用，估计你需要等待 `fibonacci(100)`（以年为单位）的时间。按<Ctrl+C>中止程序。正如我们之前所说的，有时递归可能开销很大。

16.5 复习

本章介绍的术语。

递归关系

递归

栈

递归函数

递归过程

基本情况

数学归纳法

本章介绍的 Python 特性。

递归函数

`list.append(x)`

`list.pop()`

第 17 章　图

17.1　引言

在 18 世纪，波罗的海附近的东普鲁士首府哥尼斯堡（Königsberg）有 7 座桥，将 Pregel 河岸与其支流河岸和中心的 Kniephof 岛连接起来。没人记得清下面的谜题是如何产生的：找到穿过城市的路径，这条路径恰好穿过 7 座桥中的每 1 座（见图 17-1）。据传说，许多市民周日在城市周围漫步，试图解决谜题。

你能找到解吗？

大约在 1735 年，伟大的瑞士数学家莱昂哈德·欧拉（Leonhard Euler）解决了这个问题（就像他对一个问题感兴趣时经常做的那样）。在这个过程中，欧拉创立了两个新的数学分支：拓扑学和图论。

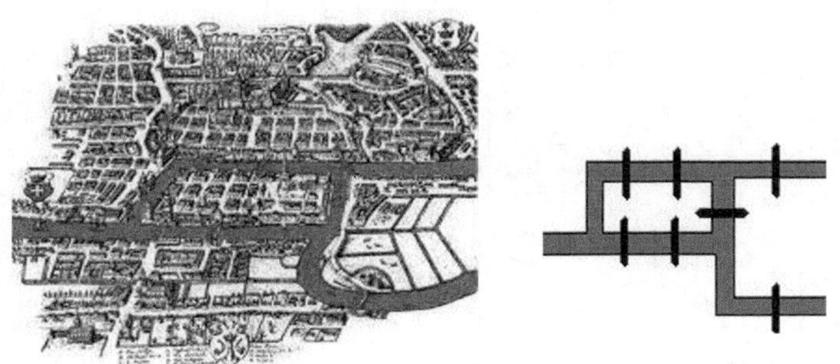

图 17-1　哥尼斯堡七桥谜题

首先，欧拉简化了图片：他将每块土地压缩成一个点，并用连接两个点的线段替换每个桥梁，得到现在称为具有 4 个“顶点”和 7 条“边”的图（见图 17-2）。

图的确切形状并不重要——只要图的拓扑（由边连接的特定顶点对）保持不变，就可以移动顶点并拉伸或弯曲边。现在的任务是在图中找到一条连续的路径，它只经过每条边一次，这种路径被称为“欧拉路径”。在同一顶点开始和结束的欧拉路径称为“欧拉回路”。

在解决七桥谜题拼图之前，尝试在其他几个图中找到欧拉路径（见图 17-3），并提出一个规则，来确定哪些图有欧拉路径，哪些图没有（见第 17.4 节练习题 9）。

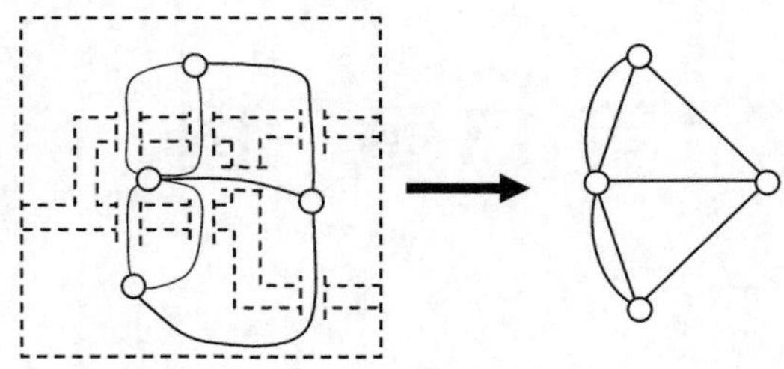

图 17-2 七桥谜题表示为图

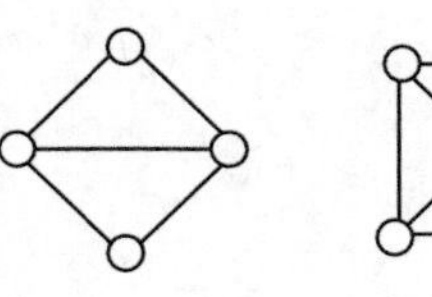
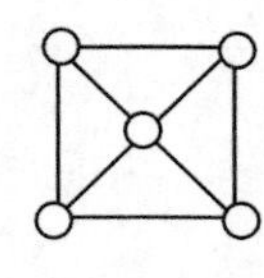
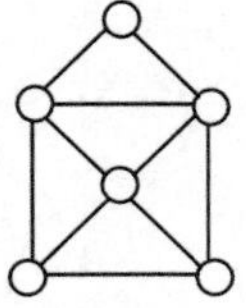

图 17-3 图的示例

图可用于表示计算机网络、航空公司的航线系统、道路地图、一组可能的位置和游戏中的合法移动等（见图 17-4）。因此，图是一种通用的建模工具。

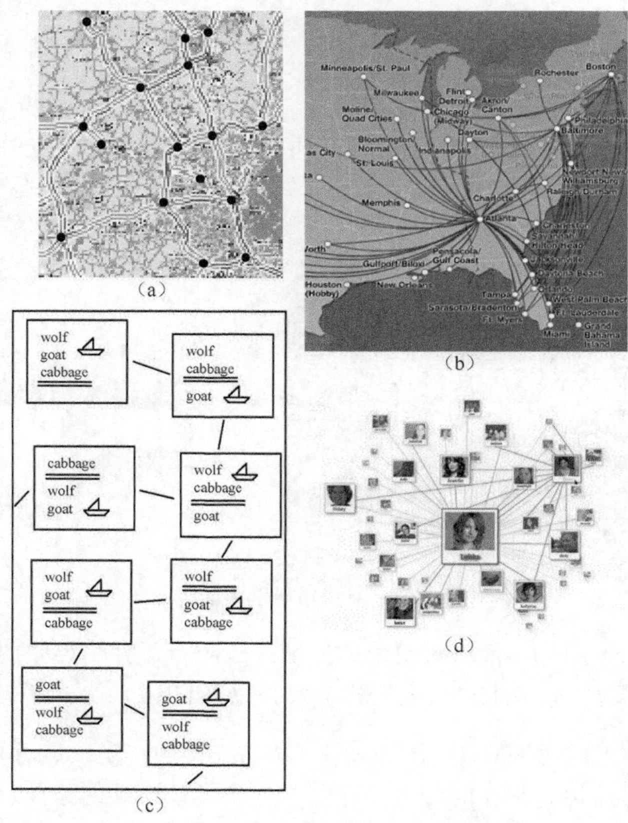

图 17-4 图的一些应用

图论是一个庞大而迷人的数学分支，在这里，我们只能做简单介绍。图论的基本定义很简单，这让它成为各年龄段业余数学家理想的入门选择。但是有些定理很难。

在最后两节中，我们将讨论着色地理地图和平面图，并且会发现，它们是相同的。然后我们将尝试解决平面图的四色定理。

17.2 图的类型

用抽象的方式，图可以描述为一组“顶点”和一组“边”。边由无序的顶点对表示，我们可以这样理解，该边“连接”那对顶点。图的顶点有时称为“节点”，边有时称为“弧”。

图 17-3 展示的图表示为用线段连接平面上的点。有时，数学家确实会使用这样的“平面图”。但一般来说，将图绘制出来只是有助于图形可视化。

图可以有若干边连接同一对顶点，这种图称为“多重图”。七桥图（见图 17-2）就是一个例子。图也可以有一条边将顶点连接到它自身（见图 17-5），这种边称为“自环边”。在一个“简单图”（如图 17-3 中所示的图片）中，连接一对顶点不超过一条边，并且没有自环边。

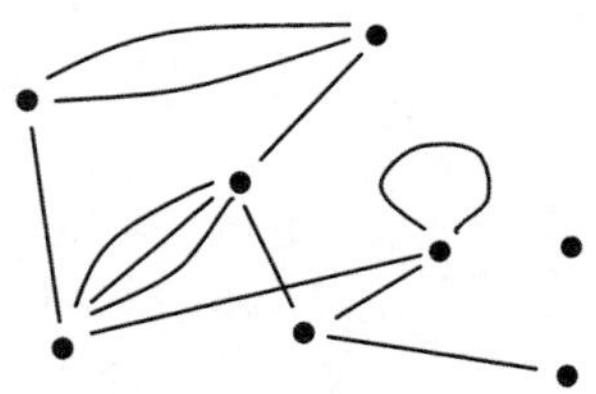

图 17-5　多重图中多条边可以连接同一对顶点，有些顶点可以连接到它们自己

例 1

将下面的简单图描述为一组顶点和一组边。

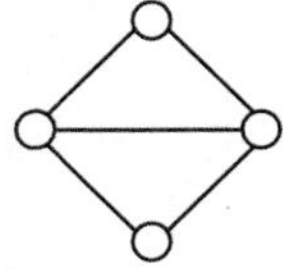

解

首先，我们需要标记图的顶点，以便能够引用它们。我们用数字 1 到 4。

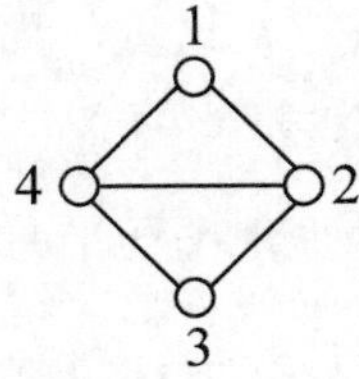

现在$V=\{1,2,3,4\}$，$E=\{(1,2),(2,3),(3,4),(4,1),(2,4)\}$，$G=(V,E)$。或者，在 Python 中：

```
v = {1, 2, 3, 4}  # a set
e = {(1, 2), (2, 3), (3, 4), (4, 1), (2, 4)}
g = (v, e)
```

如果把图作为现实生活情境的模型，它的顶点可以表示不同地理位置、不同事物，或游戏中的不同格局。但是，如果将图视为抽象数学对象，则图仅由它的“拓扑”来定义。也就是说，由它的顶点和边的配置来定义。

> 每对顶点都通过一条边连接的简单图称为“完全图”。

具有 n 个顶点的完全图通常表示为 K_n。

例 2

画出 K_4 和 K_5。

解

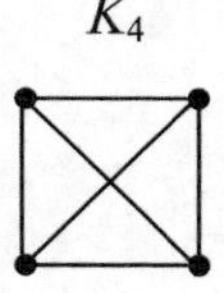

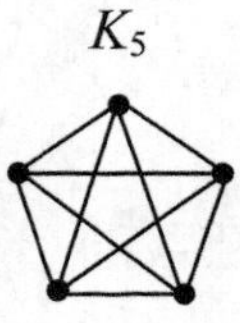

一个完全图的绘制可以看起来不同。但是从图论的角度来看，只要它们具有相同数量的顶点，并且恰好有一条边将每个顶点连接到每个其他顶点，本质上它们就是相同的图。

另一种简单类型的图，是顶点排成环形序列、每个顶点连接到它的两个邻居的图。（想象一群人手拉手。）这样的图称为“环”。具有 n 个顶点的环通常表示为 C_n。

例 3

画出 C_6。

解

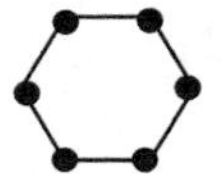

第 17.2 节练习

1．在下图中找到欧拉路径。✓

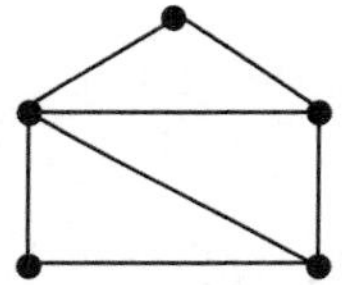

2．绘制图 $G=(V, E)$ 的草图，其中 $V=\{a, b, c, d\}$，$E=\{(a, b), (a, c), (b, c), (b, d)\}$。✓

3．用字母或数字标记下图的顶点，然后将该图描述为一组顶点和一组边。

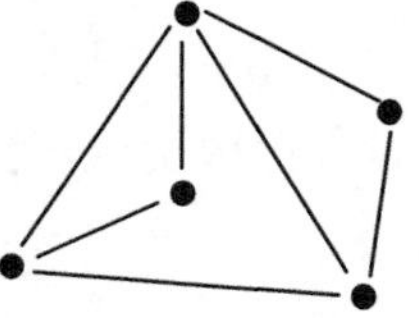

4．以下哪些是简单图？哪些是多重图？哪些有自环边？✓

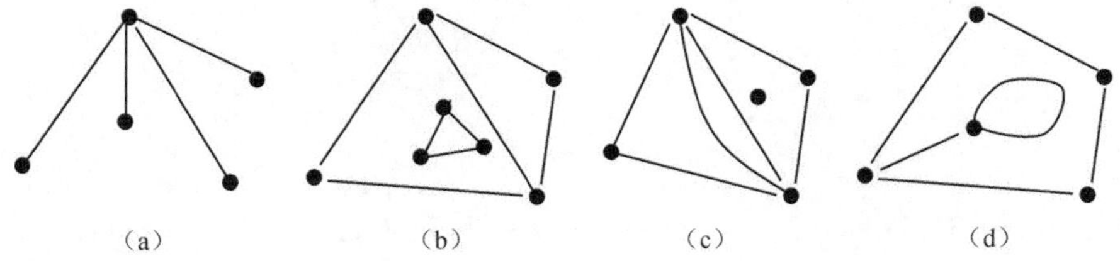

5．(a) C_{12} 有多少条边？

(b) K_{12} 有多少条边？✓

(c) 对于哪个 n，C_n 与 K_n 相同？

17.3 图的同构

> 如果两个图的顶点之间存在一一对应关系，且它们的边之间存在一一对应关系，使得在第一个图中两个顶点由一条边连接，当且仅当在第二个图中对应的顶点由对应的边连接，则两个图称为“同构的”。

例

考虑两个图：$G_1=(V_1, E_1)$和$G_2=(V_2, E_2)$。第一个图的顶点集是$V_1=\{A, B, C, D, E\}$，它的边集是$E_1=\{(A,B), (A,C), (B,C), (B,D), (C,E), (D,E)\}$。对于第二个图，$V_2$={1, 2, 3, 4, 5}，$E_2=\{(1,2), (2,3), (3,4), (4,5), (5,1), (2,4)\}$。$G_1$和$G_2$同构吗？

解

为了找到答案，我们绘制这两个图。

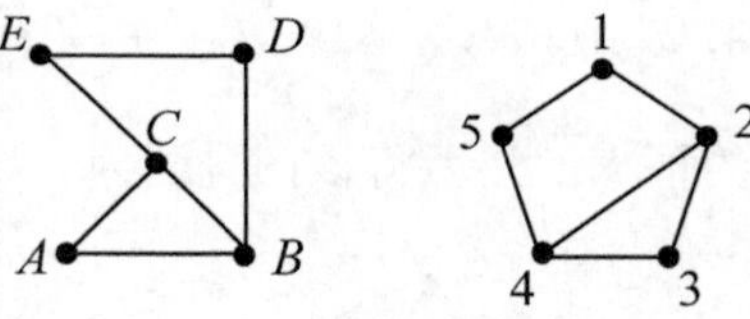

乍一看，它们似乎有所不同，但如果把边稍微弯曲一下（没有断开边），我们会发现，它们实际上具有相同的配置。

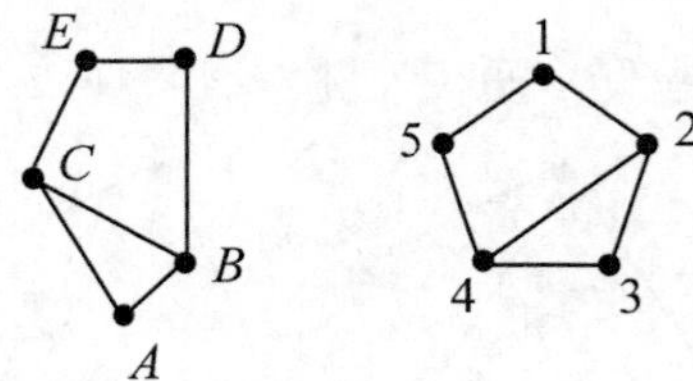

对应关系 $A\leftrightarrow 3, B\leftrightarrow 2, C\leftrightarrow 4, D\leftrightarrow 1, E\leftrightarrow 5$ 确定了这两个图之间的同构。

请注意标记图的顶点的方式，以便能够引用它们。第一个图用字母，第二个图用数字。通常我们可以使用任何标记或名称。

图之间的同构有 3 个属性。

1．反身性：任何图都与它自身同构。

2．对称性：如果 G_1 与 G_2 是同构的，那么 G_2 与 G_1 是同构的。

3．传递性：如果 G_1 与 G_2 是同构的，且 G_2 与 G_3 是同构的，那么 G_1 与 G_3 就是同构的。

具有这 3 个属性的关系称为“等价关系”。

集合元素的等价关系将该集合分成无重叠的子集，称为“等价类”。同一等价类中的任意两个元素彼此“等价”（即等价关系对它们成立），并且不同等价类中的任意两个元素都不“等价”。

由于同构是图之间的等价关系，因此所有图都分属于同构图的无重叠类。

等价关系的另一个例子，是图 G 的两个顶点之间“通过路径连接”的关系。如果存在从 X 到 Y 的路径，则该关系对于顶点 X 和 Y 为真。（空的“路径”将顶点连接到自身。）很容易看出这种关系满足等价关系的 3 个属性。具体来说，如果 X 通过路径连接到 Y，并且 Y 通过路径连接到 Z，则 X 通过路径连接到 Z（即连接两条路径，见图 17-6）。

如果对于图的任意两个顶点，存在连接它们的路径，则称图是“连通的”。

“通过路径连接”关系的等价类，是 G 的连通子图中的一组顶点。因此，所有图都是无相交的连通子图的并集（见图 17-6）。

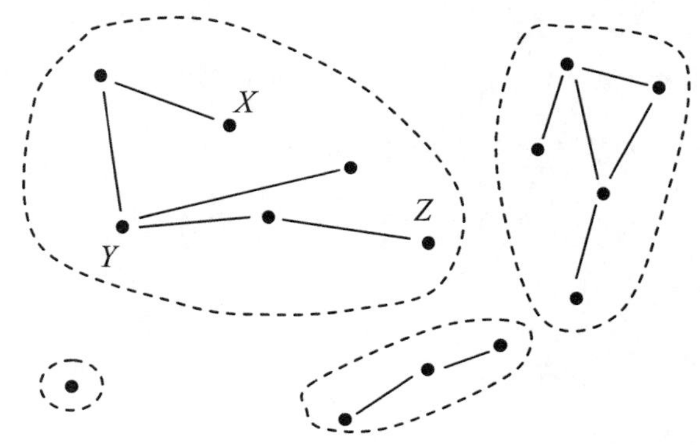

图 17-6　可以用唯一的方式，将该图分割为无相交的连通子图

❖ ❖ ❖

第 17.3 节练习

1．确定以下各对图是否同构。 ✓

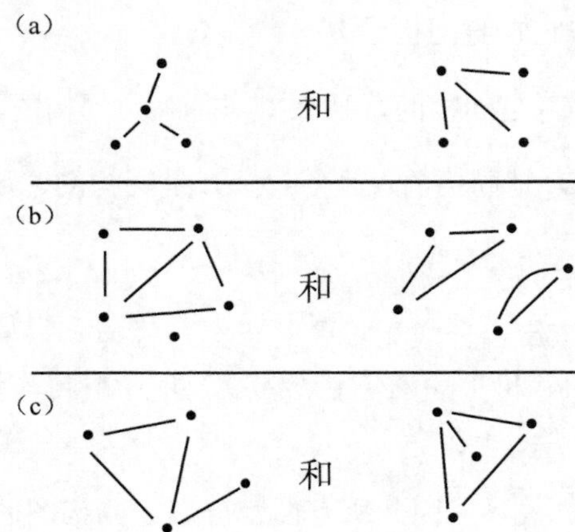

2．例 1 中的图是否存在不同的顶点对应关系，表明它们是同构的？如果有，请展示；如果没有，请解释原因。✓

3．如果将所有同构图计数为一个，那么有多少个具有 4 个顶点的简单图？有多少是连通的？✓

4．图 $G_2=(V_2, E_2)$ 被称为图 $G_1=(V_1, E_1)$ 的“子图”，如果 $V_2 \subseteq V_1$ 且 $E_2 \subseteq E_1$。图可以与它的子图同构吗？请说明。✓

5．■K_n 是否有一个子图与 C_n 同构？如果 $n \geqslant 5$，K_n 是否有一个子图与 C_{n-2} 同构？如果 $n \geqslant 5$，K_n 是否有一个子图与 K_{n-2} 同构？

6．■在所有实数集合上，$x \leqslant y$ 是不是一个等价关系？

7．■举出两个整数之间的等价关系的 5 个例子。

8．■举出两个集合之间的等价关系的例子（除了相等）。✓

17.4 顶点的度

> 从图的顶点出来的边数，称为该顶点的“度”。

如果一条边是自环边，那么该边在该顶点上的度被计数两次。在一个简单图中，顶点的度就是该顶点所连接的其他顶点的数量。

例

以下多重图中顶点的度是多少？

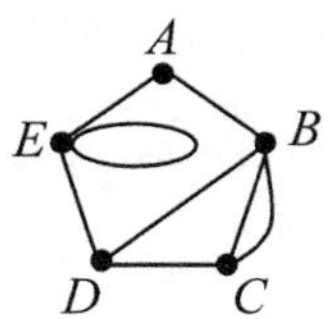

解

A：2。B：4。C：3。D：3。E：4。

如果两个图是同构的，那么对应顶点的度必须匹配。

第 17.4 节练习

1．如果图有 n 个顶点，$d_1, d_2, \cdots, d_n$ 是它们的度，那么该图的总边数是多少？

2．是否有一个 5 个顶点的图，其度分别为 2、2、4、3、6？如果有，举个例子；如果没有，请解释原因。

3．一个图是否可以有 5 个顶点，每个顶点恰好与其他 3 个顶点相连？举一个例子，或解释不可以的原因。

4．是否可以有一组 5 个同事，每个同事恰好通过电子邮件与其他 3 个同事通信？

5．证明：具有 n 个顶点，且所有顶点的度等于 $n-1$ 的唯一简单图是 K_n。

6．■证明：具有 3 个或更多顶点，且所有顶点的度等于 2 的唯一简单连通图是 C_n。

7．■举一个例子，其中有两个图，它们具有相同顶点数，第一个图中的顶点可以被排序，使得它们的度与第二个图中顶点的度匹配，但是两个图彼此不是同构的。

8．◆证明：在任意 6 个人中，有 3 个人彼此认识，或者 3 个人彼此都是陌生人。提示如下：

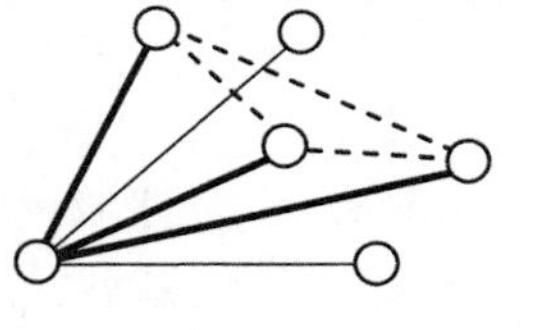

9．■回想一下，欧拉路径遍历图的所有边，并且恰好通过每条边一次。证明：如果图有奇数度的顶点，则欧拉路径（如果存在）必定在该顶点处开始或结束。

10．移除七桥谜题中的一座桥，使它变得可解。✓

11．我们想为立方体制作一个电线框架。需要弯曲一根电线，使它尽可能多地覆盖立方体的边，而不会重复任何边。最少有几条边不会被覆盖到？

12．■在一个图中，假设 L 是度为奇数的顶点数。用 L 来描述图具有欧拉路径的必要和充分条件。✓

13．■一个图中的“欧拉回路”在同一个顶点开始和结束，并且只穿过图的每条边一次。描述图具有欧拉回路的必要和充分条件。

14．证明：对于任意 $n \geqslant 3$，都有一个 n 个顶点的连通图，有一个欧拉回路（如练习题13中所定义）。✓

15．■对哪个 $n \geqslant 3$，K_n 有欧拉回路？

16．■举一个连通图的例子，不能通过去掉一条或几条边，将它转换成具有欧拉回路的图。✓

17．■一个图中的汉密尔顿回路从相同的顶点开始并结束，沿着图的边，并且每个顶点只访问一次。汉密尔顿回路以爱尔兰数学家威廉·罗恩·汉密尔顿（William Rowan Hamilton，1805—1865）爵士的名字命名。1859年，汉密尔顿设计了一个谜题，并将它卖给了都柏林的玩具制造商。这个谜题是一个普通的“十二面体”（一个有12个五边形面和20个顶点的实体），由木头制成，每个顶点都标有一个主要城市的名称。玩家必须找到一条路径，从相同顶点开始并结束，沿着边，并且只访问每个“城市”一次。请解决汉密尔顿的原始谜题。提示：你可以利用如下与十二面体同构的平面图，用铅笔和纸来工作。

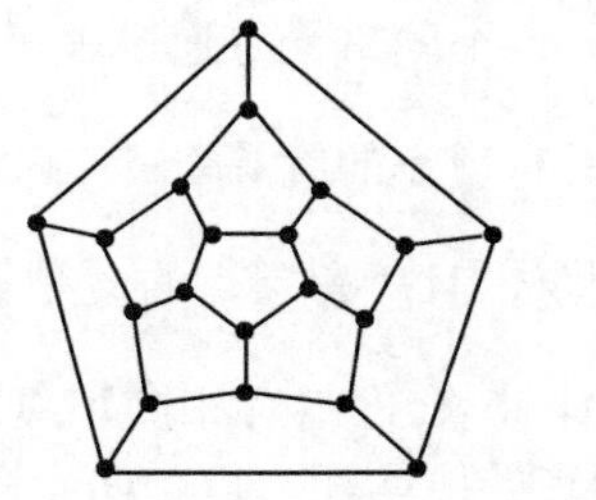

18．◆你能在下图中找到汉密尔顿回路（如练习题17中所定义）吗？

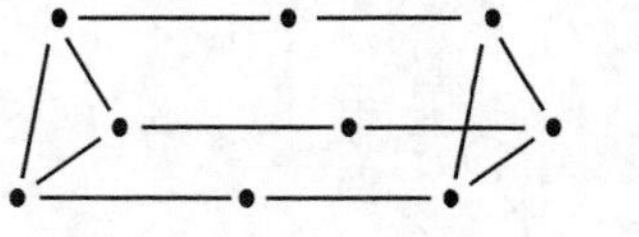

✓

19．■编写一个函数 `has_euler_path(g)`，接收一个图 `g`，表示为 `(V, E)`，其中 `V` 是顶点集，`E` 是边集（顶点对）。如果 `g` 有一条欧拉路径则返回 `True`；否则返回 `False`。

17.5　有向图和加权图

前面部分中描述的图称为“无向图”，因为它们的边没有方向，即当且仅当 B 连接到 A

时，顶点 A 连接到顶点 B。我们还可以考虑“有向图”，其中边是箭头，表明连接的方向（见图 17-7）。

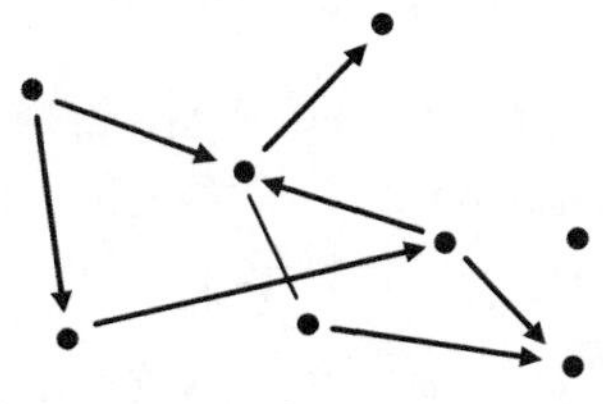

图 17-7 有向图

在有向图中，可能存在从顶点 A 到顶点 B 的箭头，但没有从 B 到 A 的箭头，或者在两个方向上都可能存在箭头（见图 17-8）。

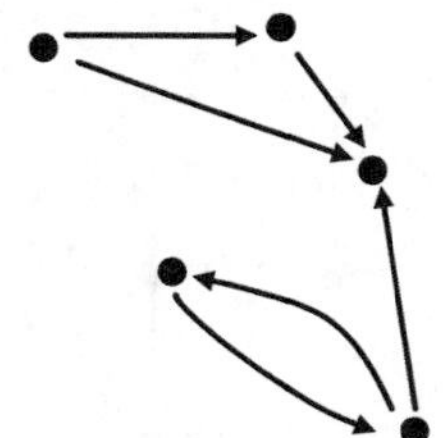

图 17-8 一个有向图，包含一对有两个方向连接的顶点

如果我们有一个有向图，可以将它与一个无向图相关联，用边替换每个箭头。

例 1

绘制与图 17-8 中的有向图相关联的无向图。

解

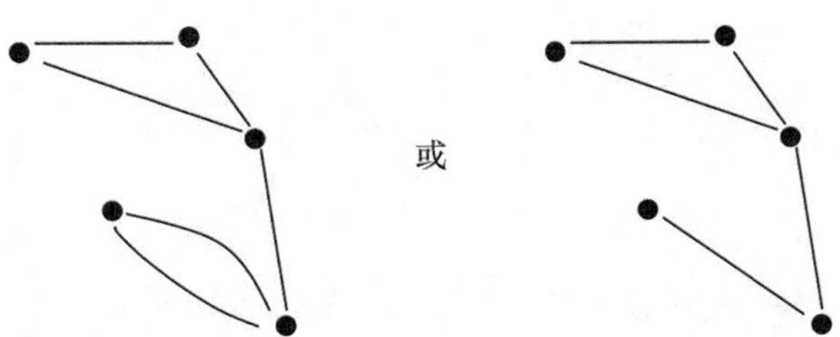

这取决于我们如何处理相同两个顶点之间的多条边。

如果相关的无向图是连通的，就称该有向图是“连通的”。

涉及有向图的一些典型任务，是找出沿着箭头从一个顶点到另一个顶点存在的路径，或找到最短的这种路径。

❖ ❖ ❖

“加权图”是它的边具有相关联的数字（即权重）的图。例如，传输网络可以由加权图表示，其中权重是相邻站之间的距离。计算机网络可以用加权图表示，其中权重表示通过链路传输信息所需的费用。

加权图的典型任务是找到两个给定顶点之间的“最优路径”。沿着这条路径的权重之和必须尽可能小。

例 2

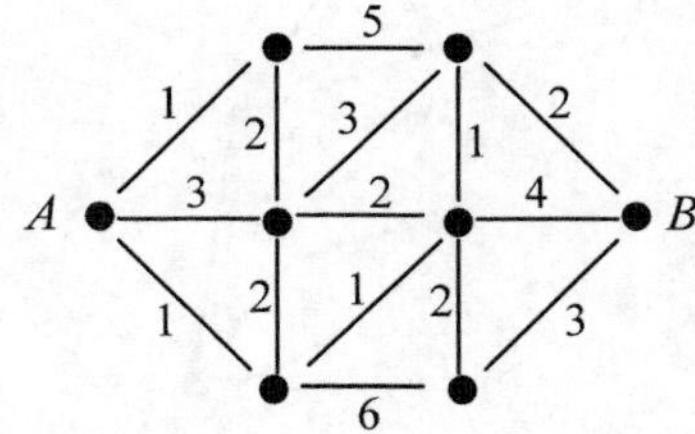

对于上面的加权图，找到从 A 到 B 的最优路径。

解

当然，你可以尝试列出所有可能的路径，但它们太多了。更好的方法是首先找到从 A 的每个相邻点到 B 的最优路径，并标记每个这样的最优路径的权重总和。

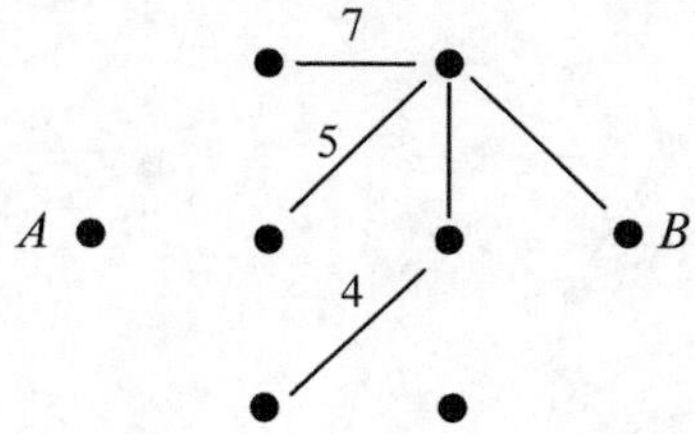

现在，我们可以将从 A 到邻居的权重总和与从邻居到 B 的权重总和相加，并找到最优组合。

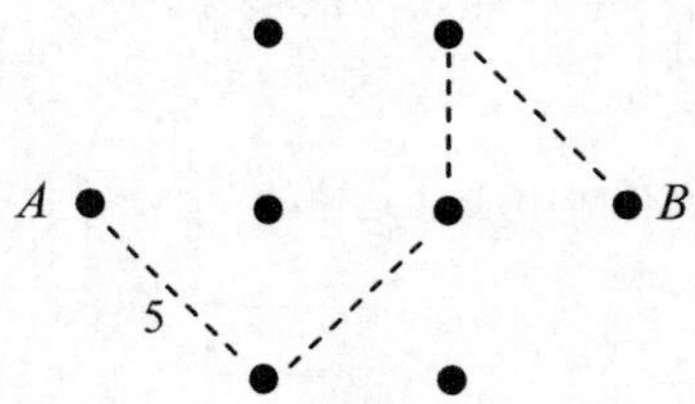

针对一个小图，我们可以手工计算，但对于较大的图，显然我们需要一个计算机程序。

第 17.5 节练习

1．定义有向图的同构。✓

2．有向图中的环是沿着箭头的路径，该路径在同一个顶点处开始和结束。证明：如果有向图中的每个顶点都有至少一个箭头出现，那么图就有一个环。

3．■在下面的有向图中，找到 A 到 B 的最优路径（即沿着该路径的权重总和最小）。✓

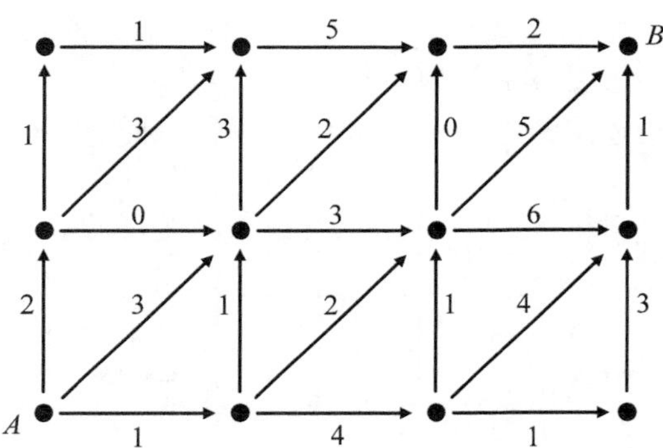

4．■4 个人需要在黑暗中过桥。他们都从同一侧开始，只有一个手电筒，一次最多可以有 2 个人过桥。任何过桥的 1 人或 2 人都必须携带手电筒。手电筒必须由走的人携带（不能扔）。这 4 个人以不同的速度行走，分别需要 1 分钟、2 分钟、5 分钟、10 分钟才能从一侧穿过另一侧。让 4 个人过桥的最优策略是什么？所需的最短时间是多少？能在不到 19 分钟的时间内完成吗？ ⩽ 提示：将问题表示为加权图，其中顶点表示所有可能的格局，边表示一次允许的过桥行为；为每条边分配一个权重——过桥的持续时间；找到从初始格局到最终格局的最优路径。 ⩾

5．■有一个至少可以追溯一千年的著名谜题。一个农民有一只狼、一只山羊和一棵白菜。他需要过一条河，同时将他的财产运送过去，但他的小船只能容纳他和另外一个物体或动物。他如何在不危及任何财产的情况下做到这一点？如果无人看管，狼会在一分钟内吞食山羊，但狼对白菜没有兴趣；山羊又会吞食白菜；白菜不会吃任何东西。

（a）用有向图表示谜题，其中每个顶点代表农民和他在河两岸的 3 件财产的某个格局。所有可能格局的总数是多少？只留下图中的所有农民的财产都安全的顶点。

（b）在图中绘制与允许的河流交叉相对应的箭头。

（c）沿着图的边，找到从初始格局（全部在河一边）到最终格局（全部在河另一边）的路径，从而找到并描述该谜题的解。有多少种解？

6．■有向图中的欧拉回路沿着边的方向。找到一个必要且充分的条件（根据进出每个

顶点的箭头数量），让有向图具有欧拉回路。✓

17.6 邻接矩阵

假设有一个带有 n 个顶点的简单图。

> 由边连接的两个顶点称为“邻接”。

描述图的边的一种方法是简单地列出所有相邻顶点对。但还有另一种方式。如果第 i 个顶点连接到第 j 个顶点，我们可以创建一个包含 n 行和 n 列的表，并在第 i 行和第 j 列的交点处放置一个选中标记。在数学和计算机程序中，使用 0 和 1 作为选中标记更方便：1 表示有边，0 表示没有边。描述图的边的方阵称为该图的“邻接矩阵”（见图 17-9）。

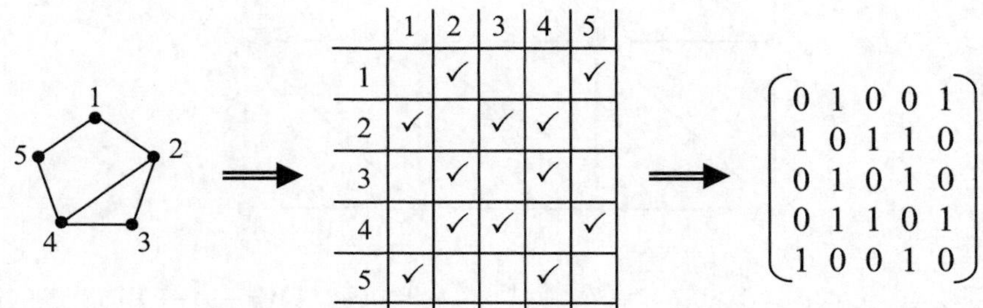

图 17-9 通过邻接矩阵表示图

> 对于简单（无向）图，它的邻接矩阵仅包含 0 和 1，关于主对角线对称，并且对角线上是零。

例 1

写出下图的邻接矩阵。

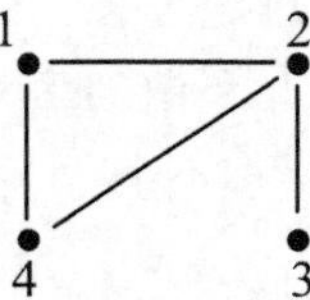

解

$$\begin{pmatrix} 0 & 1 & 0 & 1 \\ 1 & 0 & 1 & 1 \\ 0 & 1 & 0 & 0 \\ 1 & 1 & 0 & 0 \end{pmatrix}$$

❖ ❖ ❖

对于有向图，我们可以认为，如果存在从第 i 个顶点到第 j 个顶点的箭头，那么它的邻接矩阵中的值为 1。有向图的邻接矩阵不一定是对称的。

例 2

写出以下有向图的邻接矩阵。

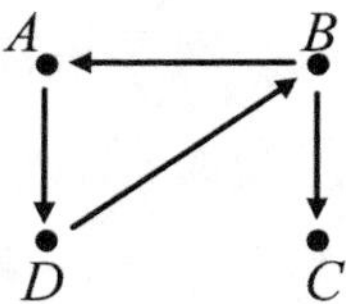

解

假设顶点按 A，B，C，D 的顺序编号。邻接矩阵如下。

$$\begin{pmatrix} 0 & 0 & 0 & 1 \\ 1 & 0 & 1 & 0 \\ 0 & 0 & 0 & 0 \\ 0 & 1 & 0 & 0 \end{pmatrix}$$

❖ ❖ ❖

对于多重图，邻接矩阵的元素记录相应顶点之间的边数。对于简单的加权图，我们可以将分配给边的权重放入矩阵，而不是 1 和 0。

第 17.6 节练习

1．写出下图的邻接矩阵。✓

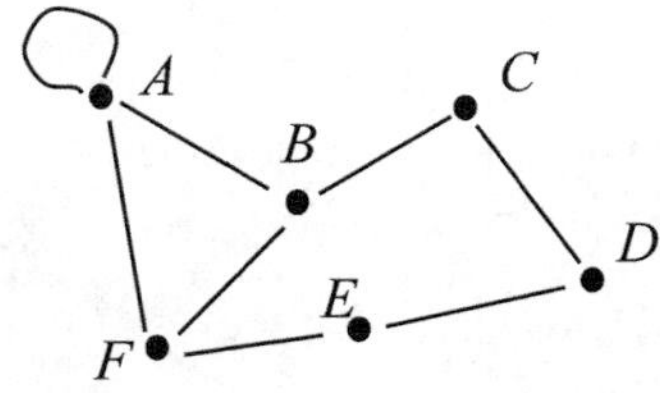

2．画出以下邻接矩阵对应的有向图。

$$\begin{pmatrix} 0 & 1 & 1 & 0 \\ 0 & 0 & 1 & 0 \\ 1 & 1 & 1 & 0 \\ 0 & 1 & 0 & 0 \end{pmatrix}$$

3. 写出 C_5 和 K_5 的邻接矩阵。 ✓

4. 有向图的邻接矩阵中，以下哪些操作总是导致同构图的矩阵？ （图的同构在第 17.3 节中定义。） ✓

（a）关于主对角线对称地翻转矩阵

（b）交换任意两行

（c）交换任意两列

（d）交换第 i 行和第 j 行，然后交换第 i 列和第 j 列（对于任意 i 和 j）。

5.（a）编写并测试一个 Python 函数，接收一个简单图的邻接矩阵，返回它的边的列表。连接第 `i` 个和第 `j` 个顶点的边应该由元组 `(i, j)` 描述，其中 `i` < `j`。

（b）修改（a）中的函数，使它适用于有向图。从第 `i` 个顶点到第 `j` 个顶点的箭头应该由元组 `(i, j)` 描述。

6. ◆编写并测试一个 Python 函数，该函数接收简单图 $G=(V, E)$（由两个集合 V 和 E 描述），返回它的邻接矩阵。

7. ◆假设 A 是有向图的邻接矩阵。如何根据图中存在的路径来解释 $A^2=A \cdot A$ 的元素的值？✓

8. ◆编写并测试 Python 函数 `all_paths(g, k)`，接收有向图 `g`（由两个集合 `V` 和 `E` 描述）和一个正整数 `k`，并针对所有 `i` 和 `j`，计算从第 `i` 个顶点到第 `j` 个顶点、长度为 `k` 的路径数 p_{ij}。结果应作为带有值 p_{ij} 的矩阵返回。 ⋞ 提示：见练习题 6 和练习题 7。 ⋟

17.7 着色地图和图

在地图中，相邻区域、国家或州通常以不同颜色显示。图 17-10 中的地图使用了 5 种“颜色”（灰色阴影表示水）。

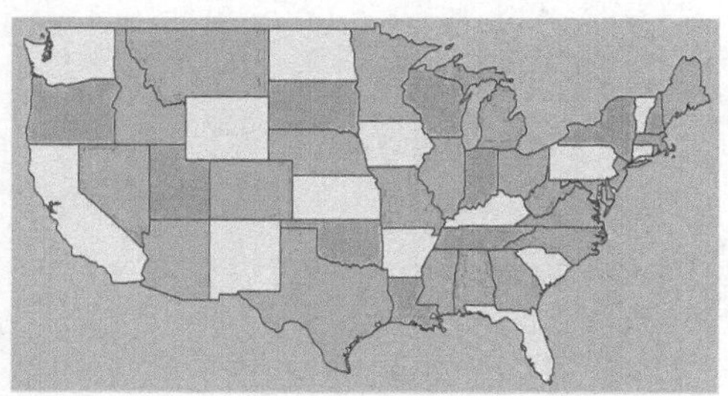

图 17-10 用 5 种“颜色”着色的地图

任何地图都可以用 5 种颜色着色吗？我们能用更少的颜色吗？4 种颜色行吗？3 种颜色

行吗？这些问题与制作地图几乎没有关系，我们可以使用尽可能多的颜色来制作漂亮的地图。相反，这些问题最终会出现在数学领域，正如许多有趣的问题一样。

着色地图的问题成为着色相应平面图的顶点的问题（见图 17-11（a））。

> 如果任何两个相邻顶点以不同颜色着色，则图被称为“正确着色”。

当然，“着色”点不是实际的操作，我们只是为它们分配颜色或数字或符号。图 17-11（b）展示了以 5 种颜色正确着色的图，由数字 1 至 5 表示。

在着色问题中，我们只考虑连通图，因为如果图不是连通的，我们可以分别为每个连通的分支着色。

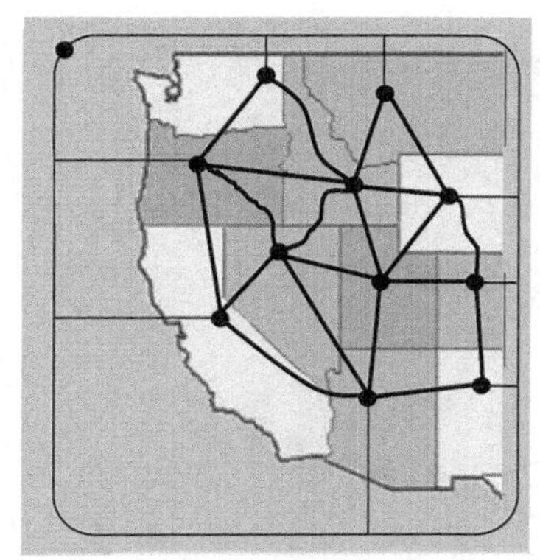

（a）平面图对应于地理地图

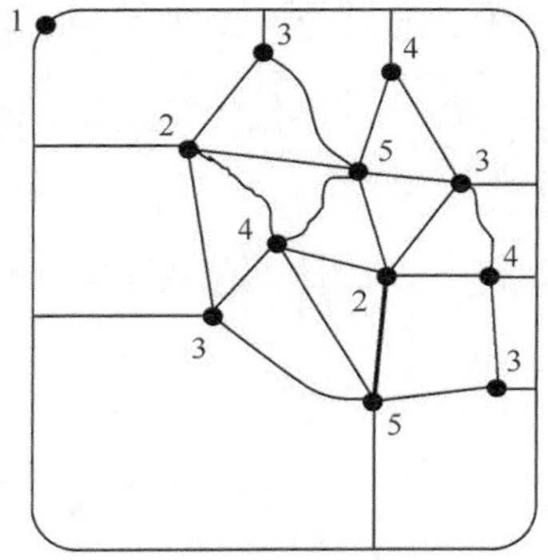

（b）图用 5 种颜色正确着色

图 17-11 用 5 种颜色着色的平面图

第 17.7 节练习

1．用 2 种颜色为下图正确着色。 ✓

2．从练习题 1 中的图外围移除一个 2 度顶点，将多出来的两条边合并为一条。得到的图可以用 2 种颜色正确着色吗？

3．假设图以 2 种颜色正确着色。你能告诉我们，如果两个顶点是一定长度的路径的端点，它们的颜色是什么吗？它们什么时候一样？什么时候不一样？ ✓

4．假设图以 2 种颜色正确着色，A 和 B 是由边连接的两个顶点。考虑从 A 和 B 分别到第三个顶点 C 的任意两条路径。你能说出这些路径长度的奇偶性吗？它们是偶数还是奇数？

5．■确定图可以用 2 种颜色正确着色的必要和充分条件。通过图中缺少某些类型的子图来陈述你的条件。证明这确实是一个必要和充分的条件，从而证明你的答案。✓

6．◆编写并测试一个 Python 函数，该函数以两种颜色为给定图着色，或确定无法完成。使用以下“蛮力”算法：

① 为任意一个顶点着色；

② 对于已经着色的每个顶点，找到尚未着色的邻接顶点。为每个邻接顶点分配正确的颜色；

③ 重复步骤②，直到所有顶点都着色；

④ 检查图是否正确着色；如果不是，则返回 `None`。

假设输入图由 $n \times n$ 的邻接矩阵表示，将结果以包含一些 1 和 2 的一个列表返回，表示对应于矩阵行的顶点的颜色。

7．用 4 种颜色，正确地着色图 17-11（b）中的图。

8．思考以下图：

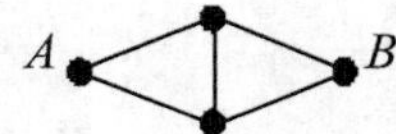

说服你自己，对这个图用 3 种颜色的任意正确着色中，顶点 A 和 B 的颜色是相同的。现在，对于任意 $N \geqslant 2$，给出一个具有以下属性的“更长”图的例子。

① 它可以用 3 种颜色着色。

② 它有两个顶点 A 和 B，它们之间的距离（最短路径的长度）大于或等于 N。

③ 在 3 种颜色的图的任意正确着色中，A 和 B 的颜色是相同的。

9．■下列图中没有一个可以用 3 种颜色着色。

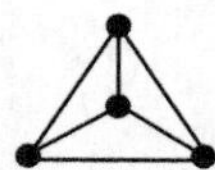 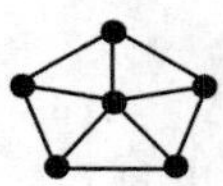 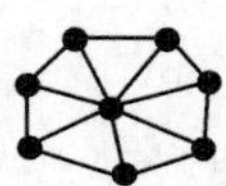

显然，如果你取任何奇环，并将它的所有顶点连接到一个“中心”顶点，则生成的图不能以 3 种颜色着色。包含这种“奇数车轮状”子图的所有图，也不能用 3 种颜色着色。想出一个图的例子，它不包含“奇数车轮状”子图，但仍然不能用 3 种颜色着色。⦉ 提示：见练习题 8。⦊ ✓

10．◆给出一个三维空间中的图的例子，该图不能以 3 种颜色着色，并且不包含“三角形”（即长度为 3 的环）。⦉ 提示：你至少需要 11 个顶点。⦊ ✓

17.8　四色定理

四色定理指出，任何平面地图或图都可以使用 4 种颜色正确着色。它首先出现在 19 世纪中期，但数学家在之后很长一段时间内没找到证明。许多专业人士和业余爱好者试图通过提出一个反例来证明这个定理是错误的：地图或图不能只用 4 种颜色着色。他们失败了。最后，肯尼思 • 阿佩尔（Kenneth Appel）和沃卡冈 • 哈肯（Wolfgang Haken）在 20 世纪 70 年代后期证明了四色定理。他们在 1977 年发表的证明是非正统的：他们必须分析许多图的情形，为此他们使用了计算机程序。完成证明计算机需要 1200 小时的时间。（当然，现在需要的时间较少。）然而，许多数学家仍持怀疑态度，因为他们无法独立验证该证明。1996 年，Neil Robertson，Daniel P. Sanders，Paul Seymour 和 Robin Thomas 发表了一个更短、更易于控制的证明，仍然基于 Appel 和 Haken 的想法。

在本节中，我们将尝试证明该定理。我们主要遵循英国数学家阿尔弗雷德 •肯普（Alfred Kempe）的思路，他在 19 世纪 70 年代末提出了他的证明。约 10 年内肯普的证明没有受到质疑，直到发现了一个重大缺陷。我们将尽可能地推进我们的证明，看看可以从中学到什么。最后，你自己会发现并解释该缺陷（见练习题 10）。

正如在关于图的定理的证明中经常发生的那样，我们尝试使用数学归纳法。我们的想法是以某种方式消除一个或多个顶点，将具有 n 个顶点的图缩小为较小的图。根据归纳假设，较小的图具有期望的性质。然后，我们尝试恢复被消除的顶点，仍然保持该性质。要做到这一切，必须非常小心（参见练习题 5）。

减少图中顶点数量的一种方法是将两个顶点“合并在一起”。如果 A 和 B 是两个顶点，我们可以用一个顶点 O 替换它们。如果 A 或 B（或两者）连接到顶点 X，我们用一条边将 O 连接到 X。（练习题 2 提供了合并两个顶点的一个例子。）我们可以以相同的方式，将 3 个或更多顶点合并在一起。

另一个思路是将图拆分为较小的图。然后，知道它们中的每一个都具有期望的性质，将它们组合回原始图，同时保持该性质（见练习题 3）。

平面图的边将平面划分为区域，具有一个无限的外部区域。如果图已正确着色，而你删除了一条或多条边，得到的图也是正确着色的。在证明关于平面图着色的定理时，我们只能考虑最坏情况，在这种情况下，没有边可以添加到图中。当所有区域都是“三角形”（即由 3 条边界限定）时会发生这种情况。这种平面图称为“完全三角化”。我们可以通过在每个区域添加一些“对角线”，将任意平面图转换为完全三角化的图（参见练习题 4 中的示例）。如果可以用 p 种颜色对这个完全三角化的图进行着色，那么也可以用 p 种颜色对原始图进行着色。

❖ ❖ ❖

我们现在已经完成了准备，可以继续我们的“证明”。我们将使用数学归纳法中的顶点数量。显然，任何具有 4 个或更少顶点的图都可以用 4 种颜色（基本情况）着色。让我们取一个带有 n 个顶点的图，$n>4$。我们假设（归纳假设）任意具有少于 n 个顶点的平面图可以用 4 种颜色着色，并试图证明具有 n 个顶点的图也可以用 4 种颜色着色。

不失一般性，我们可以假设图是完全三角化的。此外，如果有某个三角形在内部和外部都有顶点，将图缩小为较小子图的问题就解决了（见练习题 3）。所以任何顶点的邻域看起来都像一个简单的“车轮”，中心位于顶点，至少有 3 个“辐条”：

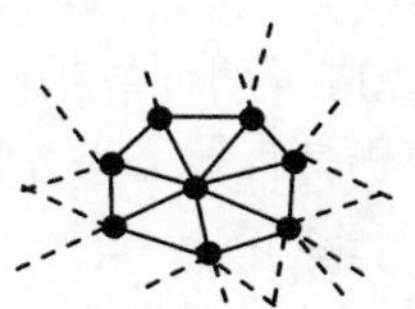

让我们取图中具有最小度的顶点，即顶点 O。如果 O 的度为 3，问题就解决了。实际上，O 在三角形内部，并且外部可能没有顶点（参见练习题 3）。这意味着我们的图就是 K_4。

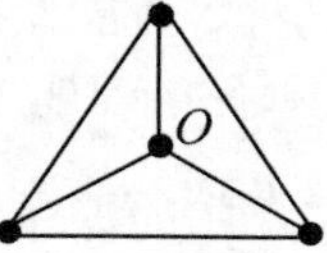

如果 O 的度是 4，我们需要更多的工作，但不算太多。

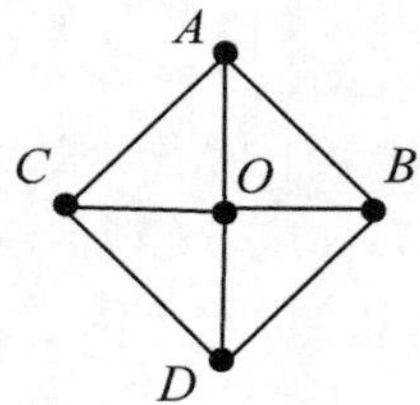

让我们将顶点 B、O、C“黏合”在一起，并对得到的图进行正确着色——我们可以通过归纳假设来做到这一点。当我们解开 B、O 和 C 时，所有 3 个都将以相同的颜色着色，比如颜色 1。图的其余部分将被正确着色。顶点 A 和 D 最多使用两种颜色，比如 2 和 3。颜色 4 没有被用，我们可以将 O 重新用该颜色着色，获得图的正确着色。

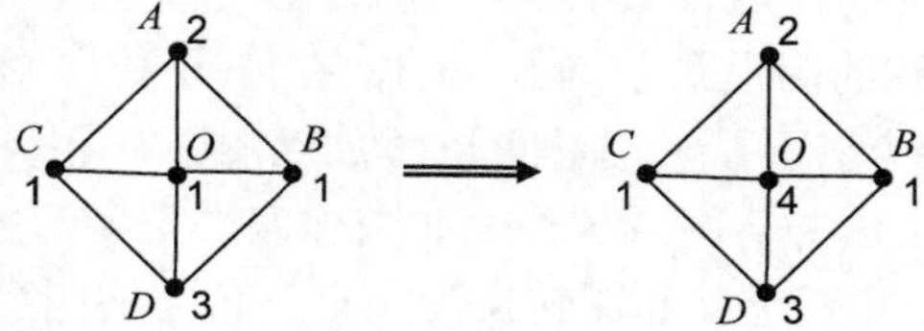

事实证明，任何平面图都有一个度为 5 或更小的顶点（参见练习题 6）。我们已经考虑了 O 的度为 3 或 4 的情况，唯一剩下的情况是 O 的度为 5。这是最难的情况。如果我们

删除 O 和它与相邻连接的边，并添加两条“对角线”以恢复完全三角化，就得到一个较小的图。

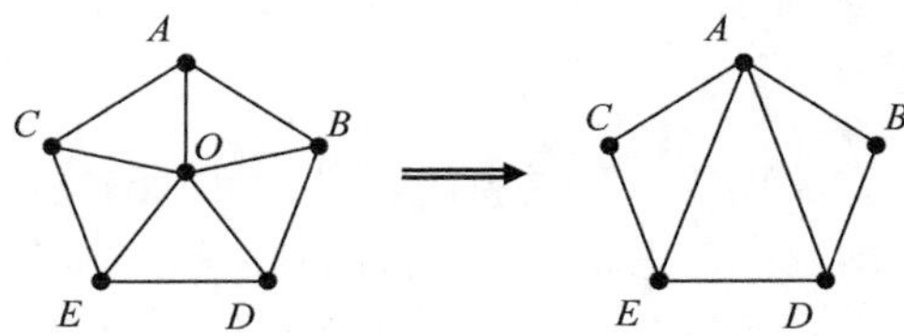

根据归纳假设，我们可以用 4 种颜色为这个较小的图着色。但是，A、B、C、D、E 可以使用所有 4 种颜色。

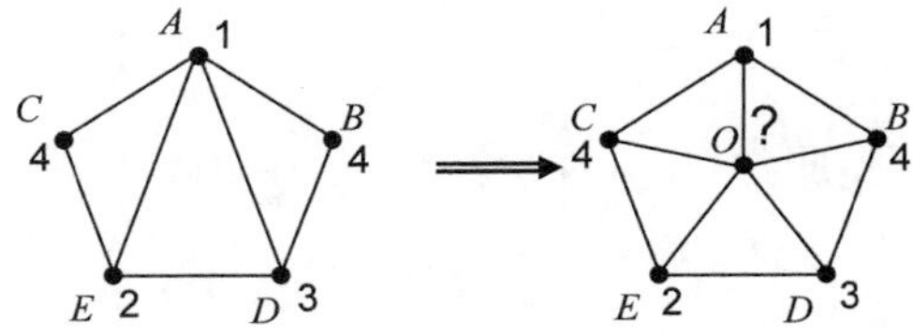

没有简单的方法，仅重新着色 O 就获得正确着色。也许我们可以用某种方式重新着色 A、D 或 E 中的一个顶点，或重新着色 B 和 C，以空出其中一种颜色，并将它用于 O。但怎么做？这就是肯普的思路，即“肯普链”。

肯普链是正确着色的图中的路径，它的顶点以两种颜色着色。考虑一个正确着色的图中的子图，该图包含以一对颜色（例如 1 和 2）着色的所有顶点，以及连接它们的所有边。该子图不一定是连通的：并非所有顶点都必须通过 1-2 着色的“链”（路径）相互连接。如果这个 1-2 着色的子图不是连通的，它会分成几个连通分支。我们可以使用其中一个分支并翻转其中的颜色：1 变成 2，2 变成 1。如果我们的原始图正确着色，新的颜色也会是正确的。此方法允许我们在正确着色的图中重新着色一些顶点，而不会干扰其他顶点。

让我们看看，这如何应用于我们的证明。如果上图中的 A 和 E 没有通过 1-2 链连接，我们可以在 A 周围取最大的连接 1-2 子图并翻转其中的颜色，而不会干扰 B、C、D 和 E 的颜色。A 将从 1 到 2 重新着色，并且 1 将空出来，用于着色 O。类似地，如果从 A 到 D 没有 1-3 链，我们可以用颜色 3 重新着色 A，并且空出 1 用于 O。

到现在为止还挺好。唯一需要考虑的情况是，从 A 到 E 都有 1-2 链，从 A 到 D 有 1-3 链。例如：

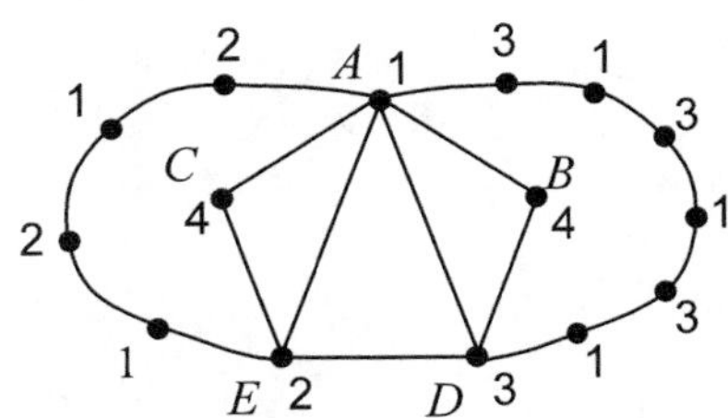

这些链在平面上充当了其他顶点对之间的屏障。从 A 到 E 的 1-2 链确保从 C 到 D 没有 4-3 链，因为 1-2 和 4-3 链不能相交。（如果它们确实在一个顶点相交，那个顶点会是什么颜色？）所以我们可以将 C 重新着色，从 4 变为 3。同样，我们可以将 B 重新着色，从 4 变为 2。4 将空出来，用于着色 O。

如果没有大的缺陷，或者像数学家所说的，其中没有“漏洞”，这将完成我们的证明。但在肯普链中确实存在一个漏洞：他没有考虑到它们制造的屏障有“泄漏”。从 A 出发的 1-2 和 1-3 链可以通过迂回路径到达目的地，而不是上面显示的直接路径。它们可以相交。4-2 和 4-3 链可以从它们的屏障中“泄漏”并彼此“靠近”，从而引起麻烦：这些链上的两个顶点可以通过边连接。练习题 10 要求你提供肯普证明的反例。

第 17.8 节练习

1．下面的地图有 6 个区域（包括外部区域）。绘制相应的平面图，并在地图和图中以 4 种颜色正确着色。

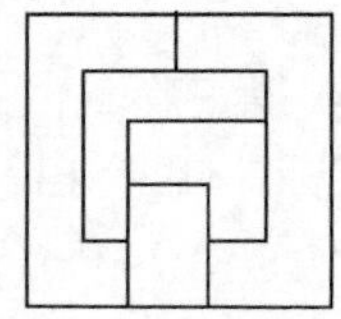

2．思考下图。

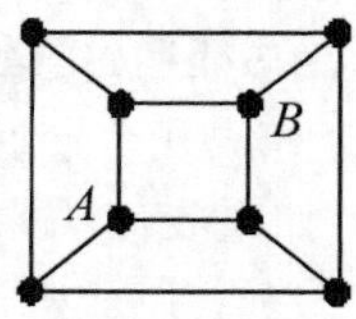

画出将 A 和 B 合并在一起而得到的图。 ✓

3．▪假设有一个带有 n 个顶点的平面图。以某种方式（例如，通过归纳假设）知道，任何具有少于 n 个顶点的平面图可以用 p 种颜色着色。假设我们的图包含一个“三角形”（一个由 3 条边界定的区域），其中一些顶点在内部，一些顶点在外部。证明我们的图也可以用 p 种颜色着色。 ✓

4．通过添加边（但不添加顶点），将下图转换为完全三角化的图。

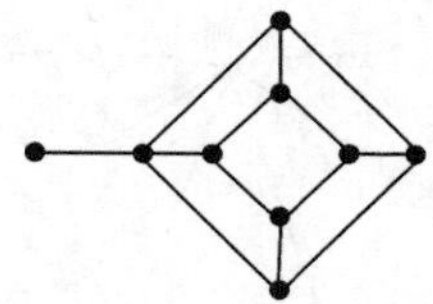

⋞ 提示：不要忘记无限的外部区域，它也应该是一个“三角形”。 ⋟ ✓

5. ◆数学归纳证明必须非常小心。考虑以下明显不是正确命题的“证明”：任何图都可以用 3 种颜色正确着色。

① 基本情况。对于具有 3 个或更少顶点的图，该命题显然是正确的。

② 归纳情况。假设对于任何顶点小于 n 的图，该命题都是正确的（归纳假设）。让我们证明该命题对于任何具有 n 个顶点的图都是正确的。我们来看一个带有 n 个顶点的图。让我们取任意两个未通过边连接的顶点，并将它们合并在一起。根据归纳假设，我们可以用 3 种颜色对得到的图进行着色。现在让我们还原合并的顶点，保留着色。前面合并的两个顶点具有相同的颜色，但这没关系，因为它们没有通过边连接。原始图现在也正确着色。

找到这个“证明”的缺陷。 ✓

6. ◆证明：任何平面图至少有一个 5 度或更低的顶点。⪡ 提示：对于完全三角化的图来证明这一点就足够了。利用欧拉公式，该公式将平面图中的顶点、边和区域的数量联系起来，即 $V-E+R=2$；以两种方式估计边的数量，即通过三角形区域和通过顶点的度。⪢ ✓

7. ◆给出一个完全三角化平面图的例子，使其所有顶点的度均为 5 或更高。在这样的图中，5 度顶点的最小数量是多少？ ✓

8. 在图 17-11 中，取“俄勒冈（Oregon）”中的顶点，用颜色 2 着色，找到它的 2-4 分支，并翻转其中的颜色。

9. 假设 O 是完全三角化图中的顶点，其度大于或等于 4。证明至少有两个 O 的邻居没有通过边连接。

10. ◆完成下图的着色，对肯普的“证明”提供反例。

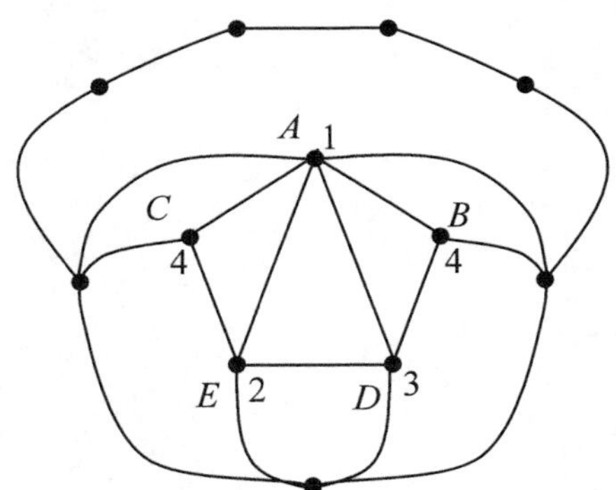

11. ◆证明五色定理：任何平面图都可以用 5 种颜色正确着色。⪡ 提示：利用四色定理“证明”中的思路。⪢

17.9 复习

本章介绍的术语和符号。

图

顶点或节点

边或弧

多重图

自环边

简单图

完全图

环

同构

同构图

等价关系

等价类

连通图

顶点的度

欧拉路径

欧拉回路

汉密尔顿回路

有向图

加权图

最优路径

邻接矩阵

平面图

正确着色

完全三角化图

$G=(V, E)$

K_n

C_n

第 18 章　数论和密码学

18.1　引言

数论是一个广泛定义的数学分支，它研究数字的属性，特别是整数。数论的许多理论概念很容易掌握：质数、最大公因数、余数等。但是一些定理非常难。也许你听说过费马的最后定理，该定理指出等式 $a^n+b^n=c^n$ 对于 $n>2$ 没有正整数解。这个定理是由费马（Pierre de Fermat）在 17 世纪 30 年代提出的。费马在他的丢番图（Diophantus）的 *Arithmetica*（《算术》）副本的边缘留下了一句话，说他有一个关于这个定理的奇妙证明，但是边缘太窄写不下。三个半世纪以来，尝试证明这个定理的工作都失败了，但数论带来了为的许多进步。最后，普林斯顿大学的安德鲁·威尔斯（Andrew Wiles）在 1993 年提出了一个证明。威尔斯的证明依赖于早期的结果，这些结果将费马的最后定理与某类椭圆曲线的性质联系起来。该证明花了七年多的时间才完成，并用了 3 场讲座阐释。[①]

在本章中，我们只是简要介绍。我们将从欧几里得寻找最大公因数的算法开始，这将引导我们得到算术基本定理。我们将借此机会提出一个小理论，包括定义、定理和证明，让你体验这些事物。然后，我们将考虑对余数的算术运算，以及数论对密码技术的应用，即密码学。

18.2　欧几里得算法

给定两个整数 a 和 $d\neq 0$，我们说 a 可以被 d 整除（或者简单地说，a 被 d 整除），如果对于某个整数 q，有 $a=qd$。我们也可以说 d 整除 a，或 d 是 a 的“因数”。

> 我们只考虑正因数：$d>0$。

① 威尔斯又花了一年的时间，他的前学生理查德·泰勒（Richard Taylor）也提供了一些帮助，来填补他的证明中发现的一处不足。

> 符号 $d|a$ 表示 d 整除 a。

如果 $d|a$ 且 $d|b$，则 d 是 a 和 b 的“公因数”。GCD(a, b)代表 a 和 b 的最大公因数。（有时，最大的公因数被称为“最大公因子”，即 GCF。）找到两个数字的 GCD 是一种常见的数学运算；例如，用于约分。

对于正整数 a 和 b，你可以简单地尝试数字 d，让它从 2 变到 a 或 b（看哪个较小），并测试 d 是否为公因数，从而找到 GCD(a, b)。然而，对于大数字而言，这种“蛮力”方法变得相当辛苦。

在 2300 多年前，在《几何原本》的第七卷中，欧几里得描述了一种有效的寻找 GCD 的算法。欧几里得算法基于以下观察：如果 $b > a > 0$，则 GCD(a, b) = GCD(a, $b - a$)。（我们将这个事实的证明留给你——见练习题 1。）这让我们从 a 和 b 变为较小的数字 a 和 $b - a$。重复这个操作几次，每次选择 a 和 b 中较大的一个数来归约。我们迟早会遇到 $a = b$ 的情况。那么，当然有 GCD(a, b) = a = b。

例 1

利用欧几里得算法，找到 GCD(18, 30)。

解

GCD(18, 30) = GCD(18, 12) = GCD(6, 12) = GCD(6, 6) = 6

例 2

编写一个 Python 函数，利用欧几里得算法来求两个正整数的最大公因数并返回。

解

```
def gcd(a, b):
    while a != b:
        if a > b:
            a -= b
        else:
            b -= a
    return a              # or return b
```

有一个更高效的 gcd 函数版本，它使用 a%b 而不是 a-b——见练习题 4。

❖ ❖ ❖

> 如果除了 1 之外没有公因数，那么两个整数 a 和 b 被称为“相对质数”，即 GCD(a, b) = 1。

相对质数和欧几里得算法的概念，有助于我们分析和求解 $ax + by = c$ 类型的方程。这里 a，b 和 c 是给定的整数，解是一对整数 x 和 y。这种类型的方程称为“两变量的线性丢番图方程”。一般来说，如果我们只求它的整数解，则将一个或多个变量中的多项式方程称为“丢番图方程”。这样的方程以丢番图命名，丢番图是一位希腊数学家，生活在 3 世纪的亚历山大港，他研究了整数解的方程。线性丢番图方程的最早描述发现得更早，在 2800 年前的印度教科书中。

例 3

教室有几张桌子。以 5 个一行的方式排列桌子时，所有行都是完整的，但以 3 个一行排列桌子时，剩下一张桌子，如图 18-1 所示。

图 18-1 排列桌子

如果桌子的数量在 15 到 30 之间，教室里有多少桌子？

解

如果 D 是桌子的数量，则 $D = 5x$ 且 $D = 3y + 1$，其中 x 和 y 是正整数。那么 $5x = 3y + 1$，可得丢番图方程 $5x - 3y = 1$。

这个方程很容易解。我们知道 D 可被 5 整除。我们也知道。我们从 15 开始，按间隔为 5 往上数，即 15，20……很快得到答案，即 D = 25。实际上，当 25 除以 3 时，余数为 1。这里 x = 5 且 y = 8。我们继续数：30，35……我们很快得到另一个具有相同性质的数字，$D = 40$，但它超出了给定的范围。

解决这个谜题的另一种方法，是从 1 开始并按间隔为 3 计数，即 1, 4, 7, 10, 13, 16, 19, 22, 25。直到我们得到一个可被 5 整除且在 15～30 范围内的数字。

❖ ❖ ❖

> 如果方程 $ax + by = c$ 有一个解，那么它就有无限多个解，因为如果(x,y)是一组解，那么$(x + b, y - a)$也是一组解，$(x + 2b, y - 2a)$也是一组解，依此类推。

方程 $ax + by = 1$（a 和 b 是整数）总是有解吗？例如，$6x - 4y = 1$ 是否有解？当然不是！

左侧必定是偶数，所以它不可能是 1。$14x+21y=1$呢？这里，它们有一个公因数 7。因此，左边总是可以被 7 整除，所以它不可能等于 1。一般来说，如果 a 和 b 的公因数大于 1，那么方程 $ax+by=1$ 没有解。如果 a 和 b 没有除 1 以外的公因数怎么办？

线性丢番图方程定理

当且仅当 a 和 b 是相对质数时，方程 $ax+by=1$（a 和 b 为整数）有整数解。

证明如下。

我们已经证明，如果 a 和 b 的公因数大于 1，则该方程没有解。现在让我们假设 a 和 b 是相对质数，并证明存在解。

注意，0 对于任何数字都不是相对质数，所以我们必定有 $a \neq 0, b \neq 0$。不失一般性，我们可以假设 a 和 b 是正数，如果它们不是，我们可以相应地调整 x 和 y 的符号。例如，$ax+by=1$ 可以重写为 $ax+(-b)(-y)=1$。此外，a 和 b 不能相等，除非 $a=b=1$。

证明的主要思路与欧几里得算法相同。假设 $a>b$。那么 $ax+by=1$ 可以改写为 $(a-b)x+b(x+y)=1$ 或 $(a-b)x_2+by_2=1$。当且仅当新方程（具有系数 $(a-b)$ 和 b）有解时，原方程才有解。$(a-b)$ 和 b 仍然是正数，且是相对质数。如果我们多次重复这个过程，总是从较大的系数中减去较小的系数，会得到越来越小的系数，直到我们得到 $a=1$、$b=1$。显然方程有解（例如 $x=1$、$y=0$，或 $x=2$、$y=-1$）。所以原方程也必定有解。证毕。

图 18-2 说明了等式的证明。

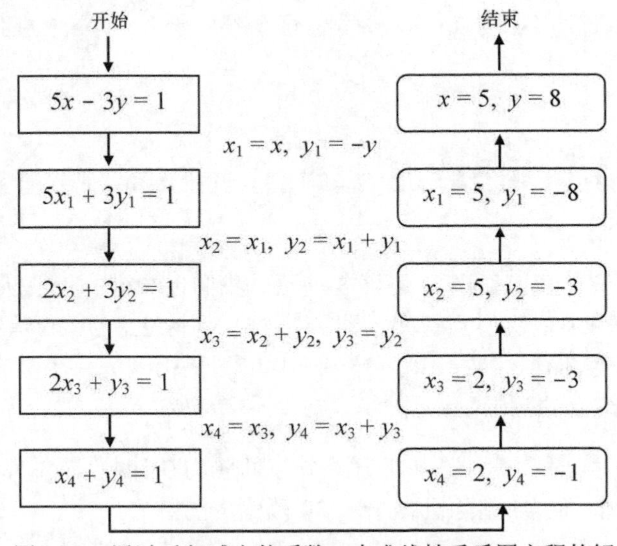

图 18-2　通过反复减小其系数，来求线性丢番图方程的解

第 18.2 节练习

1. 证明：如果 $b>a>0$，那么 $\mathrm{GCD}(a, b)=\mathrm{GCD}(b-a, a)$。✓

2．编写一个 Python 函数 `gcd(a, b)`，使用“蛮力”方法来计算两个正整数 `a` 和 `b` 的最大公因数：只检查 `a` 和 `b` 是否可以被 `d` 整除，针对从 2 到 `min(a, b)`的所有 d。⋚ 提示：从 `min(a, b)`下降到 1 更有效。⋛

3．用递归重写例 2 中的 `gcd` 函数，不用循环。✓

4．可以使例 2 中的 `gcd` 函数更加高效。如果 `b > a`，不是多次从 `b` 中减去 `a`，我们可以用 `b` 除以 `a` 的余数（例如，使用 Python 的 `divmod` 函数）来替换 `b`。`a > b` 也一样。编写并测试这个更高效的 `gcd` 函数版本。⋚ 提示：当 `a` 被 `b` 整除或 `b` 被 `a` 整除时，请确保代码正常运行。⋛ 针对 `a = 18289894500228625200`，`b =14814814692`，比较原来代码和修改后代码的运行时间。✓

5．证明：如果 a 和 b 是相对质数，则该方程 $ax + by = c$ 对于任何 c 都有整数解。✓

6．■证明 $ax + by = c$ 有整数解，当且仅当 c 可被 GCD(a, b)整除。

7．■编写并测试一个函数，针对给定 a 和 b 求方程 $ax+by=1$ 的一个解，并将它作为元组返回。使用例 3 的方法。

8．■修改问题 7 中的函数，求 $ax+by=1$ 具有最小正整数 x 的解。编写此函数的另一个版本，返回 x 在给定范围内的解。

9．■编写一个递归求解 $ax + by = c$ 的函数。利用线性丢番图方程定理证明中概述的方法。

10．■证明：如果 p 和 q 是两个不同的质数，任何公差为 p 的算术序列都有一个可被 q 整除的项。✓

11．■证明：对于任意 $k \geqslant 1$，没有质数整除从 F_k 开始的所有斐波那契数。

12．如果 GCD(a, b) = 1 或 GCD(b, c) = 1 或 GCD(c, a) = 1，那么 a、b 和 c 的最大公因子是 1 吗？如果是，证明它；如果不是，给出一个反例。反过来是真的吗？如果是，证明它；如果不是，给出一个反例。

13．◆提出并证明方程 $ax + by + cz = 1$ 具有整数解的充分必要条件。✓

18.3 算术基本定理

在本节中，我们提出了一个小理论，它促成了算术基本定理。我们利用定义和定理，用典型的数学风格来表达它。为了使我们的理论完整，在此重申第 18.2 节中的定义。

定义 1：

设 n 是整数。如果存在整数 q 使得 $n = qd$，则将正整数 d 称为它的“因数”。

定义 2：

如果整数 $p > 1$，且 p 除了 1 和 p 之外没有因数，则 p 称为质数。

定义 3：

如果两个整数 m 和 n 没有大于 1 的公因数，则它们被称为“相对质数”。

定理 1：

任何大于 1 的整数要么是质数，要么可以表示为质数的乘积。

证明：

这是数学归纳法的证明。

基本情况：对于 $n = 2$，该命题是正确的，因为 2 是质数。

归纳假设：假设对于任何大于 1 且小于 n 的整数，该命题都为真。现在让我们证明对于 n，命题为真。实际上，如果 n 是质数，则对于 n，命题为真。如果 n 不是质数，则 $n = qd$，其中 $1 < d < n$ 且 $1 < q < n$。根据归纳假设，d 是质数或质数的乘积。对于 q 来说也一样。将 q 和 d 的积组合成一个积，我们得出结论，n 也是质数的积。根据数学归纳法，该命题适用于任意 $n \geqslant 2$。证毕。

这个证明有一种略微不同的方式，它依赖于一个事实，即任意非空的正整数集具有一个最小数字。（这个事实等同于数学归纳法。）考虑命题不为真的所有大于 1 的数字的集合。如果此集合为空，我们的证明就完成了。如果没有，设 n 为它的最小元素。n 不能是质数，因此 $n = qd$，其中 $1 < d < n$ 且 $1 < q < n$。由于 n 是命题为假的最小数字，因此对于 q 和 d，该命题必定为真。但是如果我们将 d 和 q 都分解为质数，并将它们组合成一个积，就得到了 n。所以对于 n，命题也必定是真的。这是矛盾的，所以不存在这样的 n。

❖ ❖ ❖

“推论”是一个很容易从定理得出的数学事实。

推论：

有无限多的质数。

证明：

假设所有质数的集合是有限的，即有 $\{p_1, p_2, \cdots, p_N\}$。让我们思考一下 $m=p_1 \cdot p_2 \cdot \cdots \cdot p_N+1$。根据定理 1，$m$ 必定要么是质数，要么具有质数因数。这个质数必定不同于任何一个质数 $p_1, p_2, \cdots, p_N$，因为它们都不是 m 的因数。这与 $\{p_1, p_2, \cdots, p_N\}$ 是所有质数的集合的假设相矛盾。

定理 2：

如果整数 a 和 b 是相对质数，则存在整数 x 和 y，使得 $ax + by = 1$。

证明：

这是第 18.2 节中线性丢番图方程定理的一部分。

定理 3：

如果 p 是质数且 $p \mid mn$，那么 $p \mid m$ 或 $p \mid n$。

这是欧几里得《几何原本》第七卷中的命题 30。它也被称为欧几里得的第一定理。这个命题似乎很明显，但它的证明一点也不明显。这种情况在数学中很常见。

证明：

我们用反证法证明。假设 p 既不被 m 也不被 n 整除。那么 p 和 n 是相对质数（因为 p 是质数）。根据定理 2，存在整数 x 和 y，使得 $px + ny = 1$。将两边乘以 m 得到 $mpx + mny = m$。左侧可以被 p 整除，因为 $p \mid mn$。所以 m 也必定被 p 整除。因此，我们假设 p 既不被 m 也不被 n 整除是错误的。证毕。

推论：

如果 p 是质数，且 $p|n_1 \cdot \cdots \cdot n_k$，那么 $p|n_1$ 或 $p|n_2$……或 $p|n_k$。

证明：

根据定理 3，$p|n_1$ 或 $p|n_2 \cdot \cdots \cdot n_k$。依此类推。

❖ ❖ ❖

我们现在准备推导算术基本定理。

定理 4（算术基本定理）：

任何大于 1 的整数都可以表示为质数的乘积，这种因数分解是唯一的（如果我们忽略因数的顺序）。

证明：

根据定理 1，任何大于 1 的整数都是质数或质数的乘积。现在我们必须证明这种因数分解是独一无二的。假设存在具有两种不同因数分解的数字，取最小的这样的数字 $n = p_1 \cdots \cdot p_i = q_1 \cdots \cdot q_j$。因为 $q_1 | n$，所以 $q_1 | p_1 \cdots \cdot p_i$。根据定理 3，$q_1$ 必定是质数 $p_1, \cdots, p_i$ 之一。因此，我们可以用 $p_1 \cdots \cdot p_i$ 和 $q_1 \cdot \ldots \cdot q_j$ 除以 q_1，得到具有两种不同的因数分解的较小的数字 n / q_1。这是矛盾的，所以不存在这样的 n。证毕。

第 18.3 节练习

1. 证明：对于任意正整数 k，存在 k 个连续的正整数，使得它们都不是质数。⋜ 提示：

从$(k+1)!+2$开始。 ⋑

2．7、13、19 形成算术序列并且都是质数。证明：一个无穷算术序列不可能仅包含质数。 ⋐ 提示：见问题 1。 ⋑

3．■编写并测试一个程序，提示用户输入大于 1 的整数 n，并按升序输出所有质数因子。每个因数在 n 的分解中出现多少次，就必须输出多少次。与该程序的对话应如下：

```
Enter an integer greater than 1: 90
90 = 2*3*3*5
```

或

```
Enter an integer greater than 1: 3
3 = 3
```

4．如果 $p_1, p_2, \cdots, p_n$ 是前 n 个质数，$p_1 \cdot p_2 \cdot \cdots \cdot p_n + 1$ 是否总是质数？如果你认为是，请证明。如果认为不是，请找一个反例。✓

5．编程求最小的正数 n，使得 $n^2 - n + 41$ 不是质数。（没有哪个多项式只产生质数值，即使它包含几个变量。）

6．证明：任意大于 2 的质数可以唯一地表示为 $a^2 - b^2$，其中 a 和 b 是正整数。 ✓

7．■编程求前 100 个斐波那契数中最大的质数。（数学家还不知道斐波那契数中是否存在无限多的质数。） ✓

8．■“哥德巴赫猜想”指出，每个大于 2 的偶数整数都可以表示为两个质数之和。例如，$12 = 5 + 7$。不知道这个猜想是真还是假。编写一个程序，针对从 4 到 100 的所有偶数，验证哥德巴赫猜想。

9．■证明：n 的不同因数的个数是偶数，除非 n 是完全平方。完全平方的不同因数的个数是奇数。

10．■假设 $n = p_1^{j_1} \cdot \cdots \cdot p_k^{j_k}$，其中 $p_1, \cdots, p_k$ 是不同的质数。请用 $j_1, \cdots, j_k$ 来表示 n 的因数总数。 ✓

11．◆假设 $n = p^{j_1} \cdot q^{j_2}$，$p$ 和 q 是两个不同的质数。证明：小于 n 且与 n 是的相对质数的正整数，个数为 $n\left(1-\frac{1}{p}\right)\left(1-\frac{1}{q}\right)$。针对 3 个质数扩展该结果；针对任意数量的质数扩展该结果。✓

18.4　余数算术

设 n 和 d 为整数，$d>0$。我们可以将 n 除以 d 得到余数。这意味着我们可以找到整数 q 和 r，使得 $n=qd+r$，其中 $0\leqslant r<d$。这里 q 是商，r 是余数。

> 如果 m 和 n 在除以 d 时余数相同，就说它们"模 d 同余"。记为 $m\equiv n(\bmod d)$。
> $n \bmod d$ 表示 n 除以 d 时的余数。

例如，$12\equiv 27\ (\bmod 5)$。12 和 27 在除以 5 时，给出相同的余数：$12 \bmod 5 = 27 \bmod 5 = 2$。

如果 $m\equiv n\ (\bmod d)$，那么 $d\,|\,(m-n)$，即 $m-n$ 可被 d 整除。

模 d 同余是整数上的"等价关系"（见第 17.3 节）。确实，它满足等价关系的所有三个标准。

1．反身性：$n\equiv n\ (\bmod d)$。

2．对称性：如果 $m\equiv n\ (\bmod d)$，那么 $n\equiv m\ (\bmod d)$。

3．传递性：如果 $k\equiv m\ (\bmod d)$ 且 $m\equiv n\ (\bmod d)$，那么 $k\equiv n\ (\bmod d)$。

因此，对于给定的 d，相对于模 d 同余，所有整数都落入非重叠的等价类中。除以 d 时，来自同一类的两个整数给出相同的余数，来自不同类的两个整数给出不同的余数。同余类的个数是 d 个。

例 1

列出模 3 的同余类。

解

有如下 3 个类。

$$\{\cdots -12, -9, -6, -3, 0, 3, 6, 9, 12, \cdots\}\equiv 0\ (\bmod 3)$$
$$\{\cdots -11, -8, -5, -2, 1, 4, 7, 10, 13, \cdots\}\equiv 1\ (\bmod 3)$$
$$\{\cdots -10, -7, -4, -1, 2, 5, 8, 11, 14, \cdots\}\equiv 2\ (\bmod 3)$$

❖　❖　❖

如果我们取任意不能被 3 整除的整数 k，并将它加到模 d 同余类中的所有数字中，它们都会转移到另一个同余类中。例如，−4、5、14 都属于模 3 为"2"的同余类。如果将它们各自加 7，我们得到 3、12、21，所有这些都属于“0”同余类。这是因为，$(n+k) \bmod d$ 和 $(n \bmod d)+(k \bmod d)$ 是模 d 同余的。

$$(n+k) \bmod d \equiv \big((n \bmod d)+(k \bmod d)\big) \pmod d$$

乘法也是如此。

$$(n\cdot k) \bmod d \equiv \big((n \bmod d)\cdot(k \bmod d)\big) \pmod d$$

这些意味着我们可以将两个同余类相加和相乘，或者更准确地说，是这些同余类的任意两个代表。无论我们选择哪个代表，结果都属于同一类。

从现在开始，我们将用 n 除以 d 时所有可能的余数，来表示每个模 d 同余类：$0, 1, 2, \cdots, d-1$。我们使用符号 $\oplus_d$ 来表示模 d 加法。两个数字之和模 d，就是在 d 处简单地“绕回”。好像数轴绕在一个圆圈上，数字 $0, 1, 2, \cdots, d-1$ 均匀分布在上面（见图 18-3）。我们都熟悉时钟上的这种安排，它模 12 增加 1 小时（或在欧洲数字时钟上模 24），模 60 增加 1 分钟。唯一的区别在于，在数学中我们通常采用逆时针。

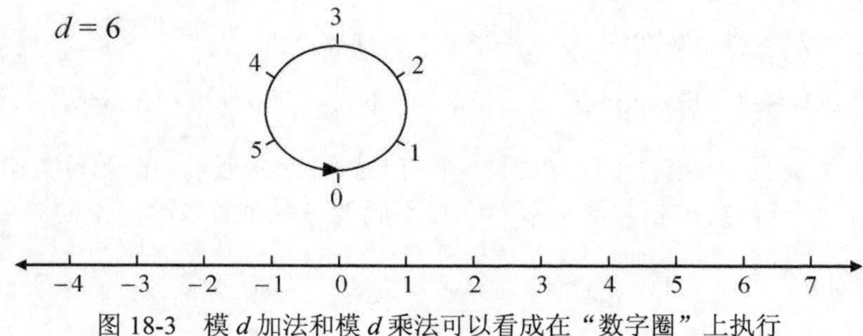

图 18-3 模 d 加法和模 d 乘法可以看成在“数字圈”上执行

例 2

$2 \oplus_3 2 = 4 \bmod 3 = 1$ 与 $5 \oplus_3 11 = 16 \bmod 3 = 1$ 在同一个同余类。

例 3

$$7 \oplus_{12} 10 = 17 \bmod 12 = 5$$

❖ ❖ ❖

相同的原理也用于乘法。我们用符号 $\otimes_d$ 来表示模 d 乘法。

例 4

$$2 \otimes_3 2 = 4 \bmod 3 = 1$$
$$3 \otimes_5 4 = 12 \bmod 5 = 2$$

$$7 \otimes_{12} 10 = 70 \ \bmod 12 = 10$$

❖ ❖ ❖

图 18-4 展示了模 5 加法和乘法表。

$\oplus_5$	0	1	2	3	4
0	0	1	2	3	4
1	1	2	3	4	0
2	2	3	4	0	1
3	3	4	0	1	2
4	4	0	1	2	3

（a）

$\otimes_5$	0	1	2	3	4
0	0	0	0	0	0
1	0	1	2	3	4
2	0	2	4	1	3
3	0	3	1	4	2
4	0	4	3	2	1

（b）

图 18-4　模 5 加法和乘法表

模数运算在很多方面类似于对整数进行算术运算：

1．满足加法和减法的结合律和交换律；

2．满足分配律；

3．有一个 0；

4．有一个 1；

5．每个元素 x 都有一个加法逆元素 y，使得 $x \oplus_d y = 0$（即 $y = \mathrm{d}\, x$）。

但也有一点特别之处：如果 d 不是质数，那么你可以找到 x 和 y，使得 $x \neq 0, y \neq 0$，但 $x \otimes_d y = 0$。例如，$2 \otimes_6 3 = 0$。这样的 x 和 y 称为"零因数"。

如果 p 是质数，则模 p 乘法没有零因数。而且，对于每个 $x \neq 0$，都有这样的 y，使得 $x \otimes_p y = 1$。例如，看一下图 18-4 中的乘法表，$2 \otimes_5 3 = 1$。表的每一行都有一个 1。我们可以说在模 p 运算中，$y = \frac{1}{x}$。我们可以做除法！因此对于质数 p，模 p 余数的算法类似于有理数的运算。

我们来证明这一事实：在模数 p 算术中，任意 $x \neq 0$ 都有倒数 $y = \frac{1}{x}$。但首先，我们需要复习指数的如下性质。

$$x^0 = 1$$
$$x^m \cdot x^n = x^{m+n}$$

定理 1：

设 p 为质数。对于任意 $0 < x < p$，存在 $0 < y < p$，使得 $xy \equiv 1 \pmod{p}$。

证明：

考虑几何序列$1, x, x^2, x^3, \cdots$。由于只有 p 个不同的模 p 余数，因此该序列中的两个项迟早会有相同的余数。假设 $x^n \equiv x^m \pmod{p}$，其中 $n > m$，那么 $x^n - x^m \equiv 0 \pmod{p}$。$x^n - x^m = x^m(x^{n-m} - 1)$ 而 p 不整除 x^m。那么，根据第 18.3 节中的定理 3，p 整除 $x^{n-m} - 1$，所以 $x^{n-m} \equiv 1 \pmod{p}$。我们可以取 $y = x^{n-m-1}$。证毕。

如果 p 是质数，我们取任意 $0 < a < p$，并查看$1, a, a^2, a^3, \cdots$ 模 p 的余数，会看到它们形成了一个周期序列：

mod 7	**1**	a	a^2	a^3	a^4	a^5	a^6	a^7
$a=2$	1	2	4	1	2	4	1	2
$a=3$	1	3	2	6	4	5	1	3
$a=4$	1	4	2	1	4	2	1	4

序列的周期总是整除 $p-1$，且 $a^{p-1} \equiv 1 \pmod{p}$。

定理 2（费马小定理）：

对于任意正整数 a 和质数 p，$a^p \equiv a \pmod{p}$。

证明：

如果 $p \mid a$，那么 $a^p \equiv a \equiv 0 \pmod{p}$。如果没有，则 $a^{p-1} \equiv 1 \pmod{p} \Rightarrow a^p \equiv a \pmod{p}$。

第 18.4 节练习

1．探索当 `n < 0` 和/或 `d < 0` 时，Python 的 `n%d` 运算符返回的内容。

2. 证明：模 2 加法和模 2 乘法分别对应于 XOR 和 AND 运算，其中 FALSE 为 0，TRUE 为 1。

3．编写并测试 `elapsed_time` 函数，它返回从 `(hour1, min1)` 到 `(hour2, min2)` 的分钟时差。✓

4．▪假设一周的日期用数字表示：星期日用 0，星期一用 1，以此类推。编写并测试一个函数，接受 1 月 1 日是星期几，返回该年的感恩节日期（11 月的第四个星期四，假设不是闰年）。✓

5．手工编写模 6 加法和乘法表。✓

6．证明：任意一组 101 个整数（不一定连续）中，有两个数字，它们的差以两个 0 结尾。

7．证明：如果 p 是质数，且 $p \mid a^2$，那么 $p^2 \mid a^2$。

8．■求最小的正整数 n，使得 $n \equiv 2 \pmod 3$，$n \equiv 3 \pmod 4$，$n \equiv 4 \pmod 5$，以此类推，直到 $n \equiv 11 \pmod{12}$。 ✓

9．■仅用笔和纸计算 $3^{22222} \bmod 23$。 ✓

10．■证明：对于任意正整数 n，$6 \mid n(n+1)(2n+1)$。

11．■证明：如果 p 是大于或等于 5 的质数，那么 $p^2 - 1$ 可以被 24 整除。 ✓

12．■编写并测试一个函数，接收正整数 a 和质数 p，并返回最小的 $k>1$，使得 $a^k - a \equiv 0 \pmod p$。

13．证明：如果 p 和 q 是两个不同的质数，$0 \leqslant a < p$ 且 $0 \leqslant b < q$，你可以找到 x，使得 $x \equiv a \pmod p$ 且 $x \equiv b \pmod q$。（这是“中国余数定理”的一个简单特例。） ⋛ 提示：见第 18.2 节中的练习题 10。 ⋛

14．威尔逊定理指出，如果 p 是质数，则 $(p-1)!+1$ 可被 p 整除。

（a）证明威尔逊定理仅适用于质数。

（b）◆证明威尔逊定理。 ⋛ 提示：回想一下，每个 x 都有一个模 p 倒数 $y = \frac{1}{x}$，并且只对 $x = 1$ 和 $x = p-1$ 有 $x = y$。 ⋛ ✓

（c）■编写并测试一个程序，利用威尔逊定理输出前 100 个质数。

15．◆费马小定理可用于测试数 p 是不是质数：p 是一个质数，当且仅当对于所有不能被 p 整除的正数 a，有 $a^{p-1} \equiv 1 \pmod p$。我们可以随机选择几个这样的 a 值，并测试该条件；如果它对所有这些 a 值都成立，那么 p 是质数的概率非常高。编写一个函数，接收正整数 p，并利用多达 100 个随机 a 值（$1<a<p$），来检查它是否可能是质数。利用此函数，求第一个超过 1,000,000 的质数。

⋛ 提示：

① 首先编写一个函数，用不超过 ap 的中间数快速计算 $a^n \bmod p$。

② 回想一下，`random` 模块中的 `randint(a, b)` 函数返回 `a` 到 `b`（包括 `b`）的随机整数。

18.5 加密算法

密码学是设计和分析加密算法的科学。在一个简单的例子中，如果 Alice 和 Bob 想要互相发送加密消息，他们所要做的就是同意他们将使用哪种加密方法。（在密码学文献中，“Alice”和“Bob”经常用于解释两个人或组织之间的安全通信。还有第三个角色，窃听者“Eve”，监视 Alice 和 Bob 之间的所有交流。Eve 将尝试猜测 Alice 和 Bob 正在使用哪种加密方法。）

例 1

最简单的替换加密算法：每个字母都替换为字母表中的下一个字母。如'Z'被'A'取代，“Got an A”被加密为“Hpu bo B”。

一旦许多人开始使用相同的方法，这种类型的加密算法就很容易被破解。在更高级的加密算法中，加密方法是众所周知的，但 Alice 和 Bob 共享一个“密钥”，这个“密钥”修改了加密方案。

例 2

在一个简单的替换加密算法中，一个密钥告诉哪个字母应该替换 A，B，…，Z。例如：

要加密的字母：ABCDEFGHIJKLMNOPQRSTUVWXYZ；

密钥：QEKUOYMBJXRCDZNVTGFASHWPLI。

“On time”被加密为“Nz ajdo”。通过比较纯文本和编码文本中不同字母的出现频率，并猜测一些常见的短单词（冠词、介词等），可以轻松破解这种密码。

❖ ❖ ❖

在使用密钥的加密算法中，Alice 和 Bob 必须以某种方式共享密钥。他们可以见面，或通过传统邮件发送密封的信封。如果 A 和 B 只是两个人，这可能会有效。但是，如果 A 是电子商务网站而 B 是所有希望以安全方式下订单的客户呢？想象一下，在电子商务网站上有 100 000 000 个客户和 100 000 个安全服务器。你需要分发 10 000 000 000 000 个不同的密钥，以便每一方与另一方进行通信！为了解决这个问题，可以使用 20 世纪 70 年代出现的几种非常好的方案。我们将考虑其中两种：“迪菲—赫尔曼密钥交换”和“RSA 公钥/私钥加密”。

迪菲—赫尔曼（D-H）方案

迪菲—赫尔曼密钥交换算法由 Whitfield Diffie 和 Martin Hellman 发明。D-H 方案的关键思想/密钥思路（key idea，有意的双关语！），是让社区的每个成员拥有一个密钥的“一半”。所有这些半密钥都是公开的，可以在目录中发布，也可以根据请求由拥有者提供。可以将任意两半组合在一起制作一个独特的钥匙。然而，组合两半的人必须知道至少一半的密码，才能够将它们连接在一起。Alice 有一半的密码，Bob 有一半的密码，所以 Alice 和 Bob 可以将他们的一半放在一起制作一个完整的密钥；生成的密钥将是相同的。但 Eve 不能将 Alice 和 Bob 的半密钥放在一起。

在该方案的数值模型中，Alice 的公共半密钥是 $K_A = r^a \bmod p$，Bob 的公共半密钥是 $K_B = r^b \bmod p$，并且组合密钥是 $K = r^{ab} \bmod p$，其中 p 和 r 在公共域中，并且被每个人使用。p 是一个大质数：选择它有大约 200 位数！$1 < r < p$（见图 18-5）。

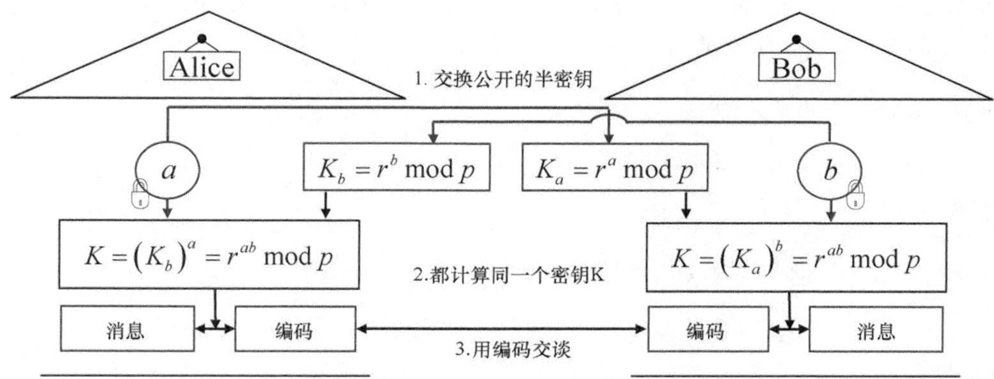

图 18-5 D-H 方案的隐喻：Alice 和 Bob 的半密钥是公开可用的，但你需要知道 Alice 或 Bob 的密码，以将它们组合成适合编码和解码消息的完整密钥

在模 p 运算中，除非你知道 a 或 b，否则几乎不可能通过非常大的 p 计算 K。实际上也不可能通过 K_A 找到 a 或通过 K_B 找到 b。如果你知道 a 或 b，那么将 K_A 和 K_B 组合成一个 K 很容易。回想一下指数的性质：$(r^a)^b = r^{ab}$（见练习题 3）。同样地，$(r^b)^a = r^{ab}$。所以 $K = (K_B)^a = (K_A)^b$。

以下是 Alice 向 Bob 发送编码消息的步骤。

1．Alice 从公共领域得知标准 p 和 r。

2．Alice 向 Bob 请求 K_B。

3．Alice 利用她的秘密数字 a，制作加密密钥 $K = (K_B)^a \bmod p = r^{ab} \bmod p$。

4．Alice 使用 K 作为加密密钥，将纯文本消息 M 编码为已编码消息 C 中：C = encode(M, K)。（假设每个人都使用相同的加密方法，只有密钥不同。）

5．Alice 把 C 发给 Bob。

Bob 采取类似的步骤来解码从 Alice 收到的消息。

1．Bob 从公共领域得知标准 p 和 r。

2．Bob 向 Alice 请求 K_A。

3．Bob 使用他的密码 b 来制作加密密钥 $K = (K_A)^b \bmod p = r^{ab} \bmod p$。

4．Bob 使用 K 解码 C：M = decode(C, K)。

在常规算术中，如果你知道 r 和 r^a，那么很容易计算 a。例如，如果 $r = 10$，且 r^a=1000，

你马上就知道 $a=3$。

> 如果 $r^a=x$，那么 a 被称为“x 的底为 r 的对数”。记为 $a=\log_r x$。

在常规算术中，当 x 增加时，$\log_r x$ 以可预测的方式增加，这使得计算变得容易。在模 p 运算中不是这样。当 a 从 1 变为 $p-1$ 时，$r^a \bmod p$ 在 $1\sim p-1$ 的范围内跳跃。

> $a=\log_r x \pmod p$ 被称为“离散对数”。

例 3

求 $\log_6 8 \pmod{11}$，即求 a，使得 $6^a \equiv 8 \pmod{11}$。

解

制作 6 的幂模 11 的表。

a	0	1	2	3	4	5	6	7	8	9	10
6^a mod11	1	6	3	7	9	10	5	8	4	2	1

底行中的数据项是前一项乘以 6(mod 11)。例如 $6\times 6=36\equiv 3 \pmod{11}$；$3\times 6=18\equiv 7 \pmod{11}$。在底行寻找 6 的幂等于 8，并标记相应的 a，就是 $a=7$。因此，$\log_6 8 \pmod{11}=7$。

我们不能针对任意 r 和 p 制作并查找类似的表吗？如果 p 有 200 位数就不能！我们总能找到 r 使得所有 r 的幂模 p 都不同。然后 r 的幂的表将有大约 10^{200} 列！这超过了宇宙中原子数的平方！如果我们将世界上所有的计算机（包括所有智能手机①）组合起来，并让它们搜索离散对数，那么花费的时间将超过宇宙年龄的立方！

> 对于非常大的 p，实际上不可能计算离散对数。

另一方面，即使对于非常大的 a，计算 r^a 也相对较快。例如，你只需执行 10 次乘法来计算 r^{1024}（参见第 16.3 节中的问题 9）。

RSA 算法

RSA 算法的名称由发明人的姓氏首字母组成，他们是麻省理工学院的 Ron Rivest、Adi Shamir 和 Leonard Adleman。他们在 1977 年发明了该算法，与以前的工作无关。RSA 算法

① 2007 年，吉尼斯世界纪录大全认为 folding@home（FAH）是世界上最强大的分布式计算网络。FAH 已经签署了超过 670,000 台 PS3 游戏机，以便在闲暇时间分析蛋白质的形状及其对各种疾病的影响。目前，该网络运行在智能手机上，估计可以执行超过 100 petaFLOPs（每秒 10^{17} 次浮点运算）。

现在广泛用于网络安全通信和电子商务。

RSA 方案的主要思想很简单。假设 Alice 想要向 Bob 发送秘密消息。Alice 要求 Bob 给她发一个挂锁，只有 Bob 有钥匙。（Bob 和社区的其他成员一样，可以无限制地提供这样的锁，并根据要求免费发送。）当 Alice 收到锁时，她将消息放在一个盒子里，把锁挂在上面，锁上，然后将盒子发送给 Bob。

在数字实现中，Bob 通过开放信道向 Alice 发送两个数字 E 和 N。这些数字一起用作“锁”（但它们被称为 Bob 的公共密钥）。Alice 的消息作为 0 和 1 的序列存储在计算机中，而 RSA 算法将这些位视为正整数 M 的二进制数。Alice 在 M 上“加锁”，即创建编码的消息 $C = M^E \bmod N$，并将 C 送回 Bob。Bob 使用他的秘密私钥 D 来解码 C 并取回 M，即 $M = C^D \bmod N$。

要让这种方案可行，对于任意正整数 M，我们必须有 $C^D \equiv \left(M^E\right)^D \equiv M^{ED} \equiv M \pmod N$。这怎么可能？

回想一下费马小定理（见 18.4 节），它指出如果 p 是质数，那么对于任意正整数 x，有 $x^p \equiv x \pmod p$。这是我们的出发点。如果 x 是 p 的相对质数，那么 $x^{p-1} \equiv 1 \pmod p$，这意味着 $p \mid (x^{p-1} - 1)$。

RSA 方案依赖于更一般的定理。在 RSA 中，N 不是质数，而是两个不同质数的乘积，即 $N = p \cdot q$。选择 p 和 q 为非常大的质数，每个至少 100 位数字，因此 N 具有至少 200 位数字（超过 640 位二进制数）。很容易计算 $N = p \cdot q$，但如果 p 和 q 保密，那么实际上不可能将 N 分解因数——这需要无数时间。

得到 $M^{ED} \equiv M \pmod N$ 的数学过程有点长，但很优雅。

1．我们将 M 限制为 $M < p$ 且 $M < q$。那么 M 是 p 和 q 的相对质数。M 的任何次幂也是如此。

2．将费马小定理应用于 $x = M^{y(q-1)}$ 和 p，其中 y 是任意正整数，我们得到 $p \mid \left(\left(M^{y(q-1)}\right)^{p-1} - 1\right) \Rightarrow p \mid (M^{y(q-1)(p-1)} - 1)$。类似地，$q \mid (M^{y(p-1)(q-1)} - 1)$。

3．由于 p 和 q 都是 $M^{y(p-1)(q-1)} - 1$ 的因数，它们的乘积 N 也是一个因数：$N \mid (M^{y(p-1)(q-1)} - 1)$。因此 $M^{y(p-1)(q-1)} \equiv 1 \pmod N$。两边乘以 M，我们得到 $M^{y(p-1)(q-1)+1} \equiv M \pmod N$。

4．以上都是数论中众所周知的结果。现在我们所需要的只是将 $y(p-1)(q-1)+1$ 表示为一个乘积 ED。Bob 选择一个 E，使得它是 $p-1$ 和 $q-1$ 的相对质数。从而 E 是 $(p-1)(q-1)$ 的相对质数。求解丢番图方程 $Ex - (p-1)(q-1)y = 1$（见 18.2 节），我们找到 x 和 y，并设置 $D = x$。然后 $y(p-1)(q-1)+1 = ED$。

5．我们已经找到 D 和 E，使得对于 N 的任何相对质数 M（具体来说，对于任何 M 使得 $M < p$ 和 $M < q$），有 $M^{ED} \equiv M \pmod{N}$。

Eve 只知道 $N = pq$ 和 E，但不知道 p 和 q。她无法计算 N 或计算 $(p-1)(q-1)$，因此她无法计算 D。

RSA 方案有点慢，因此在实践中，它仅用于为不同的加密算法发送密钥。一旦 Alice 和 Bob 都知道该密钥，他们就可以用该加密算法进行通信。

第 18.5 节练习

1．编写并测试两个函数，`encode(text, key)`和 `decode(code, key)`，用密钥 `key` 实现替换加密算法。`text`、`code` 和 `key` 是字符串，每个函数都返回一个字符串。

2．在网上查找 Vigenère 加密算法的描述。使用该加密算法，编写并测试函数 `encode(text, key)`和 `decode(code, key)`。✓

3．证明：对于正整数 a 和 b，$(r^a)^b = r^{ab}$。

4．$p = 170141183460469231731687303715884105727$ 是一个质数。

$a = 618970019642690137449562111$。

$r = 5$。

计算 $r^a \bmod p$。 ⋞ 提示：使用第 18.4 节中的练习题 15 中的 `r^a mod p` 函数。 ⋟ ✓

5．证明：如果 $x \equiv a \pmod{p}$ 且 $x \equiv a \pmod{q}$，那么 $x \equiv a \pmod{pq}$。

6．在 RSA 算法中，给定 $p = 13$，$q = 17$ 和 $E = 5$，求 D。✓

7. 在描述 RSA 时，我们使用了一个隐喻，即 Bob 向 Alice 发送一把打开的锁，而 Alice 向 Bob 发送一个秘密消息，放在一个盒子中，用这把锁锁上。假设邮件中只允许锁上的盒子，Alice 还能向 Bob 发送一条秘密消息吗？ ⋞ 提示：两把锁可放在一个盒子。 ⋟ ✓

18.6 复习

本章介绍的术语和符号。

数论	0 因数	$p \mid a$
余数	费马小定理	$\mathrm{GCD}(a, b)$
因数	替换加密算法	$a \equiv b \pmod{d}$

GCD

欧几里得算法

相对质数

丢番图方程

算术基本定理

推论

模 d 同余

迪菲—赫尔曼方案

指数的性质：

$r^a \cdot r^b = r^{a+b}$

$(r^a)^b = r^{ab}$

离散对数

RSA 算法

$\log_r x$

附录 A　部分内置、Math 和 Random 函数

完整文档和例子参见 Python 官方文档。

help(obj)	显示函数或模块的帮助
input(s)	将 s 作为提示显示，然后读取由用户输入的文本行，并将它作为字符串返回
print(s[, ...])	打印 s 和后续参数

❖　❖　❖

abs(x)	返回 x 的绝对值
max(a, b)	返回 a，b 中较大的值
min(a, b)	返回 a，b 中较小的值
pow(x, e)	返回 x**e
pow(x, n, p)	返回 x**n % p
divmod(n, d)	返回 (q, r) 使得 n = qd + r，0≤r < d
round(x)	将 x 舍入为整数
round(x, d)	将 x 舍入为小数点后 d 位的浮点数

❖　❖　❖

len(s)	返回字符串、列表或元组的长度
sum(lst)	返回列表或元组中的数字之和
max(lst)	返回列表或元组的最大元素
min(lst)	返回列表或元组的最小元素
range(n)	生成 0, …, n-1，比如在这个语句中： for i in range(n):
range(m, n)	生成 m, …, n-1
range(m, n, step)	生成 m, m + step, m + 2*step, …
zip(s1, s2)	生成一对 s1[i], s2[i]。比如在以下语句中：for i in zip(s1, s2) 或 list(zip (s1, s2))

❖ ❖ ❖

int(s)	将字符串或浮点数转换为整数
float(s)	将字符串或整数转换为浮点数
str(n)	将 n 转换为字符串
bin(n)	返回一个表示二进制 n 的字符串
hex(n)	返回以十六进制表示 n 的字符串
oct(n)	返回一个以八进制表示 n 的字符串

❖ ❖ ❖

list(s)	将字符串或元组转换为列表
tuple(s)	将字符串或列表转换为元组
set(s)	将字符串或列表或元组转换为集合
sorted(s)	返回 s 的元素的排序列表
reversed(s)	以相反的顺序返回 s 的元素列表

❖ ❖ ❖

open(pathname)	打开一个文件用于读取
open(pathname, 'w')	创建或打开一个文件用于写入

❖ ❖ ❖

```
from math import *
```

sqrt(x)	返回 $\sqrt{x}$
exp(x)	返回 e^x
log(x), log10(x), log(x, b)	分别返回 lnx、$\log_{10}x$、$\log_b x$
sin(x), cos(x), tan(x)	返回相应的三角函数的值
asin(x), acos(x), atan(x)	返回相应的反三角函数的值
radians(x), degrees(x)	分别返回 x 转换为弧度、度
pi	3.14159…
e	2.71828…

❖ ❖ ❖

```
from random import *
```

x = random()	返回一个随机浮点数 0≤x<1
r = randint(a, b)	返回一个随机整数 a≤r≤b
choice(s)	返回 s 的随机元素
shuffle(lst)	随机就地对 lst 打乱顺序

附录 B 字符串操作和方法

详细文档和例子参见 Python 官方文档。

内容分类

如果 s 中的所有字符都属于相应的类别，则以下方法返回 True；否则，它们返回 False：	
s.isalpha()	s 中的每个字符都是一个字母（a … z，A … Z）
s.isdigit()	s 中的每个字符都是一个数字（0 … 9）
s.isalnum()	s 中的每个字符都是字母或数字
s.isupper()	s 中的每个字母都是大写的
s.islower()	s 中的每个字母都是小写的
s.isspace()	s 中的每个字符都是“空白符”（空格、换行符、制表符等，如 string.whitespace 中所定义）

例：

```
>>> 'ab7'.isalpha()
False
>>> 'ab7'.isdigit()
False
>>> 'a7B'.isalnum()
True
>>> 'AB7'.isupper()
True
```

```
>>> 'a7b'.islower()
True
>>> ' * '.isspace()
False
>>> '  \n\t'.isspace()
True
```

长度和子字符串

len(s)	返回 s 中的字符数
ch = s[i]	将 ch 设置为 s 中索引 i 处的字符
s2 = s[i:j]	将 s2 设置为从 s[i] 到 s[j-1] 的子字符串

例：

```
>>> len('abcd')
4
>>> 'abcd'[1]
'b'
```

```
>>> 'abcd'[1:3]
'bc'
>>> 'abcd'[:3]
'abc'
```

查找

以下方法返回一个 int	
s.find(sub)	返回 s 中第一次出现的 sub 的索引；如果未找到 sub，则返回-1
s.rfind(sub)	返回 s 中最后一次出现 sub 的索引
s.count(sub)	返回 sub 出现在 s 中的次数
s.find(sub, start, end) s.rfind(sub, start, end) s.count(sub, start, end)	具有可选参数 start、end 的版本，仅在 start 和 end-1 之间的 s 的子字符串中查找 sub

例：

```
>>> 'never'.find('e')
1
>>> 'never'.find('x')
-1
>>> 'never'.rfind('e')
3
>>> 'never'.count('e')
2
```

```
>>> 'never'.find('ver')
2
>>> 'never'.find('e',2,4)
3
>>> 'never'.rfind('e',1,3)
1
>>> 'never'.find('ver',2,4)
-1
```

大小写转换

以下方法返回一个新字符串：	
s.upper()	所有字母都转换为大写
s.lower()	所有字母都转换为小写
s.capitalize()	如果第一个字符是字母，则将它转换为大写

例：

```
>>> 'ab7'.upper()
'AB7'
>>> 'Ab7'.lower()
```

```
>>> 'ab7'.capitalize()
'Ab7'
>>> '7ab'.capitalize()
```

```
'ab7'
```

```
'7ab'
```

编辑和解析

以下方法返回一个新字符串：	
s.replace(old, new)	用 new 替换 s 中的每个 old
s.strip()	删除 s 开头和结尾的空格
s.split(delim)	返回一个子字符串列表，按 s 中出现的 delim 分隔
s.splitlines()	返回 s 中各行的列表——等同于 s.split('\n')

例：

```
>>> '*2*3'.replace('*','--')
'--2--3'
>>> ' ab   \n'.strip()
'ab'
```

```
>>> '1, 2, 3'.split(', ')
['1', '2', '3']
```

格式化

以下方法返回一个新字符串：	
s.format(value,...)	根据 s 中的格式字段格式化 value（或多个值）
s.ljust(w, fill)	在一个长度为 w 的字符串中，左对齐 s，并在右边用 fill 字符填充它（fill 是可选的：如果没有给出，ljust、rjust 和 center 默认使用空格字符）
s.rjust(w, fill)	右对齐 s，左边用 fill 填充
s.center(w, fill)	在长度为 w 的字符串中，将 s 放置在中间，并在两侧用 fill 填充它
s.zfill(w)	右对齐字符串，左边用 0 填充——等同于 s.rjust(w, '0')

例：

```
>>> '{0:>4s}{1:7.2f}'.format('$',2.5)
'   $   2.50'
>>> '{0:3d} *{1:4.1f}'.format(2, 3)
'  2 * 3.0'
>>> 'ab'.ljust(6, '*')
'ab****'
```

```
>>> 'ab'.rjust(6)
'    ab'
>>> 'ab'.center(6)
'  ab  '
>>> '12'.zfill(4)
'0012'
```

附录 C　列表、集合和字典的操作及方法

详细文档和例子参见 Python 官方文档。

列表

方法/操作	描述
len(lst)	返回 lst 中的元素个数
x = lst[i]	将 x 设置为 lst 的第 i 个元素
lst[i] = x	将 lst 的第 i 个元素设置为 x
del lst[i]	删除第 i 个元素，并将后续元素的索引减 1
del lst[i:j]	删除从 i 到 j-1 的元素，并调整后续元素的索引
lst2 = lst[i:j]	从 lst 创建指定切片的副本，并将它赋给 lst2
lst2 = lst[:]	创建 lst 的副本，并将它赋给 lst2
lst.insert(i, x)	在索引 i 处插入 x，将后续元素向右移动 1
lst.append(x)	在 lst 的末尾附加 x
lst.pop(i)	返回第 i 个元素，并将它从 lst 中删除
lst.pop()	返回最后一个元素，并将它从 lst 中删除
lst.remove(x)	从 lst 中删除第一次出现的 x；如果没有找到则引发异常
lst.index(x)	返回 lst 中第一次出现 x 的索引；如果没有找到则引发异常
lst.count(x)	返回 x 在 lst 中出现的次数
lst.reverse()	反转 lst 中元素的顺序，返回 None
lst.sort()	按升序排列 lst 的元素，返回 None

例：

```
>>> lst = ['A', 'C']
>>> lst
['A', 'C']
>>> lst.insert(1, 'B')
```

```
>>> lst.index('A')
0
>>> lst.remove('A')
>>> lst
```

```
>>> lst
['A', 'B', 'C']
>>> lst.append('A')
>>> lst
['A', 'B', 'C', 'A']
>>> lst.insert(2, 'A')
>>> lst
['A', 'B', 'A', 'C', 'A']
>>> lst.count('A')
3
>>> del lst[2]
>>> lst
['A', 'B', 'C', 'A']
>>> lst.reverse()
>>> lst
['A', 'C', 'B', 'A']
['C', 'B', 'A']
>>> lst.sort()
>>> lst
['A', 'B', 'C']
>>> lst.pop(1)
'B'
>>> lst
['A', 'C']
>>> lst.pop()
'C'
>>> lst
['A']
```

集合

方法/操作	描述
len(s)	返回 s 中的元素个数
s.copy()	返回 s 的副本
s.add(x)	将 x 添加到 s
s.remove(x)	从 s 中删除 x；如果 x 不在 s 中，则引发异常
s.discard(x)	从 s 中删除 x；如果 x 不在 s 中，则无效
s.pop()	从 s 中删除任意一个元素，并返回它
s1.issubset(s2)	如果 s1 是 s2 的子集，则返回 True
s.update(s2)	将列表、元组或集合 s2 中的所有元素添加到 s

例：

```
>>> s = {'A', 'C'}
>>> s
{'A', 'C'}
>>> s.add('B')
>>> s
>>> s2 = set('ABCD')
>>> s2
{'A', 'C', 'B', 'D'}
>>> s.issubset(s2)
True
```

```
{'A', 'C', 'B'}
>>> s.remove('A')
>>> s
{'C', 'B'}
>>> s.discard('X')
>>> s
{'C', 'B'}
>>> s.pop()
'C'
>>> s
{'B'}
```

```
>>> s.add('X')
>>> s
{'X', 'B'}
>>> s.issubset(s2)
False
>>> s.update(s2)
>>> s
{'A', 'C', 'B', 'D', 'X'}
```

字典

方法/操作	描述
`len(d)`	返回 d 中键值对的数量
`x = d[k]`	将 x 设置为与 d 中的键 k 关联的值；如果 k 不在 d 中，则引发 KeyError 异常
`d[k] = x`	如果键 k 在 d 中，则将与 k 相关的值更改为 x；如果 k 不在 d 中，则将 k:x 对加入 d
`d.get(k)` `d.get(k, dflt)`	与 d[k]相同，但当 k 不在 d 中时返回 None（或给定的默认值）
`del d[k]`	从 d 中删除键 k 和关联值
`k in d`	如果 k 在 d 中，则返回 True；否则，返回 False
`set(d)` `set(d.keys())`	返回 d 中所有键的集合
`list(d.values())`	返回 d 中所有值的列表
`list(d.items())` `set(d.items())`	返回在 d 中所有（键，值）对的列表或集合
`d.copy()`	返回 d 的副本
`d.update(d2)`	将所有键值对从 d2 添加到 d

例：

```
>>> months = {'Jan': 31, 'Feb': 28}
>>> months
{'Jan': 31, 'Feb': 28}
>>> months['Feb']
28
```

```
>>> del months['Mar']
>>> months
{'Jan': 31, 'Feb': 28}
>>> months[2020] = 12
>>> months
```

```
>>> months['Mar']
KeyError: 'Mar'
>>> months.get('Mar', 30)
30
>>> months['Mar'] = 31
>>> months
{'Jan': 31, 'Feb': 28, 'Mar': 31}
```

```
{'Jan': 31, 'Feb': 28, 2020: 12}
>>> set(months)
{2020, 'Jan', 'Feb'}
>>> list(months.values())
[31, 28, 12]
>>> set(months.items())
{('Feb', 28), (2020, 12), ('Jan', 31)}
```